カルマンフィルタとシステムの同定
動的逆問題へのアプローチ

大住 晃　亀山建太郎　松田 吉隆　共著
Akira Ohsumi　Kentaro Kameyama　Yoshitaka Matsuda

Kalman Filtering and Identification of Systems
An Approach to Dynamical Inverse Problems

森北出版株式会社

●本書のサポート情報を当社Webサイトに掲載する場合があります．下記のURLにアクセスし，サポートの案内をご覧ください．

https://www.morikita.co.jp/support/

●本書の内容に関するご質問は，森北出版 出版部「(書名を明記)」係宛に書面にて，もしくは下記のe-mailアドレスまでお願いします．なお，電話でのご質問には応じかねますので，あらかじめご了承ください．

editor@morikita.co.jp

●本書により得られた情報の使用から生じるいかなる損害についても，当社および本書の著者は責任を負わないものとします．

■本書に記載している製品名，商標および登録商標は，各権利者に帰属します．

■本書を無断で複写複製（電子化を含む）することは，著作権法上での例外を除き，禁じられています．複写される場合は，そのつど事前に(一社)出版者著作権管理機構（電話03-5244-5088, FAX03-5244-5089, e-mail:info@jcopy.or.jp）の許諾を得てください．また本書を代行業者等の第三者に依頼してスキャンやデジタル化することは，たとえ個人や家庭内での利用であっても一切認められておりません．

はしがき

> The Kalman Filter! The term evokes many and varied responses among engineers, scientists, and managers who hear it.
> —— Harold W. Sorenson, 1985[B11]
>
> カルマンフィルタ！この言葉は，これを聞いた工学者たち，科学者たち，そして経営者たちの間で多くのさまざまな反響を引き起こす．

　カルマンフィルタは 1960-1961 年に R. E. Kalman (1930-2016) によって発表され，すでに 50 年以上を経過した．当初は宇宙開発の分野において，米国で宇宙探査機や月面探査のアポロ計画の軌道推定に応用され，その後，その応用分野が飛躍的に広がり，現在ではシステム工学分野のみならず，通信工学，船舶工学，原子力工学，建築・土木工学，生物学，医療分野，携帯電話の GPS，あるいは経済学などの非工学分野にまで及ぶあらゆる分野での基幹技術として用いられている．さらに，数学者たちにもトピックを提供している．このように，カルマンフィルタが工学，非工学分野を問わず基幹技術となったのは，その背後に 1950 年代後半からのコンピュータの発達があり，それがコンピュータ処理に適したアルゴリズムを有しているからである．システム制御技術は，第二次世界大戦後，それまでラプラス変換を用いて代数的方法や図式に頼ったいわゆる古典制御理論から，実時間でコンピュータ処理が可能な現代制御理論に足場を移した．この転換時機がまさに 1960 年といってもよいようである．この年に R. E. Kalman が動的システムの一般構造に関する理論と，本書で述べるカルマンフィルタ理論を世に出した．

　計測された不規則データから，対象としているダイナミクスの状態がどのようになっているのかを推定する問題は，大戦時に高射砲による砲撃のための敵機の進路の予測問題を研究した Norbert Wiener（サイバネティクスの提唱者）のフィルタリング問題に端を発するが，それをコンピュータを意識して問題を解決したのが Kalman である．彼の考案したカルマンフィルタは，観測（計測）して得られたデータから，対象としているシステム（内部の）状態を統計学的に推定する数理アルゴリズムである．得られたデータからそのシステム内部あるいは入力がどのようになっているかを問う問題には，われわれは度々遭遇している．卑近な例でいえば，医者が患者の胸をたたいて（入力），その音（出力）から身体の健康状態を判断（推定）するのがそれにあたる．このような出力データからその原因を推定する問題は，科学史上 "逆問

題 (inverse problem)" とよばれている．カルマンフィルタはまさに動的システムの逆問題を解決する手段とみなすことができる．本書では，この視点に立って，カルマンフィルタをどのように利用すれば逆問題を解決することができるのかをも視野に入れて述べる．著者らは，このような視点・観点からカルマンフィルタについて解説したテキストは見当たらないと常々感じている．

本書の構成はつぎのとおりである．

第 1 章では，まず逆問題とは何かについて簡単な例を示し，ついで動的システムの計測にあたって，それはどのように行われ，そこにはどのような計測システムとしての逆問題があるのかについて具体例を通して述べる．本書では計測データを不規則データとして取り扱うことから，第 2 章では，その数学的準備を確率過程論に沿って要点を述べる．第 3 章では，動的システムの計測は数学的にはどのように表現されるのか，また計測器で得られたデータが本当に取得したいと思っている情報を計測しているのかどうかという "可観測性" の数学的条件について述べる．この概念は，動的システムが思いどおりに制御できるかという "可制御性" と数学的に双対関係にあり，カルマンフィルタ出現と同年に Kalman によって導き出された観測理論の本質である．これは，第 1 章の冒頭に引用した Heisenberg と Einstein との会話に見られる Einstein の言葉「何が観測されるのかを決めているのは理論なのだ」に一脈相通じている．

カルマンフィルタは観測雑音が介入する場合の推定理論であるが，それに先立ってまず第 4 章で，観測雑音が介入しない場合のシステム状態量を推定するオブザーバについて述べる．第 5 章において，カルマンフィルタを離散時間システムおよび連続時間システム，さらにシステムが連続時間モデルで与えられ，観測が離散時間的に行われる場合についてそれぞれ導出する．それについては，初学者のことを考え，他書に見られるような技巧による導出ではなく，(できるだけ) 平易な方法をとった．ついで，カルマンフィルタに関するコメントとそれがどのようにして得られたのかなどのカルマンフィルタの背景についても述べ，カルマンフィルタの適用例として，柔軟構造物の物理パラメータの同定について述べる．

第 6 章では，第 5 章で得られたカルマンフィルタを，単にシステム状態量の推定だけでなく，どのように工夫すれば第 1 章で述べた種々の動的システムの逆問題を解決する手段として用いることができるのかについて，いくつかの具体例を通して著者らがここ数年来研究してきている "擬似観測量" によるアプローチについて述べる．第 5 章のカルマンフィルタの導出においては，システムの状態量は何ら拘束条件をうけなかった．第 7 章では，状態量が拘束条件をうける場合のカルマンフィルタを導出する．第 8 章では，サンプリングして得られた観測データから，元信号を復元すること

ができるかというシャノン（Claude E. Shannon, 情報理論の創始者）のサンプリング定理について述べる．

本書は，「カルマンフィルタを勉強したい」，「カルマンフィルタを実際問題に適用して問題を解決したい」という読者を対象としているので，大学院生のみならず，学部生あるいは実社会で実務に携わっておられる技術者・研究者によくわかるように，できるだけ平易な記述で独習書としても利用可能になるように心がけて執筆した．また内容が一層理解を深められるように，各章末に演習問題と巻末にその解答（略解）をつけ，数学的な部分で不案内なところがないように付録も充実させた．カルマンフィルタをコンピュータによってシミュレーションするのは，現在ではMATLABなどのシステム制御用ソフトウエアが開発されているので容易である．しかし，むやみにソフトの設定パラメータをいじくるだけでは本当にカルマンフィルタを理解したことにはならない．まずは理論をしっかりと理解したうえで，コンピュータのキーボードに触れることが肝要である．このことを厳に肝に銘じて本書を読み進めていただきたい．本書では，読者が国内外での学会や専門誌上に成果を発表されることも想定して，煩雑にならない程度に英語によるテクニカルタームを示しておいた．

執筆にあたっては，各章の冒頭に関連のあるフレーズやエピソードを入れ，また脚注もできるだけ挿入して読者の興味を惹くように心がけた．勉学の合間に楽しんでいただければ幸いである．

本書の出版にあたり種々貴重なコメントをいただいた森北出版株式会社出版部の富井晃氏ならびに小林巧次郎氏に，また編集の段階で多々お世話になった上村紗帆氏に深甚の謝意を表します．本書には著者らがこれまで研究を行ってきた成果も盛り込んでいるが，これらはおもに第1著者の研究室で行われたものであり，それらには多くの（当時の）学生諸君がかかわって日夜知恵を出し，数値シミュレーションを実行してくれた．とくに，本書にかかわりのある新谷篤彦（博士），中野統英（博士），高津知司（博士），柏木正隆（博士），木村琢郎（博士），渡邊雅彦，渡辺剛，安木誠一，芳田勝史，平田順士，井尻善久，渡邉雅彦，原三恵，小見山資朗の諸君に謝意を表す．

ある数学者はカルマンフィルタ出現のインパクトをつぎのように表現している：「もしも歴史が何かの教訓を与えるとすれば，それはたった1編か2編の新しい論文の出現でもってすべてのものが変わり得るということだ」

2016年9月

大住 晃・亀山 建太郎・松田 吉隆

目　次

第1章　動的システムの計測　　1

- **1.1** 動的システムの計測 …………………………………… 1
- **1.2** 逆問題とは ……………………………………………… 3
- **1.3** 動的システムの逆問題の例 …………………………… 5
- **1.4** 計測システムの表現について ………………………… 10

第2章　数学的準備 ― 測定データの不確かさの表現とその処理　　13

- **2.1** 測定誤差，最小自乗法 ………………………………… 13
- **2.2** 不規則データの数学的表現 …………………………… 18
  - 2.2.1　確率過程　18
  - 2.2.2　確率過程の数学的表現　18
  - 2.2.3　確率モーメント　20
  - 2.2.4　定常過程　21
  - 2.2.5　エルゴード性と不規則データの取扱い　22
  - 2.2.6　確率変数列の収束　23
- **2.3** マルコフ過程 …………………………………………… 23
- **2.4** 正規性確率過程 ………………………………………… 25
- **2.5** 確率過程の周波数表現 ………………………………… 25
- **2.6** 白色雑音 ………………………………………………… 27
- 演習問題 ……………………………………………………… 30

第3章　計測システムの数学的表現　　31

- **3.1** 動的システムの状態空間表現 ………………………… 31
- **3.2** 動的システムの計測モデル …………………………… 34
- **3.3** 連続時間計測システム ………………………………… 35
- **3.4** 離散時間計測システム ………………………………… 37
- **3.5** 可観測性 ………………………………………………… 39
  - 3.5.1　連続時間システムの可観測性　39

3.5.2　離散時間システムの可観測性　47
　演習問題 ……………………………………………………………… 52

第4章　オブザーバによる動的対象物の計測　　55

4.1　数学的準備─システムの安定性 ……………………………… 55
4.2　オブザーバの理論と構成 ……………………………………… 56
　　4.2.1　連続時間システムのオブザーバ　56
　　4.2.2　離散時間システムのオブザーバ　61
4.3　シミュレーション例 …………………………………………… 63
　演習問題 ……………………………………………………………… 69

第5章　カルマンフィルタ　　71

5.1　状態推定問題とは ……………………………………………… 71
5.2　カルマンフィルタの導出 ……………………………………… 73
　　5.2.1　離散時間カルマンフィルタ　73
　　5.2.2　直交射影定理による導出　79
　　5.2.3　既知入力をうけるシステムの推定　81
　　5.2.4　システム雑音と観測雑音とが相関をもつ場合の推定　83
5.3　連続時間システムのカルマンフィルタ ……………………… 85
5.4　連続−離散時間カルマンフィルタ …………………………… 91
5.5　拡張カルマンフィルタ ………………………………………… 93
5.6　定常カルマンフィルタ ………………………………………… 96
5.7　カルマンフィルタに関するコメントと背景 ………………… 102
　　5.7.1　システムモデルについて　102
　　5.7.2　カルマンフィルタの性質と構造について　104
　　5.7.3　R. E. Kalman とカルマンフィルタの発見　110
5.8　柔軟構造物の物理パラメータの同定への適用 ……………… 114
　章末付録　直交射影定理の証明 …………………………………… 121
　演習問題 ……………………………………………………………… 121

第6章　擬似観測量を導入したカルマンフィルタ　　123

6.1　動的システムの未知パラメータの同定 ……………………… 123
6.2　河川の汚染負荷量とその流入地点の同定 …………………… 127
6.3　不規則に航行する船舶のトラッキング ……………………… 134
6.4　擬似観測量 ……………………………………………………… 141

6.5　未知外生入力をうけるシステムの同定 …………………………… 143
　6.6　システムマトリクスに含まれるパラメータの同定 ……………… 151

第7章　状態量が拘束をうけるカルマンフィルタ　　159
　7.1　拘束をうける連続時間システムの推定 ……………………………… 159
　7.2　拘束をうける離散時間システムの推定 ……………………………… 166
　7.3　不等式拘束をうける場合の推定 ……………………………………… 169
　章末付録　補題 7.2 の証明 ……………………………………………… 172
　演習問題 ……………………………………………………………………… 172

第8章　サンプリングデータからの信号の復元 ― サンプリング定理　173
　8.1　サンプリング定理 ……………………………………………………… 173
　8.2　不規則信号に対するサンプリング定理 ……………………………… 179
　演習問題 ……………………………………………………………………… 182

付録 A　ベクトルとマトリクス …………………………………………… 183
付録 B　ラプラス変換と z 変換 …………………………………………… 197
付録 C　フーリエ級数とフーリエ変換 …………………………………… 209
演習問題略解 ………………………………………………………………… 219
参考文献 ……………………………………………………………………… 229
索　　引 ……………………………………………………………………… 237

本書の記号と記法

本書の記号・記法について触れておく．

（ⅰ）システム制御分野では，原則としてベクトルは小文字で，マトリクスは大文字で記述する．スカラ量も原則的には小文字で記述されるが，そうでない場合にはそのつど説明を加える．

（ⅱ）ベクトルやマトリクスの次元は，たとえば $x(t) \in \mathrm{R}^n$，$A \in \mathrm{R}^{n \times m}$ のようにして示す．単位マトリクスを I で表し，その次元を明確にするときには I_n のように表記する．$n \times m$ 次元零マトリクスを $O_{n \times m}$ で，とくに正方マトリクス $(m=n)$ のときには O_n と表記し，場合によっては単に 0 で表記することもある．すべての要素が零のベクトルは単に 0 と表記する．

（ⅲ）ベクトルは原則として列ベクトルで定義され，ベクトルおよびマトリクスの転置は x^T，A^T のように右肩に T を付す．マトリクス A の逆マトリクスは通常の表現どおり A^{-1} で表すが，A^{-T} は $A^{-T} = (A^{-1})^T = (A^T)^{-1}$ の意味で用いる．

（ⅳ）ベクトルやマトリクスのノルムを $\|x\|$，$\|A\|$ によって表す．とくに，ベクトル x のノルムをユークリッド・ノルム $\|x\| = (x^T x)^{1/2}$ とする．マトリクス $A = [a_{ij}]$ の行列式は，$|A|$ あるいは $\det A$ で，トレース（主対角和 $\sum_{i=1}^{n} a_{ii}$）を $\operatorname{tr} A$ で，また A が対角マトリクス $(a_{ij} = 0, i \neq j)$ のとき，$A = \operatorname{diag}\{a_{11}, a_{22}, \cdots, a_{nn}\}$ のように表記する．

（ⅴ）表記 $A := B$ は "A を B として定義する" という意味であり，$B =: A$ も同じである．その他，**(Q.E.D.)** は "証明終わり" を表し，[A1] や [C5] などは巻末の参考文献（カテゴリー別に A～L に分類）を表す．

大学の工学系学科では線形代数と微分方程式論は必修科目になっているので，本書を読み進めるにはさほど困難を感じないと思われるが，システム制御理論分野ではベクトル，マトリクスに関して特有の演算があるので，必要に応じて巻末の付録 A を参照されたい．

ns.

第1章
動的システムの計測

> He [Einstein] said, "Whether you can observe a thing or not depends on the theory which you use. It is the theory which decides what can be observed." His argument was like this: "Observation means that we construct some connection between a phenomenon and our realization of the phenomenon."
> ——Werner Heisenberg: Theory, Criticism and A Philosophy, in H. A. Bethe, et al.: *From a Life of Physics*, 1989.[†1]
>
> 彼[アインシュタイン]は「何が観測できるかどうかは，君が用いた理論によるのだ．何が観測されるのかを決めているのは理論なのだ」といいました．彼のいうところはつぎのようなことでした．「観測するということは，われわれが一つの現象とその現象の実現との間に何らかの関係をつけることなのだ」

1.1 動的システムの計測

本書では，その物理量が時間とともに変化するシステム—これを**動的システム** (dynamical system) とよぶ—の何らかの物理量を計測し，その計測データから当該システムの直接的には計測されない物理量をも推定するアプローチについて述べる．

簡単な例によって説明しよう．計測の対象とするシステムが2階線形微分方程式

$$m\ddot{x}(t) + c\dot{x}(t) + kx(t) = u(t), \quad \text{I.C.}: x(t_0) = x_0,\ \dot{x}(t_0) = \dot{x}_0$$

によって記述される質量・ばね・ダッシュポット系とする．ここで，$x(t)$ は変位，$u(t)$ は入力であり，(m, c, k) は定数である．この系の変位 $x(t)$ をレーザー変位計などによって計測することを考える．すなわち，計測値は

$$y(t) = hx(t) \quad (h(\neq 0) : \text{定数})$$

のように時々刻々と得られる．このとき，変位 $x(t)$ は直接計測できるが，速度 $\dot{x}(t)$

[†1] ドイツの物理学者 Werner Heisenberg (ヴェルナー・ハイゼンベルク，1901-1976) の講演の一節．Heisenberg は 25 歳で「マトリクス力学」を，26 歳で「不確定性原理」を導いて量子力学の確立に大きく貢献し，31 歳でノーベル物理学賞受賞した．Albert Einstein (1879-1955) との議論は，1926 年にベルリンで量子力学について講演した後，22 歳年上の Einstein が彼を自宅に招きそこで行われた．したがって，不確定性原理を発見する直前の議論である．邦訳は，W. ハイゼンベルクほか著『物理学に生きて—巨人たちが語る思索のあゆみ』(青木薫訳，ちくま学芸文庫，2008)．

はどのようにすればその値を計測データ $\{y(t),\ 0 \leq t\}$ から知ることができるのか. また, 定数パラメータ m, k は材質がわかっていればあらかじめ知ることができるが, 減衰係数 c は一般には不明であり, 計測データから何らかの方法により求めなければならない. さらに, やっかいなことは通常システム自体や計測時において不規則外乱（雑音）(random disturbance, random noise) が介入することである.

このように, 不規則外乱の介入した動的システムに対して取得された計測データから, システムの真の状態量—すなわち, この例では変位 $x(t)$ および速度 $\dot{x}(t)$ —を推定する問題をシステム制御分野では**状態推定問題** (state estimation problem) とよび, またシステムに含まれる未知パラメータを決定する問題を**パラメータ同定問題** (parameter identification problem) あるいは**パラメータ推定問題** (parameter estimation problem) とよぶ. とくに, 直接計測できない物理量—この例では減衰係数 c —を計測データを利用し, 何らかのコンピュータアルゴリズムを構築して求めることが行われる. この点から, そのコンピュータアルゴリズムを用いた計測を（対象を直接計測するハードセンサ [hard sensor] に対して）**ソフトセンサ** (soft sensor) とよぶこともある.

動的システムの物理量を計測（観測）し, その情報を用いて動的システムを制御する"計測・制御システム"の基本構造は図 1.1 のようなブロック線図で表される. 破線の上側が動的システムの計測に関する部分であり, 下側が多くのシステムでとられるフィードバック制御部分を表している. 図 1.1 に示される動的システムの計測・制御については, 主としてつぎの三つの問題がある.

(ⅰ) 動的システムのモデリング (modeling of dynamical system)：計測あるいは制御対象の動的システムの挙動を表す数学モデル—運動方程式（ダイナミクス）—を確立すること.

(ⅱ) 動的システムの解析 (system analysis)：どのような入力に対して, システム状態量はどのように振舞うか.

(ⅲ) 動的システムの設計 (system synthesis)：システムの状態がある規範を満足するようにするためにはどのような入力を生成すればよいか.

上記 (ⅱ), (ⅲ) は動的システムの安定性と制御の問題であり, それらについては現代制御理論として 1950 年代後半から各国で研究が精力的に行われ, さまざまな分野—宇宙工学, 自動車, オートメーション機器, 原子力工学, 化学プラント, 製薬, 医業, あるいは近年では経済分野など—において応用や実用化が行われている. 現代制御理論についてはこれまで数多くの成書が出版されている[†1].

---

†1 現代制御理論については, 参考文献 [E3]-[E6] などを参照されたい.

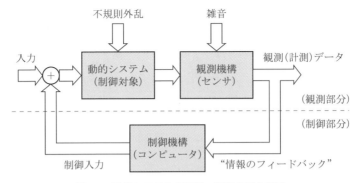

図 1.1 動的システムの計測・制御の基本構造

（ⅰ）は取得された計測データから対象となっている動的システムの数学モデルを確立するという基本的かつ重要な問題である．この数学モデルがいい加減なものであれば，それに対する制御も望ましいものにはならないだろう．この（ⅰ）は計測・制御システムでいえば，計測（観測）部分に相当する．本書では，図 1.1 に示した破線上側部分であるこの（ⅰ）の計測システムに特化して述べる．まず，観測データからシステムの状態量を推定するカルマンフィルタを離散時間システム，連続時間システムおよび連続–離散時間システムに対して導出する．システムに不確定な要素（未知パラメータ）が含まれる場合にはカルマンフィルタをどのように改良して適用すればよいのか，また状態量が何らかの拘束条件を満たさなければならない場合にはどのようにすればよいのか，について述べる．とくに，未知パラメータが存在する場合は"観測データ（結果）からシステムの状態や未知のパラメータ（原因）を求める"といういわゆる動的システムに対する"逆問題"である．従来そのような場合には，未知パラメータも状態量とみてカルマンフィルタによって推定/同定していたが，単なるそのような方法ではよい同定値は得られないとさまざまな文献で指摘されている．本書ではその問題を考慮した新しい方法について述べる（第 6 章）が，その前に"逆問題"について触れておく．

なお，計測・制御システム分野では，"計測"（to measure, measurement）は"観測"（to observe, observation）という用語で表現されるので，本書では以下「観測」，「観測値」，「観測データ」などの用語を主として用いる．

1.2　逆問題とは

システムの運動方程式（ダイナミクス）が与えられ，それに何らかの物理量を入力したときにその出力がどのようになるか，という問題は古くから順問題（direct problem) とよばれている．その逆に，得られた出力データから，そのシステムがどのような状態にあるのか（状態推定），そのダイナミクスを決めているパラメータはどのような値をとっているのか（パラメータ同定），あるいはシステムにはどのような入力が印加されているのか（入力の同定），などさまざまな問題が提起される．これを順問題に対して**逆問題** (inverse problem) とよぶ．端的にいえば，「結果からその原因を探る」という一言に尽きる[†1]．

古くからよく知られた逆問題としては，以下のような問題がある[†2]．

(1) X 線トモグラフィー：X 線によるコンピュータ断層撮影により，X 線の総減衰量を測定し，人体内の減衰係数の分布を調べることによって人体の断面図を得ようとする医療技術で CT (computerized tomography) とよばれている．

これと同様な原理で，2011 年 3 月 11 日に発生した東日本大震災で損傷をうけた福島原発事故の熔け落ちた核燃料（燃料デブリ）について，宇宙から地球に降り注ぐ宇宙線から生じるミュー粒子を利用して，X 線写真のようにその位置や分布範囲を調べようという試みが 2015 年 2 月からなされ，その結果原子炉底部に存在する物質の総量がつきとめられた（2016 年 7 月現在）．

(2) 重力の観測から天体内部の質量などの分布の推定：リモートセンシングや人工地震などによって地下資源や石油の埋蔵量の推定が行われている．また，地球はもとより，近年月や火星，あるいは水星などの惑星内部の探査が宇宙探査機を用いて行われ，それによって重力や磁気の観測から天体内部の質量分布や磁場を調べることが行われている．最近の話題では，水星にも磁場があるらしいとの結果が得られている．

(3) 地層データからの落下隕石の大きさの推定：(2) に関連した問題であるが，太古の地球上に繁栄していた恐竜が 6500 万年前に絶滅したのは巨大な隕石が落下し，それによって大気中に舞い上がった塵によって気候に大変動が起きたからだという仮説がある．実際メキシコのユカタン半島の重力分布や地層のデータを調べることによって落下隕石の直径まで推定されている．

(4) その他：鋳物など金属材質のクラックの検出，果物の糖度の測定，音波による非破壊検査法による診断などはすべて身近な逆問題である．

[†1] 順問題・逆問題の弁証法はニュートン (Sir Isaac Newton, 1642-1727) に始まったといわれている．誤解を恐れずにいえば，「リンゴが落ちた（結果）のはなぜ（原因）か」というのが逆問題であり，彼はその答えを数式で表現した．現代風にいえばこれが「システムの同定」にあたるであろう．それ以後の多くの力学問題は，彼の打ち立てた数式に基づいて，それならばこのような力が作用すればその結果はどのようになるのか，という順問題を解いていることになる．このあたりの詳しい議論については，山本義隆著『古典力学の形成 —ニュートンからラグランジュへ』（日本評論社，1997）を参照されたい．

[†2] 古来からの逆問題の例については，文献 [F4] が読み物として面白く，参考になる．

われわれの日常生活でも数多くの逆問題がある．たとえば，医者が聴診器を胸にあて，指でトントンたたきその音（観測結果）から体調を診断する，あるいはスイカをたたいて内部の熟成度を調べようとすることなどは正に逆問題である．このように，"結果"から"原因"を推測（推定）しようという"逆問題的思考"(inverse thinking)が，日常生活においてもはなはだ重要である．

ダーウィン (C. R. Darwin, 1809-1882) は，マダガスカル島原産のラン（蘭）が夜に芳香を放ち，花は星形で裏側には中に蜜腺をもつ細長い管状の距が垂れ下がっているという特異な形態から，28 センチの吸口をもったガ（蛾）が生息していると推測した．約40年後，彼の死後に本当にマダガスカルで20 センチを超える口先をもったガ（キサントパンスズメガ）が発見されたという．ランとガとの共生関係に注目した進化論者らしい逆問題的発想である．なお，このランは「ダーウィンのラン」とよばれている．

本書での逆問題は，(ⅰ) 計測の対象物はダイナミクスに支配されており，(ⅱ) その出力を観測する際には不規則雑音が介入する，という立場で考察する．この点で，計測という立場からいえば，（オンライン/オフライン）**ソフトセンサ** ([on-/off-line] soft sensor) を如何に構築するかという議論であり，対象物がダイナミクスに支配されているということから**動的システムの逆問題** (dynamical inverse problem) 解決へのアプローチをどのようにするかという議論になる．本書では，もちろんカルマンフィルタ（第5章）が大きな役割を果たす．

1.3 動的システムの逆問題の例

動的システムの逆問題の例をいくつか示す．

例 1.1（**船舶のトラッキング**）　海上を航行する船舶（ターゲット）の安全を管制するレーダーシステムを考えよう．これは，固定されたレーダーサイト（図1.2）においてターゲットをレーダーで捕捉し，ターゲットまでの距離（レンジ, range）$r(t)$ と方位角 (bearing) $\beta(t)$ の二つの情報のみを得るとする．気象条件や波浪などの影響により，レーダーに映る反射波からその正確な位置をこれら2つの観測データ $(r(t), \beta(t))$ を用いて決定すると大きな誤差を伴い，現実的には困難である．

レーダーサイトの位置を2次元直交座標 (Cartesian coordinates) の原点とし，東および北方向をそれぞれ x, y 軸の正方向とする．ターゲットは海上（2次元平面上）を移動し，その位置および速度は観測者には不明であり，得られるデータはサンプリング時刻 t_k $(k = 0, 1, 2, \cdots)$ におけるターゲットの方位角と距離に関する観測値

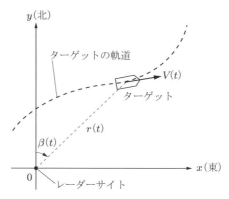

図 1.2 移動船舶のトラッキング

$\{y_\beta(t_k), y_r(t_k)\}_{k=0,1,2,\ldots}$ のみであるとする．ターゲットの位置を $(r_x(t), r_y(t))$，速度の x, y 方向成分を $(V_x(t), V_y(t))$ とし，観測データは加法的に介入する雑音に乱されて得られるものとすると，

$$\begin{cases} y_\beta(t_k) = \beta(t_k) + \{\text{noise}\} = \tan^{-1}\dfrac{r_x(t_k)}{r_y(t_k)} + \{\text{noise}\} \\ y_r(t_k) = r(t_k) + \{\text{noise}\} = \sqrt{r_x^2(t_k) + r_y^2(t_k)} + \{\text{noise}\} \end{cases}$$

と与えられる．

ターゲットのダイナミクスは

$$\dot{r}_x(t) = V_x(t), \quad \dot{r}_y(t) = V_y(t)$$

で与えられる．したがって，ターゲットの位置と速度を決定する問題は，観測データ $\{y_\beta(t_k), y_r(t_k)\}$ から，時々刻々ターゲットの位置 $(r_x(t_k), r_y(t_k))$ および速度 $V(t_k) = \sqrt{V_x^2(t_k) + V_y^2(t_k)}$ をオンラインで推定する問題に帰着できる．このトラッキングの問題については，6.3 節において考察する． □

例 1.2（河川の汚染負荷量と不法投棄地点の同定） 河川の汚染の度合は，おもに BOD（生物化学的酸素要求量）と DO（溶存酸素量）によって測られる．DO は河川に生息する生物が生きて行くために必要な酸素の量であり，一般的にはその下限濃度は 4 mg/L 程度といわれている．これらの量に対する古典的な数理モデルとしてストリータ-フェルプス (Streeter-Phelps) モデルがよく知られている[†1]．

$L(x)$ を流下地点 $x(> 0)$ における BOD，$D(x)$ を DO の飽和値からの不足量 (DO-deficit) とすると，それらの流下方向のダイナミクスは

[†1] H. W. Streeter and E. B. Phelps: A Study of Polution and Natural Purification of the Ohio River, Public Health Bulletin No. 146, USPHS, Washington D.C., 1925

$$\begin{cases} \dfrac{dL(x)}{dx} = -\dfrac{k_1}{U} L(x) + \dfrac{1}{U} p(x) & \text{(BOD)} \\ \dfrac{dD(x)}{dx} = -\dfrac{k_2}{U} D(x) + \dfrac{k_1}{U} L(x) & \text{(DO-deficit)} \end{cases}$$

で与えられる．ここで，U は流速，$p(x)$ は流入する汚染負荷量，k_1, k_2 は係数である．

図 1.3 はストリータ-フェルプスモデルによる BOD と不足 DO を模式的に示したものである．汚染物質の流入（BOD のピークの地点）後，河川が大気に触れること（再曝気 [reaeration]）などの自然浄化作用 (self-purification) により，それぞれ流下方向に図のように変化し，やがて元のように回復する．不足 DO は一時的に低下するが再び回復する．このような曲線は DO 垂下曲線 (DO sag curve) とよばれている．

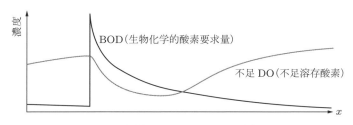

図 1.3 河川の BOD と不足 DO の様子

$L(x)$ と $D(x)$（1 次元）流域全体にわたって観測データとして得られているわけではないので，それらの様子がどのようになっているのかを観測データから推定しなければならない．そこで，流下地点 $0 = x_0 < x_1 < x_2 < \cdots$ において，$L(x)$ と $D(x)$ に関するデータ $\{y_L(x_k), y_D(x_k)\}_{k=0,1,2,\ldots}$ を得るものとすると，

$$\begin{cases} y_L(x_k) = h_1 L(x_k) + \{\text{noise}\} \\ y_D(x_k) = h_2 D(x_k) + \{\text{noise}\} \end{cases}$$

である．ここで，h_1, h_2 は定数とする．

したがって，ここで $p(x)$ があらかじめ既知であるなら観測データから状態量 $L(x)$，$D(x)$ の推定問題であるが，もし $p(x)$ が未知であるならその大きさとそれが流入する位置あるいは区域（不法投棄地点/区域）をも同時に推定（同定）しなければならない．たとえば，汚染負荷が（未知の地点）x_{in} において未知の大きさ p_0 (const.) であるとすると，ディラックのデルタ関数 $\delta(\cdot)$（2.6 節の脚注参照）を用いて

$$p(x) = p_0 \, \delta(x - x_{\text{in}})$$

のように，また，（未知の区間）$[x_{\text{in}}, x_{\text{out}}]$ において一定の負荷 p_0 をうけるとすると，

単位階段関数[†1] $u_S(\cdot)$ を用いて,

$$p(x) = p_0 \{u_S(x - x_{\text{in}}) - u_S(x - x_{\text{out}})\}$$

のようにそれぞれモデル化される.

このような場合には,状態量 $L(x)$, $D(x)$ の推定はもとより,未知量 p_0 の同定および流入地点 x_{in},流入区間 $[x_{\text{in}}, x_{\text{out}}]$ の特定をも行わなければならない.このように,観測データから未知入力 p_0 や流入地点(区間)を特定する問題は明らかに逆問題である.河川の水質推定問題については,6.2 節で考察する. □

例 1.3(柔軟構造物の物理パラメータの同定) 宇宙ステーションや超高層ビル,あるいは長い橋など軽量な材質で構築された構造物を柔軟構造物 (flexible structure) といい,その数学モデルは一般に偏微分方程式によって記述される.

超高層ビルや宇宙船に取り付けられた太陽電池パネルなどのモデルは,長さ l の片持ちはり (cantilevered beam) としてイメージされ,そのダイナミクスは

$$\rho S \frac{\partial^2 u(t,x)}{\partial t^2} + c_D I \frac{\partial^5 u(t,x)}{\partial x^4 \partial t} + EI \frac{\partial^4 u(t,x)}{\partial x^4} = g\gamma(t,x) \quad (0 < x < l)$$

のように与えられる[†2].境界条件は

$$u(t,0) = \frac{\partial u(t,0)}{\partial x} = 0, \quad \frac{\partial^2 u(t,l)}{\partial x^2} = \frac{\partial^3 u(t,l)}{\partial x^3} = 0$$

である.ここで,$u(t,x)$ は(はりの横断方向の)変位,ρ, S, I および E は材質密度,断面積,断面 2 次モーメント,ヤング率であり,$\gamma(t,x)$ は風や太陽風などの(分布)荷重である.g は既知定数であるが,$c_D(>0)$ は(ケルヴィン-フォークト)減衰係数で未知である.

さて,c_D, E が未知であるとして,$\theta = [c_D, E]^T$ とする.この未知パラメータベクトル θ を決定するために,M 箇所におけるはりの変位 $\{u(t, x_m; \theta)\}_{m=1,2,\cdots,M}$ をレーザー変位計によって計測し,それらを

$$y_m(t) = u(t, x_m; \theta) + \{\text{noise}\} \quad (m = 1, 2, \cdots, M)$$

とすると,これら M 個の観測データ $\{y_m(t)\}_{m=1,2,\cdots,M}$ から未知パラメータベクトル θ と変位 $u(t,\cdot;\theta)$ とを同時に推定する問題を解決しなければならない.この問題

[†1] **単位階段関数** (unit step function):$u_S(t-a) = \begin{cases} 0 & (t < a) \\ 1 & (a \leqq t) \end{cases}$

ヘヴィサイド関数 (Heaviside function) ともいう.イギリスの電気工学者 Oliver Heaviside (1850-1925) による.

[†2] この数学モデルの導出については,たとえば,大住晃『構造物のシステム制御』第 5 章:連続体構造物の数学モデル(森北出版,2013)[B18] を参照されたい.

については 5.8 節において考察する. □

例 1.4（建築構造物の同定） N 階建てビルは，つぎのような N 次元ベクトル 2 階微分方程式によってそのダイナミクスが記述される．

$$M\ddot{z}(t) + D\dot{z}(t) + Kz(t) = Cu(t)$$

ここで，$z(t) = [z_1(t), \cdots, z_N(t)]^T$ は構造物の各階の水平方向変位 $\{z_i(t)\}$ からなる変位ベクトル，$u(t)$ は地震加速度，風外乱あるいは人工地震などの入力である．M, D, K はそれぞれ質量，減衰および剛性マトリクスとよばれ，つぎのように与えられる．

$$M = \begin{bmatrix} m_1 & & & O \\ & m_2 & & \\ & & \ddots & \\ O & & & m_N \end{bmatrix}, \quad D = \begin{bmatrix} d_1+d_2 & -d_2 & & & O \\ -d_2 & d_2+d_3 & -d_3 & & \\ & \ddots & \ddots & \ddots & \\ & & -d_{N-1} & d_{N-1}+d_N & -d_N \\ O & & & -d_N & d_N \end{bmatrix},$$

$$K = \begin{bmatrix} k_1+k_2 & -k_2 & & & O \\ -k_2 & k_2+k_3 & -k_3 & & \\ & \ddots & \ddots & \ddots & \\ & & -k_{N-1} & k_{N-1}+k_N & -k_N \\ O & & & -k_N & k_N \end{bmatrix}$$

ここで，m_i, d_i, k_i は第 i 階の質量，減衰係数およびばね剛性である．

メンテナンスなどの目的により出来上がった構造物に対して，(M, D, K) を同定する必要に迫られる場合がある．そのため，たとえば，各階に加速度センサを設置し，観測データが

$$y(t) = H\ddot{z}(t) + \{\text{noise}\}$$

$(y(t) \in \mathbf{R}^N)$ のように得られるとすると，このデータに基づいて，(M, D, K) を求めなければならない．これも動的システムの逆問題であるが，これについては種々準備が必要なので文献 [B18] に譲る． □

1.4 計測システムの表現について

本書における動的システムの計測モデルについて触れておこう．

1.1 節で例に挙げた質量・ばね・ダッシュポット系のダイナミクスは，$z(t) = [x(t), \dot{x}(t)]^T$ という 2 次元ベクトルを導入すると，

$$\dot{z}(t) = Az(t) + bu(t), \quad A = \begin{bmatrix} 0 & 1 \\ -\dfrac{k}{m} & -\dfrac{c}{m} \end{bmatrix}, \quad b = \begin{bmatrix} 0 \\ \dfrac{1}{m} \end{bmatrix}$$

のように 2 次元 1 階微分方程式で表すことができる．したがって，一般に計測システムは，計測対象のダイナミクスとそれを計測する仕方との二つのベクトル方程式によって記述される．すなわち，

$$\Sigma_C : \begin{cases} \dot{x}(t) = Ax(t) + Bu(t), \quad x(t_0) = x_0 \\ y(t) = Hx(t) \end{cases}$$

あるいは，サンプリング時刻に基づいた

$$\Sigma_D : \begin{cases} x(t_{k+1}) = Fx(t_k) + Gu(t_k), \quad x(t_0) = x_0 \\ y(t_k) = Hx(t_k) \end{cases}$$

が基本の式になる．これらのモデルの導出は第 3 章において詳しく述べる．

しかし，このような数理モデルが常に物理的あるいは力学的原理によって得られるとは限らない．実際，入力 $u(\cdot)$ と出力 $y(\cdot)$ との間の関係がわからず，その間をブラックボックス (black-box) と考えて，ある一定時間区間に得られた入出力データのみから Σ_C や Σ_D にシステムや観測過程に雑音項を付加したモデルを構築しようとする研究が行なわれている．この研究分野は**部分空間システム同定** (subspace[-based] system identification) とよばれ，1980 年代後半から研究が盛んになり，現在でも活発に行われている．この部分空間システム同定法も，入出力データから当該システムの数学モデルを求めようとする正統な逆問題であるが，これについては数学的準備が別途必要であるので本書では触れない[†1]．

ここで，線形システムについて定義しておこう．システムを

$$\Sigma : \begin{cases} \dot{x}(t) = f[t, x(t), u(t)], \quad x(t_0) = x_0 \\ y(t) = h[t, x(t), u(t)] \end{cases}$$

[†1] 部分空間システム同定については，たとえば，片山徹『システム同定—部分空間法からのアプローチ』（朝倉書店，2004）や文献 [B18] の第 8 章などを参照されたい．

と表すとき，関数 $f(t,\cdot,\cdot)$, $h(t,\cdot,\cdot)$ がいずれも状態量 $x(t)$，入力 $u(t)$ に関して1次式，すなわち，

$$\begin{cases} f[t,x(t),u(t)] = A(t)x(t) + B(t)u(t) \\ h[t,x(t),u(t)] = H(t)x(t) + D(t)u(t) \end{cases}$$

で表されるとき，システム Σ を**線形システム** (linear system) とよぶ．f, h がこのように与えられない場合には**非線形システム** (nonlinear system) とよぶ．上述の Σ_C, Σ_D はいずれも線形システムである．

線形システムに対しては，入力 $u_1(t)$, $u_2(t)$ に対応するシステム方程式の解をそれぞれ $x_1(t)$, $x_2(t)$ とすると，入力 $u(t) = \alpha_1 u_1(t) + \alpha_2 u_2(t)$ ($\alpha_1, \alpha_2 (\neq 0)$：実数) に対する解は，$x(t) = \alpha_1 x_1(t) + \alpha_2 x_2(t)$ のように，それぞれの解の重ね合わせ (superposition) で与えられる．観測方程式についても $y_i(t) = H(t)x_i(t) + D(t)u_i(t)$ ($i = 1, 2$) とすると，重ね合わせ $y(t) = \alpha_1 y_1(t) + \alpha_2 y_2(t)$ が成り立つ．

さて，これで本書の前置きがほぼ終わった．

> ——Voici mon secret, dit le renard. Il est très simple: on ne voit bien qu'avec le cœur. L'essentiel est invisible pour les yeux. Les hommes ont oublié cette vérité. Mais tu ne dois pas l'oublier.
> ——L'essentiel est invisible pour les yeux, répéta le petit prince, afin de se souvenir.
> ——Antoine de Saint-Exupéry: *Le Petit Prince*, chap. XXI, 1946.
>
> 「僕には秘密にしていることがあるんだ」とキツネがいいました．「それはね，とても簡単なことだよ．心でしか正しく見えないんだ．ほんとうに大切なことは目には見えないのさ．人間はこの真理を忘れてしまった．だけど君はそれを忘れてはいけないよ」
> 「ほんとうに大切なことは目には見えない」と星の王子さまは忘れないように繰り返しました．（アントワーヌ・ドゥ・サンテグジュペリ『星の王子さま』／著者訳）

物事の本質はそうたやすく見えるものではない．それを（相手の）仕草や言葉の端々から推測することが大切である，と『星の王子さま』はわれわれに教えてくれているように思える．まさにこれは逆問題的発想である．しかし，"心で見る"ことはわれわれには極めて難しい．本書では観測データに基づいたコンピュータ処理による逆問題の解法を考えよう．

第2章

数学的準備
測定データの不確かさの表現とその処理

Mathematics is the key. —— R. E. Kalman, 1960[†1]

センサあるいは計測機器による計測や，本書のような動的システムの計測においては，外乱などの不規則な雑音が介入することが多くある．したがって，その測定データは不規則（ランダム）信号として取り扱わなければならない．本章では，測定データの不確かさとその処理の数学的準備として，確率過程とデータ処理の基本的な概念について述べる．

2.1　測定誤差，最小自乗法

簡単な実験を考えよう．ゲイリュサック（J. L. Gay-Lussac, 1778-1850）が行った実験によって，気体の体積 V は温度 t の1次関数

$$V(t) = V_0 \left(1 + \beta t\right)$$

で表されるという．この例で，V_0 と β（膨張係数）を測定データ (t_i, V_i) $(i = 1, 2, \cdots, m)$ から決定する問題を考えてみよう $(V_i = V(t_i))$．ただし，異なる i と j について，$t_i \neq t_j$ である．簡単ではあるが，これは逆問題の一種である．

$m = 2$ の場合，

$$\begin{cases} V_1 = V_0\left(1 + \beta t_1\right) \\ V_2 = V_0\left(1 + \beta t_2\right) \end{cases} \quad \text{すなわち} \quad \begin{cases} V_0 + \beta V_0 t_1 = V_1 \\ V_0 + \beta V_0 t_2 = V_2 \end{cases}$$

であるので，ここで，$x_1 = V_0$, $x_2 = \beta V_0$ とおくと，

$$\begin{cases} x_1 + t_1 x_2 = V_1 \\ x_1 + t_2 x_2 = V_2 \end{cases}$$

[†1] Kalman と L. Lapidus, E. Shapiro との共著論文 (Chemical Eng. Progress, vol.5, no.2, 1960) のタイトルである．システム制御においては数学が必要であると主張しており，第3章冒頭に掲げた Kalman の学問に対する態度がここにも表れている．R. E. Kalman については 5.7.3 項参照．

という連立1次方程式が得られ，これは容易に解けて $V_0 (= x_1)$ と $\beta (= x_2/x_1)$ が求められる．しかし，もう1組測定値 (t_3, V_3) が増えたときにはどうなるのか，そのときには，もう1本方程式が増えて，

$$\begin{cases} x_1 + t_1 x_2 = V_1 \\ x_1 + t_2 x_2 = V_2 \\ x_1 + t_3 x_2 = V_3 \end{cases}$$

となる．すなわち，未知数 (x_1, x_2) が二つであるにもかかわらず方程式が3本と過剰になって，この方程式には解が存在しない．さらに，また測定データが $(t_4, V_4), \cdots$ と増えると一体どうなるのか．せっかく，時間と金をかけて取得したデータは不要だと捨ててしまってよいのか．

ここで，

$$L := (x_1 + t_1 x_2 - V_1)^2 + (x_1 + t_2 x_2 - V_2)^2 + (x_1 + t_3 x_2 - V_3)^2$$

とおくと，上式は $L = 0$ と等価である．しかし，実際には測定時には必ず測定誤差が含まれることから，この L はそれら測定時の誤差の自乗をすべて足し合わせたものであり，$L = 0$ とは限らない．したがって，この L ができるだけ零に近づくように解 (x_1, x_2) を求め，それを（厳密解ではないが）意味のある解とすれば，過剰に思われた測定データも生きてくる．

一般化を試みよう．上述の連立方程式をベクトル表示すると，

$$Ax = b \tag{2.1}$$

となる．ここで，上の例では

$$A = \begin{bmatrix} 1 & t_1 \\ 1 & t_2 \\ 1 & t_3 \end{bmatrix}, \quad x = \begin{bmatrix} x_1 \\ x_2 \end{bmatrix}, \quad b = \begin{bmatrix} V_1 \\ V_2 \\ V_3 \end{bmatrix}$$

であるが，以下一般的に未知数が n 個，測定データが m 個として，

$$x = \begin{bmatrix} x_1 \\ x_2 \\ \vdots \\ x_n \end{bmatrix} \in \mathrm{R}^n, \quad A = \begin{bmatrix} a_{11} & a_{12} & \cdots & a_{1n} \\ a_{21} & a_{22} & \cdots & a_{2n} \\ \vdots & \vdots & & \vdots \\ a_{m1} & a_{m2} & \cdots & a_{mn} \end{bmatrix} \in \mathrm{R}^{m \times n}, \quad b = \begin{bmatrix} b_1 \\ b_2 \\ \vdots \\ b_m \end{bmatrix} \in \mathrm{R}^m$$

を考えることにする．

さて，

$$e = Ax - b \tag{2.2}$$

とおくと，これはベクトル表示した測定誤差 $e := [e_1, e_2, \cdots, e_m]^T$ を表す．これを**測定誤差ベクトル** (mesurement error vector) とよぶ．

(2.2) 式に対する汎関数 $L = L(x)$ は

$$\begin{aligned} L(x) &= \|e\|^2 = e^T e \\ &= (Ax-b)^T (Ax-b) \end{aligned} \tag{2.3}$$

と表現できる．この汎関数 $L(x)$ は未知ベクトル x に関して下に凸である．そこで，$L(x)$ を最小にする $x = [x_1, x_2, \cdots, x_n]^T$ を (2.1) 式の解としよう．これは，$0 = \partial L(x)/\partial x$ の演算によって（スカラ量のベクトルによる微分演算については付録 A.7 参照），

$$0 = \frac{\partial L(x)}{\partial x} = 2A^T A x - 2 A^T b \tag{2.4}$$

となるから（演習問題 2.1），求める x は

$$A^T A x = A^T b \tag{2.5}$$

を満たさなければならない．これは $\{x_1, x_2, \cdots, x_n\}$ に関する連立 1 次方程式で，**正規方程式** (normal equation) といい，これを満たす解 x を**最小自乗解** (least squares solution) という．$A^T A$ が正則（すなわちその逆マトリクスが存在するの）であれば，それは

$$x = (A^T A)^{-1} A^T b \tag{2.6}$$

と一意に求められる．このように，(2.1) 式の厳密解が存在しない場合でも，解の概念を拡張することによって，取得された測定データを無駄にすることなくすべて有効に活用し，意味のある解が得られる．

未知数よりもデータの組数が多い場合にこのようにして解を得る方法を**最小自乗法** (method of least squares) といい，19 世紀初頭フランスの Legendre（ルジャンドル）が 1805 年に，またドイツの Gauss（ガウス）が 1809 年にそれぞれ発表し，Gauss が Legendre の仕事を引用していなかったことから両者の間でその優先権の論争が起きた[†1]．前者は測定誤差を"確定的"な量として，後者は"確率的"に取り扱っている

[†1] 最小自乗法は，過剰決定系に対して，1805 年に Adrien Marie Legendre (1752-1833) によって "Neuvelles méthodes pour la determination des orbites des comètes"（彗星の軌道決定の新方法）として発表された．1801 年元旦に発見された小惑星（後に"ケレス"(Ceres) とよばれる小惑星第 1 号，現在では準惑星として認知）は極めて観測し難い位置にあり，その貧弱な観測データから軌道を決定することは大変な仕事であったが，Carl Friedrich Gauss (1777-1855) はそのデータから小惑星が現れる位置を予言し，それがその場所で再発見された．彼は天体の軌道を決定する理論 "Theoria

点が決定的な違いである．本書では，測定（観測）データそのものが不規則であり，したがって当然測定誤差も不規則な問題を取り扱うので，確率的な考え方をしなければならない．そのことからも，次節以降不規則データの取扱いを数学的準備として述べる．

さて，ここでもう一度 (2.1) 式を考察してみよう．上述の議論では $m = n$ の場合も含めて $n \leq m$ として正規方程式 (2.5) を得た．(2.5) 式は (2.1) 式の両辺に左側から A^T をかけた式であるから，$n > m$ の場合にも成り立つ．しかし，その場合には解が一つには決まらず，解がたくさんあり得る．本節の冒頭の例で，たとえば，$n = 2$，$m = 1$ の場合，

$$x_1 + t_1 x_2 = V_1$$

すなわち，

$$a_{11} x_1 + a_{12} x_2 = b_1$$

($A = [\,a_{11}\ a_{12}\,] = [\,1\ t_1\,]$，$b = b_1 = V_1$，$x = [\,x_1\ x_2\,]^T$) となって，$x_1$，$x_2$ は一意には定まらず無限個存在する．

$n < m$ の場合，すなわち未知数より方程式の数が多い連立方程式を**過剰決定系** (over-determined system)，また逆に $n > m$ の場合，すなわち方程式の数が未知数より少ない場合を**不足決定系** (under-determined system) とよぶ．

測定データが少ない状況であると不足決定系という問題が起こり，解は一般に無数に存在する．にもかかわらず，工学においては何らかの意味で一意に決定したい．そこで，x のノルム $\|x\| = (x^T x)^{1/2}$ が最も小さい x を求めることを考える．このノルムを小さくすることとその 2 乗を小さくすることとは等価であるから，問題は (2.1) 式の拘束条件のもとで

$$J(x, \lambda) = \|x\|^2 + \lambda^T (Ax - b) \tag{2.7}$$

を最小にする x を求めることになる．ここで，$\lambda \in \mathbf{R}^m$ はラグランジュ乗数である．よって，

---

motus corporum coelestium"（天体の運動理論）を 1809 年に発表したが，それには Legendre の仕事について何も触れていなかった．Legendre はすぐに Gauss に手紙を送り，自分は 1805 年の論文ですでに Méthode des moindre quarrés (method of least squares) と名付けていると抗議した．これが論争の発端である．Gauss はこの方法はすでに自分自身が 1795 年から使っている方法だと主張し，Laplace が仲介に入ったが，10 数年間争いが続いたという．Laplace は 1820 年につぎのように "判定" を下している：Legendre 氏は観測誤差の自乗和を考え，そしてその最小値をとるという素朴なアイデアをもち，補正すべき要素をもった最終的な式を直接導出した．その博識な数学者はその方法を出版した最初の人である．しかし，その出版に先立つ数年前に同じアイデアをもち，それを使いやすくし，そしてそれを幾人かの天文学者達に伝えたという正当性は Gauss 氏に帰すべきである．このあたりの詳しいことは R. L. Plachett: The discovery of the method of least squares, *Biometrika*, vol. 59 (1972), pp. 239-251 を参照されたい．

$$\begin{cases} 0 = \dfrac{\partial J(x,\lambda)}{\partial x} = 2x + A^T\lambda \\ 0 = \dfrac{\partial J(x,\lambda)}{\partial \lambda} = Ax - b \end{cases} \quad (2.8)$$

より,

$$x = -\frac{1}{2}A^T\lambda, \quad AA^T\lambda = -2b \quad (2.9)$$

が得られるから, $m \times m$ 次元マトリクス AA^T の逆マトリクスが存在すれば, λ は

$$\lambda = -2(AA^T)^{-1}b$$

となる. よって, 解 x は

$$x = A^T(AA^T)^{-1}b \quad (2.10)$$

と一意に求められる. これを x の**ノルム最小解**とよぶ. この (2.10) 式の解と (2.6) 式の最小自乗解との類似性に留意されたい.

(2.6) 式や (2.10) 式では $A^TA \in \mathrm{R}^{n \times n}$ あるいは $AA^T \in \mathrm{R}^{m \times m}$ が正則であると仮定した. これらはそれぞれ rank $A = n$ $(n < m)$, rank $A = m$ $(n > m)$ であることと等価である.

(2.6) 式あるいは (2.10) 式をいずれも

$$x = A^\dagger b \quad (2.11)$$

と表記し, この $A^\dagger \in \mathrm{R}^{n \times m}$ (正則な A の逆マトリクス A^{-1} に擬えて) **一般化逆マトリクス** (generalized inverse), **擬似逆マトリクス** (pseudo-inverse) あるいは**ムーア-ペンローズ逆マトリクス** (Moore-Penrose inverse)[†1] とよぶ (付録 A.3 参照).

$$\begin{cases} A^\dagger = (A^TA)^{-1}A^T & (\text{if rank } A = n) \\ A^\dagger = A^T(AA^T)^{-1} & (\text{if rank } A = m) \end{cases} \quad (2.12)$$

である (演習問題 2.2). rank $A = r$ $(< \min(m,n))$ の場合には, $A \in \mathrm{R}^{m \times n}$ は rank $B = $ rank $C = r$ となる $B \in \mathrm{R}^{m \times r}$, $C \in \mathrm{R}^{r \times n}$ によって,

$$A = BC \quad (2.13)$$

と書け, このとき一般化逆マトリクスは

[†1] 一般化逆マトリクスは, 米国の数学者 Eliakin Hastings Moore (1862-1932) によって 1935 年にその定義が与えられたが, その後ほとんど忘れ去られていた. 他方, 英国の数理物理学者 Roger Penrose (1931-) は Moore の仕事を知らず, 20 年後独立に一般化逆行列論を 1955 年に展開した. 結局両者の定義は異なるが同等であることが確認され, $A^\dagger$ はムーア-ペンローズ逆マトリクスとよばれている.

$$A^\dagger = C^T(CC^T)^{-1}(B^TB)^{-1}B^T \tag{2.14}$$

で与えられる（演習問題 2.3）．

2.2　不規則データの数学的表現

■ 2.2.1 ■ 確率過程

　$x(t)$ をある時刻 t で測定されたデータとする．このとき，$x(t)$ は時間の進行にともなって変動する計測対象の物理量を記録したものであるが，実際の計測においては，同じ実験を同じ状況下で繰り返したとしてもランダム（不規則）な雑音の介入によって，測定するたびに異なったデータ $\{x(t)\}$ が得られる．そのことを明確にするために数学的に $\{x(t,\omega)\}$ と記述する．記号 $\omega\ (=\omega_1,\omega_2,\cdots,\omega_i,\cdots)$ は偶然性を表すパラメータで，これによって測定ごとに違ったデータであることが明示される．このパラメータ $\{\omega_i\}$ の集合 $\Omega = \{\omega_1,\omega_2,\cdots\}$ を**見本空間** (sample space) といい，その要素 ω_i を**生成点** (generic point) とよぶ．すなわち，測定ごとに得られる不規則データは，見本空間 Ω の中の一つの要素 $\omega_i\ (\in \Omega)$ が偶然に選ばれ，その結果 $x(t,\omega_i)$ が一つのサンプル（見本）として出現したと考えるのである．

　そのデータの集合 $\{x(t,\omega), \omega \in \Omega\}$ を**確率過程** (random process, stochastic process) とよぶ．時間 t を固定すると $\{x(\cdot,\omega)\}$ は ω のみの関数，すなわち**確率変数** (random variable) であり，また，ω を固定すると上述のように $\{x(t,\cdot)\}$ はサンプルデータ，すなわち**見本過程** (sample path) となる．雑音の影響がなく同じ条件下で測定を何度繰り返しても同じデータが得られるとき，そのデータは確定的な過程，すなわち**確定過程** (deterministic process) とよばれる．

　測定データは，時間的に連続なデータ $\{x(t,\omega)\}$ として得られる場合，あるいはサンプリング時刻のみに $\{x(t_k,\omega), k=0,1,2,\cdots\}$ のように得られる場合があり，前者を**連続時間確率過程** (continuous-time stochastic process)，後者を**離散時間確率過程** (discrete-time stochastic process) とよぶ．

　確率過程として表現されるものとしては，脳波，地震波，気温，音声，電力消費量，降雨量，太陽の黒点数，熱雑音，あるいは株価など，枚挙にいとまがない．

■ 2.2.2 ■ 確率過程の数学的表現

　$\{x(t,\omega)\}$ を（スカラ）確率過程とする．前述したように，これは見本過程と確率変数という二面性をもつ．それでは，どのようにすればそれを"数学的にとらえる"ことができるのか．

2.2 不規則データの数学的表現

$t_1 < t_2 < \cdots < t_N$ を任意の時点とし，それぞれの時刻において，実数 $\{x_k\}$ ($-\infty < x_k < \infty$, $k=1,2,\cdots,N$) を与えたとき，現象 $\{x(t_k,\omega) \leqq x_k\}$ は一つの事象 (event) を表すので，それらの事象が起こる確率

$$\Pr\{x(t_1,\omega) \leqq x_1, x(t_2,\omega) \leqq x_2, \cdots, x(t_N,\omega) \leqq x_N\}$$

が定義できる．この確率は，$x(t,\omega)$ が各時刻で設定されたゲート（関門）x_i をそれぞれの時刻で通過することができるかどうかの目安を与えていると考えることができる．当然この確率は $\{x_i\}$ をどのように設定するかに依存する．

そこで，(t_k, x_k) を変数とする関数

$$F(t_1,x_1;t_2,x_2;\cdots;t_N,x_N)$$
$$:= \Pr\{x(t_1,\omega) \leqq x_1, x(t_2,\omega) \leqq x_2, \cdots, x(t_N,\omega) \leqq x_N\} \tag{2.15}$$

を定義する．これを N 次の**結合確率分布関数** (joint probability distribution function) という．このとき，

$$F(t_1,x_1;\cdots;t_N,x_N) = \int_{-\infty}^{x_1} \cdots \int_{-\infty}^{x_N} p(t_1,\xi_1;\cdots;t_N,\xi_N)\,d\xi_1 \cdots d\xi_N \tag{2.16}$$

あるいは

$$p(t_1,x_1;\cdots;t_N,x_N) = \frac{\partial^N F(t_1,x_1;\cdots;t_N,x_N)}{\partial x_1 \cdots \partial x_N} \tag{2.17}$$

となる関数 $p(t_1,x_1;\cdots;t_N,x_N)$ を N 次の**結合確率密度関数** (joint probability density function) とよぶ．$\{(t_k,x_k)\}$ に対して，結合密度関数が

$$p(t_1,x_1;t_2,x_2;\cdots;t_N,x_N) = p(t_1,x_1)\,p(t_2,x_2)\cdots p(t_N,x_N) \tag{2.18}$$

と表されるとき，$x(t_1), x(t_2), \cdots, x(t_N)$ は**互いに独立** (mutually independent) であるという．

時間分割はいくらでも細かくとれるので，確率分布関数あるいはその密度関数が求められれば $x(t,\omega)$ が時間進化につれて通る経路を把握したことになるが，実際には上述の N 次の関数の形がそのまま与えられることはない．

ある時刻 t_1 において，$x(t_1,\omega) = x_1$ の値をとったとき，$t_2\,(>t_1)$ において $x(t_2) \leqq x_2$ となる確率 $F(t_2,x_2\,|\,t_1,x_1)$ は，$p(t_1,x_1) > 0$ として，

$$F(t_2,x_2\,|\,t_1,x_1) = \frac{1}{p(t_1,x_1)}\int_{-\infty}^{x_2} p(t_1,x_1;t_2,\xi)\,d\xi \tag{2.19}$$

で定義される．これを**条件付き確率分布** (conditional probability distribution) とよび，その密度関数 $p(t_2,x_2\,|\,t_1,x_1)$ は

$$p(t_2, x_2 \mid t_1, x_1) = \frac{p(t_1, x_1; t_2, x_2)}{p(t_1, x_1)} \tag{2.20}$$

により定義される.

ここまではスカラ確率過程について述べたが，$x_i(t,\omega)$ をその要素にもつ n 次元ベクトル確率過程 $x(t,\omega) = [\,x_1(t,\omega), x_2(t,\omega), \cdots, x_n(t,\omega)\,]^T$ に対しても，同様にして確率分布関数とその密度関数が定義できる．

以後，ω の記入は煩雑なので，それが確率過程であることが明白なときには省略する．

■ 2.2.3 ■ 確率モーメント

さて，n 次元ベクトル確率過程 $\{x(t)\}$ は，時刻 t においては 1 次の確率分布関数

$$F(t, x) = \Pr\{x(t) \leqq x\}$$

によってその確率的性質が特徴付けられる．ここで，$x(t) \leqq x$ は各要素が $x_i(t) \leqq x_i$ $(i = 1, 2, \cdots, n)$ であることを意味する．このベクトル確率過程に対して，

$$m_x(t) := \int_{\mathrm{R}^n} x\, p(t, x)\, dx$$

$$=: \mathcal{E}\{x(t)\} = \begin{bmatrix} \mathcal{E}\{x_1(t)\} \\ \vdots \\ \mathcal{E}\{x_n(t)\} \end{bmatrix} \tag{2.21}$$

を $x(t)$ 過程の**平均値** (mean) あるいは **1 次モーメント** (first moment) とよぶ．ただし，$dx = dx_1 \cdots dx_n$ であり，

$$\mathcal{E}\{x_i(t)\} = \int_{-\infty}^{\infty} \cdots \int_{-\infty}^{\infty} x_i\, p(t, x_1, \cdots, x_n)\, dx_1 \cdots dx_n$$

である．記号 $\mathcal{E}$ は**期待値演算子** (expectation operator) とよばれる．

二つの n 次元ベクトル確率過程 $\{x(t)\}$ および $\{y(t)\}$ に対する結合確率密度関数を $p(t, x; \tau, y)$ とすると，二つの時刻 t および τ に対して，マトリクス

$$R_{xy}(t, \tau) = \int_{\mathrm{R}^n} \int_{\mathrm{R}^n} [\,x - m_x(t)\,][\,y - m_y(\tau)\,]^T p(t, x; \tau, y)\, dxdy$$

$$= \mathcal{E}\left\{[\,x(t) - m_x(t)\,][\,y(\tau) - m_y(\tau)\,]^T\right\} \tag{2.22}$$

を確率過程 $x(t)$ と $y(t)$ の**相互共分散マトリクス** (cross-covariance matrix) とよぶ．

$$m_{x_i}(t) = \mathcal{E}\{x_i(t)\}, \quad m_{y_j}(\tau) = \mathcal{E}\{y_j(\tau)\}$$

$$r_{x_i y_j}(t,\tau) = \mathcal{E}\left\{[x_i(t) - m_{x_i}(t)][y_j(\tau) - m_{y_j}(\tau)]\right\}$$

とすると，相互共分散マトリクス $R_{xy}(t,\tau)$ はつぎのように表される．

$$R_{xy}(t,\tau) = \begin{bmatrix} r_{x_1 y_1}(t,\tau) & \cdots & r_{x_1 y_n}(t,\tau) \\ \vdots & & \vdots \\ r_{x_n y_1}(t,\tau) & \cdots & r_{x_n y_n}(t,\tau) \end{bmatrix}$$

とくに，$y(t) = x(t)$ のとき，

$$R_x(t,\tau) := \mathcal{E}\left\{[x(t) - m_x(t)][x(\tau) - m_x(\tau)]^T\right\} \tag{2.23}$$

を**自己共分散マトリクス** (auto-covariance matrix) とよぶ．

また，マトリクス

$$\Psi_{xy}(t,\tau) = \int_{\mathbb{R}^n}\int_{\mathbb{R}^n} xy^T p(t,x;\tau,y)\,dxdy$$

$$= \mathcal{E}\left\{x(t)y^T(\tau)\right\} \tag{2.24}$$

を**相互相関マトリクス** (cross-correlation matrix) とよび，$y(t) = x(t)$ のとき，

$$\Psi_x(t,\tau) = \mathcal{E}\left\{x(t)x^T(\tau)\right\} \tag{2.25}$$

を**自己相関マトリクス** (auto-correlation matrix) とよぶ．

相互共分散マトリクス $R_{xy}(t,\tau)$ と相互相関マトリクス $\Psi_{xy}(t,\tau)$ の間には

$$R_{xy}(t,\tau) = \Psi_{xy}(t,\tau) - m_x(t)\,m_y^T(\tau) \tag{2.26}$$

の関係が成り立つ（演習問題 2.4）．$R_{xy}(t,\tau)$，$R_x(t,\tau)$，$\Psi_{xy}(t,\tau)$，$\Psi_x(t,\tau)$ を **2 次モーメント** (second moment) ともよぶ．

なお，スカラ確率過程の場合 ($n=1$)，自己共分散マトリクス，自己相関マトリクスはそれぞれ**分散** (variance)，**相関関数** (correlation function) とよばれる．

■ 2.2.4 ■ 定常過程

（スカラ）確率過程 $\{x(t)\}$ の N 次の結合確率密度関数 $p(t_1, x_1; \cdots; t_N, x_N)$ が，任意の τ に対して，

$$p(t_1, x_1; t_2, x_2; \cdots; t_N, x_N) = p(t_1 + \tau, x_1; t_2 + \tau, x_2; \cdots; t_N + \tau, x_N) \tag{2.27}$$

となるとき，その確率過程を**定常過程** (stationary process) という．これは，各離散時刻を一斉に τ 時間だけ変位させてもその確率分布が変化しないことを意味している．

1次および2次モーメントに対して，

$$\begin{cases} \mathcal{E}\{x(t)\} = m_x = \text{const.} \\ \mathcal{E}\{x(t)x^T(t+\tau)\} = \Psi_x(\tau) \end{cases} \quad (2.28)$$

が成り立つとき，その確率過程 $\{x(t)\}$ を**弱定常過程** (weakly stationary process) あるいは**広義定常過程** (wide-sense stationary process) という．これは，確率過程 $\{x(t)\}$ の平均値が時刻によらず一定で，自己相関関数が2時点間の差 τ のみに依存することを意味する．これに対して，上述のような N 次の結合密度関数が時間的に変化しないという定常性の条件は厳し過ぎるので，その場合には**強定常過程** (strictly stationary process) という．

■ 2.2.5 ■ エルゴード性と不規則データの取扱い

一般に，確率過程の確率的性質をとらえるためには，平均値 m_x や自己相関関数 $\Psi_x(\tau)$ を求めることが必要となる．しかし，そのためには確率過程の分布を知らなければならないが，それは容易ではなく，実際の計測システムにおいては，ただ1本の（不規則な）測定データが得られるだけのことが多い．したがって，測定によって得られた1本のデータから確率過程 $\{x(t)\}$ の性質を調べることができれば好都合である．はたしてこのようなことが可能であろうか．

（スカラ）弱定常過程 $\{x(t)\}$ に対して，

$$\mathcal{E}\{x(t)\} = \lim_{T \to \infty} \frac{1}{2T} \int_{-T}^{T} x(t)\,dt \quad (2.29)$$

が確率1で (with probability one, w.p.1) 成り立つとき，その過程は（平均値に関して）**エルゴード性をもつ** (ergodic) という．

(2.29) 式は，$\{x(t)\}$ 過程の平均値—すなわち，すべての見本過程の集合平均 (ensemble average)—が，右辺で表されるように十分に長い時間にわたって取得された1本のデータ $\{x(t), -T \leq t \leq T\}$ を時間的に平均した値 (time average) に等しいということを述べている．(2.29) 式が成り立つためには，ある数学的条件が必要である[†1]．

相関関数に対するエルゴード性は

$$\lim_{T \to \infty} \frac{1}{2T} \int_{-T}^{T} x(t)\,x(t+\tau)\,dt = \psi(\tau) \quad (2.30)$$

[†1] (2.29) 式が成り立つための条件は

$$\lim_{T \to \infty} \frac{1}{T} \int_{0}^{2T} \left(1 - \frac{\tau}{2T}\right) [\psi(\tau) - m_x^2]\,d\tau = 0$$

である．確率過程 $\{x(t)\}$ が常にエルゴード性をもつとは限らないが，エルゴード性を仮定することによって1本のデータからその確率的性質を知ることができるため，定常状態のシステムの計測においては有用である．

なお，計測を行う際に有限個の離散時間データ $\{x_k\}$ および $\{y_k\}$ $(k=1,2,\cdots,N)$ しか得られない場合には，エルゴード性の仮定のもとで平均値の推定値 $\widehat{m}_x$，相互相関関数の推定値 $\widehat{\psi}_{xy}(\tau)$ および相互共分散関数の推定値 $\widehat{r}_{xy}(\tau)$ をそれぞれ次式によって求めることができる．

$$\widehat{m}_x = \frac{1}{N}\sum_{k=1}^{N} x_k \tag{2.31}$$

$$\widehat{\psi}_{xy}(\nu) = \begin{cases} \dfrac{1}{N-\nu}\sum_{k=1}^{N-\nu} x_k\, y_{k+\nu} & (\nu = 0,1,2,\cdots,N-1) \\ \dfrac{1}{N+\nu}\sum_{k=1}^{N+\nu} x_k\, y_{k-\nu} & (\nu = 0,-1,-2,\cdots,-(N-1)) \end{cases} \tag{2.32}$$

$$\widehat{r}_{xy}(\tau) = \widehat{\psi}_{xy}(\tau) - \widehat{m}_x\,\widehat{m}_y \tag{2.33}$$

■ 2.2.6 ■ 確率変数列の収束

確率変数列の収束性に関する概念は多様であるが，ここでは自乗平均収束についてのみ述べる．

$\{x_n(\omega), n=1,2,\cdots\}$ を（スカラ）確率変数列とし，x が $\mathcal{E}\{|x|^2\} < \infty$ を満たすとする．このとき，すべての n に対して $\mathcal{E}\{|x_n(\omega)|^2\} < \infty$ で，かつ

$$\lim_{n\to\infty} \mathcal{E}\left\{|x_n(\omega)-x|^2\right\} = 0 \tag{2.34}$$

ならば，$\{x_n(\omega)\}$ は**自乗平均で** (in mean square) x に収束するといい，

$$\underset{n\to\infty}{\text{l.i.m.}}\, x_n = x \tag{2.35}$$

と表す．収束値 x を $\{x_n\}$ の自乗平均収束値 (limit in the mean, mean square limit) とよぶ．

2.3 マルコフ過程

2.2.2項では，N 次の確率分布とその密度関数について考察した．これに対して，以下のような考え方がある．

（スカラ）確率過程 $\{x(t)\}$ に対して，$t_1 < t_2 < \cdots < t_{N-1}$ である各時刻 t_k において，$x(t_1) = x_1, \cdots, x(t_{N-1}) = x_{N-1}$ という値をとったとき，事象 $\{x(t_N) \leqq x_N\}$

の起こる確率が，それまでに経過してきた経路によらず

$$\Pr\{x(t_N) \leqq x_N \mid x(t_1) = x_1, \cdots, x(t_{N-1}) = x_{N-1}\}$$
$$= \Pr\{x(t_N) \leqq x_N \mid x(t_{N-1}) = x_{N-1}\} \tag{2.36}$$

のように直前の値 $x(t_{N-1}) = x_{N-1}$ にのみに依存するとき，このような確率過程を**マルコフ過程** (Markov process) という．密度関数で表すと

$$p(t_N, x_N \mid t_1, x_1; \cdots; t_{N-1}, x_{N-1}) = p(t_N, x_N \mid t_{N-1}, x_{N-1}) \tag{2.37}$$

となる．すなわち，マルコフ過程 $\{x(t)\}$ の時刻 t_N における確率的性質は時刻 t_{N-1} における値 $x(t_{N-1}) = x_{N-1}$ のみによって決まり，それ以前の値には依存しない．

それでは，全経路を通過する確率法則はどのように表現されるのであろうか．

条件付き確率の演算 ($P(A \cap B) = P(A \mid B) P(B)$) と (2.36) 式より，$N$ 次の確率密度関数は

$$p(t_1, x_1; \cdots; t_N, x_N)$$
$$= p(t_N, x_N \mid t_1, x_1; \cdots; t_{N-1}, x_{N-1}) p(t_1, x_1; \cdots; t_{N-1}, x_{N-1})$$
$$= p(t_N, x_N \mid t_{N-1}, x_{N-1}) p(t_1, x_1; \cdots; t_{N-1}, x_{N-1})$$

となる．この演算を繰り返すことによって，

$$p(t_1, x_1; \cdots; t_N, x_N)$$
$$= p(t_N, x_N \mid t_{N-1}, x_{N-1}) p(t_{N-1}, x_{N-1} \mid t_{N-2}, x_{N-2})$$
$$\cdots p(t_2, x_2 \mid t_1, x_1) p(t_1, x_1)$$
$$= p(t_1, x_1) \prod_{k=2}^{N} p(t_k, x_k \mid t_{k-1}, x_{k-1}) \tag{2.38}$$

が得られる．すなわち，マルコフ過程に対しては，N 次の結合密度関数は $p(t_1, x_1)$ と $p(t_k, x_k \mid t_{k-1}, x_{k-1})$ とによってその経路が表現されることがわかる．後者の $p(t_k, x_k \mid t_{k-1}, x_{k-1})$ を**遷移確率密度関数** (transition probability density function) という．

2.2.2 項では，N 次の結合密度関数の形がそのままの姿で与えられることはないと述べたが，上述のようにマルコフ過程であること，すなわちマルコフ性を仮定すれば，(2.38) 式のように遷移確率密度関数と先験的確率密度関数 $p(t_1, x_1)$ さえわかればよいということになる．

このマルコフ性 (2.36) という考え方は，どのような確率過程に対しても成り立つのかどうかについては何もいえないが，もし成り立てば確率過程の取扱いが非常に簡単になる．マルコフ過程は，工学をはじめ，自然科学，数理経済学（金融工学），遺伝学などさまざまな分野で用いられている．本書では，不規則雑音を（正規性）白色雑音（2.6節）によってその数学モデルとして与えるので，そのシステムはマルコフ性をもつ．

2.4　正規性確率過程

（スカラ）確率変数 $\{x(\omega), \omega \in \Omega\}$ の確率密度関数が

$$p(x) = \frac{1}{\sqrt{2\pi}\,\sigma_x} \exp\left\{-\frac{1}{2}\left(\frac{x-m_x}{\sigma_x}\right)^2\right\} \tag{2.39}$$

のように指数形で与えられるとき，その確率変数を**正規型**（あるいはガウス型）(normal, Gaussian) 確率変数とよぶ．ここで，$m_x = \mathcal{E}\{x(\omega)\}$, $\sigma_x^2 = \mathcal{E}\{|x(\omega) - m_x|^2\}$ である．この形はつり鐘型曲線として知られている．

n 次元確率過程 $\{x(t)\}$ $(x(t) \in \mathrm{R}^n)$ に対しては，その密度関数はつぎのように与えられる．

$$p(t,x) = (2\pi)^{-n/2}\,|P(t)|^{-1/2} \exp\left\{-\frac{1}{2}[x-m(t)]^T P^{-1}(t)[x-m(t)]\right\} \tag{2.40}$$

ただし，$x = [x_1,\cdots,x_n]^T$, $m(t) = [\mathcal{E}\{x_1(t)\},\cdots,\mathcal{E}\{x_n(t)\}]^T$, $P(t) = \mathcal{E}\{[x(t) - m(t)][x(t) - m(t)]^T\}$ であり，$|P(t)|$ はマトリクス $P(t)$ の行列式である．ベクトル過程 $x(t)$ が平均 $m(t)$，共分散マトリクス $P(t)$ をもつ正規型分布をもつとき，$x(t) \sim N[m(t), P(t)]$ と表記する．

(2.39), (2.40) 式を見ればわかるように，正規型確率変数あるいは確率過程の密度関数は，1次と2次の確率モーメントのみで記述される．このことから，正規型弱定常過程は強定常過程である．

2.5　確率過程の周波数表現

自己相関関数が $\psi(\tau)$ であるスカラ弱定常過程 $\{x(t), -\infty < t < \infty\}$ のフーリエ変換を考える．

$$X(\lambda) = \int_{-\infty}^{\infty} x(t)\,e^{-j\lambda t}\,dt \quad (j = \sqrt{-1}) \tag{2.41}$$

変数 λ は角周波数であり，この変換は $\{x(t)\}$ 過程がどのような角周波数成分を含んでいるのかを $x(t)$ と三角関数（$\sin \lambda t$ あるいは $\cos \lambda t$）との相関をとることによって得ようとするものである（フーリエ変換については付録 C 参照）．

(2.41) 式の逆変換は

$$x(t) = \frac{1}{2\pi} \int_{-\infty}^{\infty} X(\lambda) \, e^{j\lambda t} \, d\lambda \tag{2.42}$$

で与えられる．

自己相関関数 $\psi(\tau) = \mathcal{E}\{x(t+\tau)x(t)\}$ のフーリエ変換は**パワースペクトル密度** (power spectral density) とよばれ，$x(t)$ 過程が角周波数 λ のどのような領域においてどのような強さで分布しているのかを表す．このことを見てみよう．そのために $x(t)$ はエルゴード性をもつと仮定する．そこで，

$$x_T(t) = \begin{cases} x(t) & (-T \leqq t \leqq T) \\ 0 & (\text{otherwise}) \end{cases}$$

とすると，明らかに $\lim_{T \to \infty} x_T(t) = x(t)$ であり，そのフーリエ変換は

$$X_T(\lambda) = \int_{-\infty}^{\infty} x_T(t) \, e^{-j\lambda t} \, dt \equiv \int_{-T}^{T} x(t) \, e^{-j\lambda t} \, dt$$

であり，$x_T(t)$ はその逆変換として，

$$x_T(t) = \frac{1}{2\pi} \int_{-\infty}^{\infty} X_T(\lambda) \, e^{j\lambda t} \, d\lambda$$

と表現される．したがって，区間 $[-T, T]$ において，

$$\frac{1}{2T} \int_{-T}^{T} x(t+\tau)x(t) \, dt = \frac{1}{2T} \int_{-T}^{T} x_T(t+\tau)x_T(t) \, dt$$

$$= \frac{1}{2T} \int_{-T}^{T} \left[\frac{1}{2\pi} \int_{-\infty}^{\infty} X_T(\lambda) \, e^{j\lambda(t+\tau)} \, d\lambda \right] x_T(t) \, dt$$

$$= \frac{1}{2\pi} \int_{-\infty}^{\infty} \frac{1}{2T} X_T(\lambda) \left[\int_{-T}^{T} x_T(t) e^{-j\lambda t} \, dt \right]^{*} e^{j\lambda \tau} \, d\lambda$$

$$= \frac{1}{2\pi} \int_{-\infty}^{\infty} \left[\frac{1}{2T} X_T(\lambda) X_T^{*}(\lambda) \right] e^{j\lambda \tau} \, d\lambda$$

であるから，(2.30) 式より，

$$\psi(\tau) = \lim_{T \to \infty} \frac{1}{2T} \int_{-T}^{T} x_T(t+\tau)x_T(t) \, dt$$

$$= \lim_{T \to \infty} \frac{1}{2\pi} \int_{-\infty}^{\infty} \left[\frac{1}{2T} X_T(\lambda) X_T^{*}(\lambda) \right] e^{j\lambda \tau} \, d\lambda$$

$$= \frac{1}{2\pi} \int_{-\infty}^{\infty} \left[\lim_{T\to\infty} \frac{|X_T(\lambda)|^2}{2T} \right] e^{j\lambda\tau} d\lambda \tag{2.43}$$

が得られる．ここで，肩記号 $*$ は複素共役を表す．$\tau = 0$ のとき，$\psi(0) = \mathcal{E}\{|x(t)|^2\}$ は確率過程 $x(t)$ の強さ，すなわちパワーを表すから，

$$\psi(0) = \frac{1}{2\pi} \int_{-\infty}^{\infty} S(\lambda) \, d\lambda \tag{2.44}$$

という積分表現における $S(\lambda)$ はパワーの角周波数 λ に対する（スペクトル）密度関数を表す．このことから，

$$S(\lambda) = \lim_{T\to\infty} \frac{|X_T(\lambda)|^2}{2T} \tag{2.45}$$

であることがわかる．したがって，(2.43)式は

$$\psi(\tau) = \frac{1}{2\pi} \int_{-\infty}^{\infty} S(\lambda) \, e^{j\lambda\tau} \, d\lambda \tag{2.46}$$

と表現できる．

逆に，その逆変換

$$S(\lambda) = \int_{-\infty}^{\infty} \psi(\tau) \, e^{-j\lambda\tau} \, d\tau \tag{2.47}$$

を得る．これより，自己相関関数のフーリエ変換はパワースペクトル密度を，またその逆フーリエ変換は $x(t)$ の自己相関関数を与えることがわかる．(2.46), (2.47)式を**ウィーナー–ヒンチン公式** (Wiener-Khinchin formula) とよぶ．

なお，測定データとして有限個の離散時間データしか得られない場合は，そのデータからスペクトル密度関数を推定することになるが，その方法としては，測定データから自己相関関数の推定値を計算してそれに離散時間フーリエ変換を適用して求めるブラックマン–テューキー (Blackman-Tukey) 法や，ペリオドグラム (periodogram) とよばれる量を計算してそれに基づいて求めるペリオドグラム法などがある．具体的な計算方法については参考文献などを参照されたい．

2.6 白色雑音

たとえば，レーダーで取得される信号には不規則雑音の介入は避けられない．この時々刻々介入する不規則雑音は，つぎの時刻にどのような大きさの値をとるのかをまったく予測ができない．このような雑音のモデルとして白色雑音が用いられる．

白色雑音というのは，確率変数列 $\{w(t_k), k = 1, 2, \cdots\}$ ($w(\cdot) \in \mathbf{R}^d$) に対して，

$$p(w_k \mid w_l) = p(w_k) \quad (k > l, \ w_k = w(t_k)) \tag{2.48}$$

が成り立つマルコフ確率変数列のことである．すなわち，$\{w(t_k)\}$ は互いに独立な系列である (2.2.2 項)．

w_k の分布が正規型であるとき，**正規型白色雑音系列** (white Gaussian [random] sequence) といい，平均値が $\mathcal{E}\{w(t_k)\} < \infty$ で，共分散マトリクスは

$$\mathcal{E}\Big\{[w(t_k) - \mathcal{E}\{w(t_k)\}][w(t_l) - \mathcal{E}\{w(t_l)\}]^T\Big\} = Q_k\,\delta_{kl} \qquad (2.49)$$

となる．ここで，Q_k は非負定値マトリクスであり，δ_{kl} はクロネッカーのデルタ[†1]である．

連続時間正規型確率過程 $\{\gamma(t)\}$ ($\gamma(t) \in \mathrm{R}^d$) に対しては，平均値が $\mathcal{E}\{\gamma(t)\} < \infty$ で，共分散マトリクスが

$$\mathcal{E}\Big\{[\gamma(t) - \mathcal{E}\{\gamma(t)\}][\gamma(\tau) - \mathcal{E}\{\gamma(\tau)\}]^T\Big\} = Q(t)\,\delta(t - \tau) \qquad (2.50)$$

であるとき，**正規性白色雑音過程** (white Gaussian [random] process) という．ただし，$Q(t)$ は非負定値共分散マトリクスで，記号 $\delta(\cdot)$ はディラックのデルタ関数[†2]である．

(2.50) 式は，$t = \tau$ のとき $\gamma(t)$ の自己相関は無限大の大きさとなるが，少しでも τ が t から離れれば，$\gamma(t)$ と $\gamma(\tau)$ とは全く相関がなく，各時刻で独立して，つまりランダムにその値をとる，ということを示している．はたしてこのような過程は実在するのか．答えは No である．それなら，なぜ実在しないこのような数学モデルを用いるのか．その理由はさまざま考えられるが，端的にいえば，以下のようである．

（ⅰ）デルタ関数は，実際には積分演算の中においてのみ現れるので演算が著しく簡単になり，それがそのままの姿で現れることはない．たとえば，簡単のために $\mathcal{E}\{\gamma(t)\} = 0$ とすると，(2.50) 式より，

[†1] **クロネッカーのデルタ**：$\delta_{kl} = \begin{cases} 1 & (k = l) \\ 0 & (k \neq l) \end{cases}$

[†2] **ディラックのデルタ関数**：$\delta(t)$ は

$$\delta(t) = \begin{cases} \infty & (t = 0) \\ 0 & (t \neq 0) \end{cases}, \quad \int_{-\infty}^{\infty} \delta(t)\,dt = 1$$

で定義され，$f(t)$ ($-\infty < t < \infty$) が $t = a$ で連続であるとすると，次式が成り立つ．

$$\int_{-\infty}^{\infty} f(t)\delta(t - a)\,dt = f(a)$$

デルタ関数はこのように定義されるが，1 点において無限大となって微分可能でなく，いわゆる通常の"関数"ではない．これを数学的に正当化するための理論が 1940 年代に発展したフランスの L. Schwartz の**超関数** (distribution) であり，旧ソヴィエトの I. M. Gel'fand の**一般化関数** (generalized function) の理論である．

$$\int_0^T \mathcal{E}\{\gamma(t)\gamma^T(\tau)\}\,d\tau = \int_0^T Q(t)\,\delta(t-\tau)\,d\tau = Q(t) \quad (\text{有界})$$

となる.

(ⅱ) (2.50) 式のように仮定しなければ, $\gamma(t)$ と $\gamma(\tau)$ との時間的つながりを規定する何らかのダイナミクスが必要となる.

ところで, 白色雑音系列 $\{w(t_k)\}$ は連続時間白色雑音 $\{\gamma(t)\}$ の離散時点 t_k での値 $\{\gamma(t_k)\}$ とは異なるので注意されたい. その理由を以下に示しておく. ただし, 簡単のために $w(t_k)$ の平均値を零 ($\mathcal{E}\{w(t_k)\} \equiv 0$) とする.

$$\gamma^{(\Delta)}(\tau) = w(t_k), \quad t_k \leqq \tau < t_k + \Delta \quad (\Delta > 0)$$

で定義される過程 $\{\gamma^{(\Delta)}(\tau)\}$ を考える. Δ はサンプリング時間間隔 ($\Delta = t_{k+1} - t_k$) である. このとき, 確率過程

$$\xi(t) = \int_0^t \gamma^{(\Delta)}(\tau)\,d\tau \quad (t > 0)$$

の平均値は明らかに零であり, また分散 $\mathcal{E}\{\|\xi(t)\|^2\} = \mathcal{E}\{\xi^T(t)\xi(t)\}$ はトレース演算 (付録 A.2 (ⅲ)) より $\mathrm{tr}\,\mathcal{E}\{\xi(t)\xi^T(t)\}$ に等しいから, (2.49) 式を用いてつぎのようになる.

$$\begin{aligned}
\mathcal{E}\{\|\xi(t)\|^2\} &= \mathrm{tr}\left[\int_0^t \int_0^t \mathcal{E}\{\gamma^{(\Delta)}(\tau)[\gamma^{(\Delta)}(\sigma)]^T\}\,d\sigma d\tau\right] \\
&= \mathrm{tr}\left[\int_0^t \int_0^t \mathcal{E}\{w(t_k)w^T(t_l)\}\,d\sigma d\tau\right] \\
&= \mathrm{tr}\left[\int_0^t \left[\int_0^t (Q_k \delta_{kl})\,d\sigma\right] d\tau\right] \\
&= \mathrm{tr}\left[\int_0^t (Q_k \Delta)\,d\tau\right] = t\Delta\,\mathrm{tr}\{Q_k\}
\end{aligned}$$

固定された $t\,(>0)$ に対して, Q_k を一定値に保つとすると, 分散 $\mathcal{E}\{\|\xi(t)\|^2\}$ は $\Delta \to 0$ で零になる. すなわち, $\{\xi(t)\}$ は確率過程であると仮定されているにもかかわらず, $\Delta \to 0$ では確定過程になってしまう. これは物理的に不合理である. しかし, Q_k を形式的に Q_k/Δ で置き換えれば $\{\xi(t)\}$ は確率過程として意味をもち, しかも $Q_k/\Delta \to Q_k \cdot (\text{Dirac delta})\,(\Delta \to 0)$ となって, $\{\gamma^{(\Delta)}(t)\}$ は白色雑音とみることができる[A3,B3].

正規性白色雑音過程 $\{\gamma(t)\}$ のパワースペクトル密度 $S_\gamma(\lambda)$ は角周波数に対して一定値をとることが示せる (演習問題 2.5). これは, 光でいえばあらゆる周波数成分を

同じ強さで含む太陽光のような白色光に相当する．この類似性から"白色"という形容詞が冠せられているのである．

■コンピュータによる正規性白色雑音の生成

本書では，システムあるいは観測過程に介入する雑音は正規性白色雑音としてモデル化して種々の理論を述べる．その理論を検証するには，コンピュータでシミュレーションすることが重要で，そのためにはその生成が必要である．

分散 $q\,(>0)$ をもつ（スカラ）正規性白色雑音列 $\{\gamma(t_k)\}$ を生成するのには，平均零，分散1の（スカラ）正規乱数 $\{n_k\}$ をコンピュータによって発生し，k を時点 t_k ($0<t_1<t_2<\cdots<t_k<\cdots$) に対応させて，

$$\gamma(t_k)=\sqrt{q}\,n_k \tag{2.51}$$

とすればよい．

演習問題

2.1 (2.4) 式における関係式

$$\frac{\partial L(x)}{\partial x}=2A^TAx-2A^Tb$$

が成り立つことを確かめよ．

2.2 A を $m\times n$ 次元マトリクスとする．このとき，(2.12) 式で与えられる一般化マトリクス $A^\dagger\in\mathbf{R}^{n\times m}$ はいずれも一般化逆マトリクスに対するペンローズの四つの条件（付録 A.3）
（ⅰ）$AA^\dagger A=A$, （ⅱ）$A^\dagger AA^\dagger=A^\dagger$, （ⅲ）$(AA^\dagger)^T=AA^\dagger$, （ⅳ）$(A^\dagger A)^T=A^\dagger A$
を満たすことを示せ．

2.3 $m\times n$ 次元マトリクス A のランクが $r\,(<\min(n,m))$ であるとき，その一般化逆マトリクスが (2.14) 式のように与えられることを示せ．

2.4 (2.26) 式が成り立つことを確かめよ．

2.5 $\{z(t)\}$ を平均が零，自己相関関数が

$$\psi_z(\tau)=\sigma^2\left(\frac{\rho}{2}\right)e^{-\rho|\tau|}\quad(\sigma^2=\text{const.},\ \rho>0)$$

のように，時間差 τ とともにその大きさが指数関数的に減少する（スカラ）定常過程とする．この過程は，$\rho\to\infty$ のとき白色雑音過程となることを以下の設問に答えることによって確認せよ．
（ⅰ）$\rho\to\infty$ のとき，$\psi_z(\tau)\to\delta(\tau)$ となることを示せ．
（ⅱ）パワースペクトル密度は角周波数 λ によらず一定値 σ^2 に収束することを示せ．

第3章
計測システムの数学的表現

My theme:
1. Get the physics right.
2. After that, it is all mathematics.

— R. E. Kalman, *The Evolution of System Theory*;
My Memories and Hopes, Plenary Lecture at 16th
IFAC World Congress, Prague, July 4, 2005[†1]

本章では，動的システムの状態量を計測する際の数学モデルと，はたして本当に計測したい状態量が計測できているのかという計測システムの可観測性について述べる．

3.1 動的システムの状態空間表現

1.1 節で述べた質量・ばね・ダッシュポット系とそれを計測する場合の数学モデルについて考えてみよう．

$$\begin{cases} m\ddot{x}(t) + c\dot{x}(t) + kx(t) = u(t) & (3.1) \\ y(t) = x(t) & (3.2) \end{cases}$$

システム制御分野では (3.1)，(3.2) 式を**状態空間表現** (state space representation) することが行われる．たとえば，$x_1(t) = x(t)$，$x_2(t) = \dot{x}(t)$ とすると，(3.1) 式より

$$\begin{cases} \dot{x}_1(t) = x_2(t) \\ \dot{x}_2(t) = -\dfrac{k}{m} x_1(t) - \dfrac{c}{m} x_2(t) + \dfrac{1}{m} u(t) \end{cases} \quad (3.3)$$

という連立 1 階微分方程式が得られる．ここで，

$$x(t) = \begin{bmatrix} x_1(t) \\ x_2(t) \end{bmatrix} \quad (3.4)$$

という 2 次元ベクトルを定義すると[†2]，(3.3) 式は（2 次元）ベクトル微分方程式に

[†1] ここに掲げたのは，プレナリー・レクチャーで Kalman が講演時に用いたプロジェクターの 1 画面である．計測制御システム理論の研究に対する Kalman 自身のスタンスがよく反映されている．R. E. Kalman については 5.7.3 項参照．

[†2] ベクトル $x(t)$ を $\boldsymbol{x}(t)$ のようにボールド体で表記してそれらの要素と区別すべきであるが，本書ではとくに混乱を生じないと思われるので記述の簡単化のために要素と同じ書体を用いる．

よってつぎのように表される.

$$\dot{x}(t) = Ax(t) + bu(t) \tag{3.5}$$

ここで,

$$A = \begin{bmatrix} 0 & 1 \\ -\dfrac{k}{m} & -\dfrac{c}{m} \end{bmatrix}, \quad b = \begin{bmatrix} 0 \\ \dfrac{1}{m} \end{bmatrix}$$

である.したがって,この 2 次元ベクトル $x(t)$ を用いると計測データ $y(t)$ はつぎのように表される.

$$y(t) = hx(t) \tag{3.6}$$

ただし,$h = [1, 0]$ である.変位ではなく速度 $\dot{x}(t)$ を計測するときには,$h = [0, 1]$ となる.

この例でわかるように,運動している対象物の位置や速度などの状態量を計測するときには,対象物の運動方程式とその状態を計測する式の二つが必要である.

上述の議論をより一般化するとつぎのようになる.l 個の入力 $\{u_1(t), u_2(t), \cdots, u_l(t)\}$ があって,(観測)出力が m 個 $\{y_1(t), y_2(t), \cdots, y_m(t)\}$ とし,n 個のシステムの状態変数 $\{x_1(t), x_2(t), \cdots, x_n(t)\}$ によってつぎのように入出力関係が与えられるとする.すなわち,

$$\begin{cases} \dot{x}_1(t) = a_{11}x_1(t) + a_{12}x_2(t) + \cdots + a_{1n}x_n(t) \\ \qquad\quad + b_{11}u_1(t) + b_{12}u_2(t) + \cdots + b_{1l}u_l(t) \\ \dot{x}_2(t) = a_{21}x_1(t) + a_{22}x_2(t) + \cdots + a_{2n}x_n(t) \\ \qquad\quad + b_{21}u_1(t) + b_{22}u_2(t) + \cdots + b_{2l}u_l(t) \\ \quad\vdots \\ \dot{x}_n(t) = a_{n1}x_1(t) + a_{n2}x_2(t) + \cdots + a_{nn}x_n(t) \\ \qquad\quad + b_{n1}u_1(t) + b_{n2}u_2(t) + \cdots + b_{nl}u_l(t) \end{cases} \tag{3.7a}$$

$$\begin{cases} y_1(t) = h_{11}x_1(t) + h_{12}x_2(t) + \cdots + h_{1n}x_n(t) \\ \quad\vdots \\ y_m(t) = h_{m1}x_1(t) + h_{m2}x_2(t) + \cdots + h_{mn}x_n(t) \end{cases} \tag{3.7b}$$

であるとする.ここでは係数 $\{a_{ij}\}$,$\{b_{ij}\}$,$\{h_{ij}\}$ は定数とする.このとき,

$$x(t) = \begin{bmatrix} x_1(t) \\ \vdots \\ x_n(t) \end{bmatrix}, \quad y(t) = \begin{bmatrix} y_1(t) \\ \vdots \\ y_m(t) \end{bmatrix}, \quad u(t) = \begin{bmatrix} u_1(t) \\ \vdots \\ u_l(t) \end{bmatrix} \tag{3.8}$$

としてそれぞれ状態変数,出力および入力ベクトルを定義すると,(3.7)式は

$$\begin{cases} \dot{x}(t) = Ax(t) + Bu(t) \\ y(t) = Hx(t) \end{cases} \tag{3.9}$$

と表現される.ここで,定数マトリクス $A = [a_{ij}] \in \mathrm{R}^{n \times n}$, $B = [b_{ij}] \in \mathrm{R}^{n \times l}$, $H = [h_{ij}] \in \mathrm{R}^{m \times n}$ をそれぞれシステムマトリクス,入力マトリクスおよび出力マトリクスとよぶ.この例のように(3.1)式の運動方程式を(3.5)式のようにベクトル微分方程式に変換するのに用いた $x_1(t)$, $x_2(t)$ をシステムの**状態変数** (state variables),またそれらによって構成されるベクトルを**状態ベクトル** (state vector) とよぶ.状態変数は入力変数と出力変数を媒介し,システムの動的挙動を記述するのに必要な最小限度の変数であり,その定義の仕方は一意ではない(演習問題3.5).これらを座標軸とする空間を**状態空間** (state space) とよび,その個数 n をシステムの**次元** ([system] order) という.

(3.9)式において,状態変数によって記述される動的システムの表現を**状態方程式** (state equation),またその状態量を計測する表現式を**観測方程式** (observation equation) とよぶ.(3.9)式のようにベクトル微分方程式によって記述されるシステムを**多変数システム** (multivariable system) あるいは**多入力多出力システム** (multi-input multi-output [MIMO] system) という.

入力 $u(t)$ と出力 $y(t)$ を変えさえしなければ,状態ベクトル $x(t)$ のとり方は一意ではなくどのようにとってもよい.たとえば,ある正則マトリクス $T \in \mathrm{R}^{n \times n}$ によって,

$$\xi(t) = Tx(t) \quad (x(t) = T^{-1}\xi(t)) \tag{3.10}$$

とおくと,(3.9)式は

$$\begin{cases} \dot{\xi}(t) = \widehat{A}\xi(t) + \widehat{B}u(t) \\ y(t) = \widehat{H}\xi(t) \end{cases} \tag{3.11}$$

と $x(t)$ から $\xi(t) \in \mathrm{R}^n$ に変換される.ここで,

$$\widehat{A} = TAT^{-1}, \quad \widehat{B} = TB, \quad \widehat{H} = HT^{-1} \tag{3.12}$$

である.T は正則でありさえすればどのようなマトリクスであってもよい.(3.11)式を(3.9)式と見比べると,入力と出力は同じで状態ベクトルが異なるだけ,すなわち $x(t)$ から $\xi(t)$ へ座標変換が行われただけであり,入出力特性は不変である.

マトリクス A, B, H が定数であるシステムを**時不変線形システム** (time-invariant linear system) とよぶ．それに対して，A, B, H のどれか一つでも時間に依存するシステムを**時変線形システム** (time-varying linear system) とよぶ．

3.2 動的システムの計測モデル

さて，改めて状態量が n 個あり，そのうち m 個 ($m \leq n$) が計測され，また入力が l 個あるとした時変システムを考える ($x(t) \in \mathrm{R}^n$, $y(t) \in \mathrm{R}^m$, $u(t) \in \mathrm{R}^l$).

$$\Sigma_C : \begin{cases} \dot{x}(t) = A(t)x(t) + B(t)u(t), \quad x(0) = x_0 \\ y(t) = H(t)x(t) \end{cases} \tag{3.13}$$

入力は $u(t) \equiv 0$ でもよい．この Σ_C のように微分方程式によって記述される状態量 $x(t)$ が時々刻々連続的に計測されるモデルを n 次元**連続時間モデル** (continuous-time model) とよぶ．

計測データは，たとえ連続的に得られたとしても，その処理においては結局ディジタルコンピュータに頼らざるを得ないから，計測データとして，

$$y(t_k) = H(t_k)x(t_k), \quad k = 0, 1, 2, \cdots \tag{3.14}$$

のように，サンプル時点 $\{t_k\}$ においてのみ得られる場合が多い．このとき，計測システムは Σ_C に代わって，

$$\Sigma_{CD} : \begin{cases} \dot{x}(t) = A(t)x(t) + B(t)u(t), \quad x(0) = x_0 \\ y(t_k) = H(t_k)x(t_k), \quad k = 0, 1, 2, \cdots \end{cases} \tag{3.15}$$

($0 = t_0 < t_1 < \cdots < t_k < \cdots$) となる．

現実的には，このように時間連続的に運動している動的システムの状態量をサンプリング時刻 $\{t_k\}$ で計測してその情報を得ているので，このモデル Σ_{CD} が実際に即していると思われるが，連続－離散時間モデルを取り扱うことの煩わしさから，通常動的システムも離散化して，

$$\Sigma_D : \begin{cases} x(t_{k+1}) = F(t_k)x(t_k) + G(t_k)u(t_k), \quad x(0) = x_0 \\ y(t_k) = H(t_k)x(t_k), \quad k = 0, 1, 2, \cdots \end{cases} \tag{3.16}$$

のような n 次元**離散時間モデル** (discrete-time model) が用いられる．

本章では，とくに Σ_C と Σ_D のモデルに対する数学的な性質を述べるが，Σ_D が Σ_C よりサンプリングによって導出されることも示す．

3.3 連続時間計測システム

n 次元連続時間時不変計測システム Σ_C

$$\Sigma_C : \begin{cases} \dot{x}(t) = Ax(t) + Bu(t), & x(0) = x_0 \\ y(t) = Hx(t) \end{cases} \tag{3.17}$$

を考える.ここで,$x(t) \in \mathrm{R}^n$,$y(t) \in \mathrm{R}^m$,$u(t) \in \mathrm{R}^l$ ($m \leqq n$) であり,A,B,H はいずれも定数マトリクスとする.ここでは,システムの入力 $u(t)$ は既知であるとする.

$x(t)$ に関するベクトル微分方程式を解いてみよう.まず,$u(t) = 0$ ($t \geqq 0$) とした同次方程式 (homogeneous equation)

$$\dot{x}(t) = Ax(t), \quad x(0) = x_0 \tag{3.18}$$

の解を

$$x(t) = \Phi(t)x_0 \tag{3.19}$$

と仮定してみる.$\Phi(t)$ は $n \times n$ 次元マトリクスであり,$\Phi(0) = I$(単位マトリクス)は明らかである.

(3.19) 式を (3.18) 式の解と仮定したことから,

$$\dot{x}(t) = \dot{\Phi}(t)x_0 \equiv A\Phi(t)x_0$$

を得る.これより $[\dot{\Phi}(t) - A\Phi(t)]x_0 = 0$ を得るが,どのような初期値 x_0 に対してもこれが成り立たなければならないから,$\Phi(t)$ は

$$\dot{\Phi}(t) = A\Phi(t), \quad \Phi(0) = I \tag{3.20}$$

の解でなければならない.(3.20) 式の両辺をラプラス変換すると(付録 B.1 の (B.4) 式参照),

$$s\widehat{\Phi}(s) - \Phi(0) = A\widehat{\Phi}(s)$$

となる.ここで,$\widehat{\Phi}(s) = \mathcal{L}[\Phi(t)] = \left[\int_0^\infty \phi_{ij}(t)e^{-st}\,dt\right]$ である.$\Phi(0) = I$ であるから,これより,

$$(sI - A)\widehat{\Phi}(s) = I$$

すなわち,

$$\widehat{\Phi}(s) = (sI - A)^{-1}$$

となるので,これを逆ラプラス変換して

$$\Phi(t) = \mathcal{L}^{-1}[(sI-A)^{-1}] \tag{3.21}$$

を得る．

ここで，まず $(sI-A)^{-1}$ を求めてみよう．これは，スカラの場合 $(s-a)^{-1} = 1/(s-a)$ が

$$\frac{1}{s-a} = \frac{1}{s} + \frac{a}{s^2} + \frac{a^2}{s^3} + \cdots$$

と無限級数で表される（これはローラン級数 [Laurent series] [†1] であるが，実際 1 を $(s-a)$ で割れば得られる[†2]）から，マトリクスの場合にも同様にして，

$$(sI-A)^{-1} = \frac{I}{s} + \frac{A}{s^2} + \frac{A^2}{s^3} + \cdots + \frac{A^{k-1}}{s^k} + \cdots \tag{3.22}$$

となる（演習問題 3.1）．したがって，$1/s^{k+1}$ $(k = 0, 1, 2, \cdots)$ の逆ラプラス変換が $t^k/k!$ であることに留意すると，(3.22) 式より，

$$\mathcal{L}^{-1}[(sI-A)^{-1}] = I + At + \frac{1}{2!}A^2 t^2 + \frac{1}{3!}A^3 t^3 + \cdots \tag{3.23}$$

となる．さらに，この右辺が指数関数 e^{at} の展開 $e^{at} = 1 + at + (1/2!)a^2 t^2 + \cdots$ と同じ表現であることに留意して，(3.23) 式の右辺を e^{At} と表記する．すなわち，$n \times n$ 次元マトリクス

$$e^{At} = I + At + \frac{1}{2!}A^2 t^2 + \frac{1}{3!}A^3 t^3 + \cdots + \frac{1}{k!}A^k t^k + \cdots \tag{3.24}$$

を定義する．これを**マトリクス指数関数** (matrix exponential function) とよぶ．すなわち，(3.19) 式のマトリクス $\Phi(t)$ は

$$\Phi(t) = e^{At} = \mathcal{L}^{-1}[(sI-A)^{-1}] \tag{3.25}$$

で与えられる．これより，

$$\Phi(-t) = e^{-At}$$
$$\Phi(t-\tau)\Phi(\tau) = e^{A(t-\tau)}e^{A\tau} = e^{At} = \Phi(t)$$

であることは容易にわかる．

つぎに，非同次方程式

$$\dot{x}(t) - Ax(t) = Bu(t), \quad x(0) = x_0 \tag{3.26}$$

[†1] Pierre Alphonse Laurent (1813-1854) は，フランスの工学者であり，数学者．この定理を 1843 年に得た．

[†2] $\dfrac{1}{s-a} = s-a \overline{\smash{\big)}\,1}^{\,s^{-1} + as^{-2} + a^2 s^{-3} + \cdots}$

を解こう．この両辺に左側から $\Phi(-t) = e^{-At}$ をかけて，$de^{-At}/dt = -e^{-At}A$ に留意すると（演習問題 3.2），

$$e^{-At}[\dot{x}(t) - Ax(t)] = \frac{d}{dt}\left[e^{-At}x(t)\right] = e^{-At}Bu(t)$$

を得るから，これの両辺を $t = 0$ から t まで積分すると（$e^{-At}|_{t=0} = e^0 = I$ に留意して），

$$e^{-At}x(t) - x(0) = \int_0^t e^{-A\tau}Bu(\tau)\,d\tau$$

となる．両辺に左側から e^{At} をかけて整理すると，解

$$x(t) = e^{At}x(0) + \int_0^t e^{A(t-\tau)}Bu(\tau)\,d\tau \tag{3.27}$$

が得られる．e^{At} の代わりに $\Phi(t)$ を用いると，

$$x(t) = \Phi(t)x(0) + \int_0^t \Phi(t-\tau)Bu(\tau)\,d\tau \tag{3.28}$$

とも表現できる．これらより，$\Phi(t) = e^{At}$ は $t = 0$ における状態 $x(0)$ を時刻 t における状態 $x(t)$ へ遷移させる役割を演じていることがわかる．$\Phi(t)$ をシステムマトリクス A に対する**状態遷移マトリクス** (state transition matrix) とよぶ．また，(3.27) 式あるいは (3.28) 式より，解は同次解（それぞれの右辺第 1 項）と入力（強制項）による特殊解（右辺の第 2 項）の重ね合わせにより構成されていることがわかる．

時変線形システム

$$\dot{x}(t) = A(t)x(t) + B(t)u(t), \quad x(0) = x_0 \tag{3.29}$$

の解は

$$x(t) = \Phi(t, 0)x(0) + \int_0^t \Phi(t, \tau)B(\tau)u(\tau)\,d\tau \tag{3.30}$$

で与えられる．ここで，$n \times n$ 次元状態遷移マトリクス $\Phi(t, \tau)$ $(0 \leqq \tau \leqq t)$ は

$$\frac{\partial \Phi(t, \tau)}{\partial t} = A(t)\Phi(t, \tau), \quad \Phi(\tau, \tau) = I \tag{3.31}$$

の解である．この場合，その解析解は (3.25) 式のような簡単な形では表せない（文献 [E6] の 4.2 節を参照）．

3.4 離散時間計測システム

n 次元離散時間計測システム Σ_D を連続時間システム Σ_C から導いてみよう．

時変システム Σ_C の状態方程式の解は (3.30) 式で与えられるから，初期時刻 0 お

よび t をそれぞれサンプリング時刻 $k\Delta$, $(k+1)\Delta$ (Δ はサンプリング時間間隔) に対応させ,入力 $u(t)$ はその区間では $u(k\Delta)$ で一定であるとする (このように一定値のままにすることを 0 次ホールドという). このとき,

$$x((k+1)\Delta) = \Phi((k+1)\Delta, k\Delta)x(k\Delta) \\ + \left[\int_{k\Delta}^{(k+1)\Delta} \Phi((k+1)\Delta, \tau)B(\tau)\,d\tau\right]u(k\Delta) \tag{3.32}$$

となる.サンプリング時間間隔 Δ を一定として,$x(k\Delta)$ を単に $x(k)$ と表記することにすると,

$$\Sigma_D : \begin{cases} x(k+1) = F(k)x(k) + \Gamma(k)u(k), & x(0) = x_0 \\ y(k) = H(k)x(k), & k = 0, 1, 2, \cdots \end{cases} \tag{3.33}$$

が得られる.ただし,$H(k) = H(t)|_{t=k\Delta}$ であり,$F(k)$,$\Gamma(k)$ は (3.32) 式より明らかである.

Σ_C が時不変システムであるとすると,

$$\Sigma_D : \begin{cases} x(k+1) = Fx(k) + \Gamma u(k), & x(0) = x_0 \\ y(k) = Hx(k) \end{cases} \tag{3.34a}$$

となる.ここで,F および Γ はそれぞれ

$$F = e^{A\Delta}, \quad \Gamma = \left[\int_0^{\Delta} e^{A\tau}\,d\tau\right]B \tag{3.34b}$$

で与えられる (演習問題 3.3).

このとき,解 $x(k)$ は逐次 $k = 1, 2, \cdots$ とすることによって,つぎのように与えられる.

$$x(k) = F^k x(0) + \sum_{i=0}^{k-1} F^{k-i-1}\Gamma u(i) \tag{3.35}$$

時変システム Σ_D に対する解 $x(t_k)$ も同様に,つぎのように与えられる.

$$x(k) = \Phi_D(k, 0)x(0) + \sum_{i=0}^{k-1} \Phi_D(k, i+1)\Gamma(i)u(i) \tag{3.36a}$$

ここで,$\Phi_D(\cdot, \cdot)$ は状態遷移マトリクスで,

$$\begin{cases} \Phi_D(k, i) = F(k-1)F(k-2)\cdots F(i+1)F(i), \\ \Phi_D(i, i) = I \quad (0 \leqq i < k;\ k = 1, 2, \cdots) \end{cases} \tag{3.36b}$$

である.

3.5 可観測性

計測して得られたデータ（これを**観測データ** [observation data] とよぶ）から動的システムの状態量に関する情報がすべて把握できるかどうか，ということが問題となる．そのとき，必ずしもすべての状態量が時々刻々とデータとして得られる必要はなく，一部の状態量の観測データから動的システムの初期状態 $x(0)$ がわかりさえすれば，Σ_C あるいは Σ_D の入力 $u(\cdot)$ は既知であるから，解 (3.27), (3.30), (3.35) あるいは (3.36) 式によって $x(t)$ あるいは $x(k)$ が把握できることになる．システム制御分野では，このように観測データからシステムの初期状態 $x(0)$ が決定できるならば，システム Σ_C あるいは Σ_D は**可観測** (observable) であるという．

簡単な例を考えてみよう（$u(t) \equiv 0$ とする）．

$$\begin{cases} \dot{x}_1(t) = a_1 x_1(t), \quad x_1(0) = x_{10} \\ \dot{x}_2(t) = a_2 x_1(t) + a_3 x_2(t), \quad x_2(0) = x_{20} \\ y(t) = h_1 x_1(t) + h_2 x_2(t) \end{cases}$$

ここで留意してほしいのは，状態量 $x_2(t)$ は $x_1(t)$ にも依存するが，$x_1(t)$ はそれ単独のダイナミクスに支配されており，$x_2(t)$ には何ら依存しないことである．$h_2 = 0$ なら $y(t) = h_1 x_1(t)\,(h_1 \neq 0)$ となって，これからは $x_2(t)$ の情報は何も得られないが，$h_2 \neq 0$ なら（たとえ $h_1 = 0$ であっても）両方の情報が含まれているので，$y(t)$ から初期値 $(x_1(0), x_2(0))$ を決定することは可能であろう．したがって，計測の仕方によってはほしい情報が必ずしも得られているとは限らないので，計測に際しては十分に注意する必要がある．それではどのようにすれば，必要な情報を観測データから入手することが可能になるのであろうか．システム制御分野では，Kalman (1960) によってその数学的条件は明らかにされている．

3.5.1 連続時間システムの可観測性

定義 3.1（Σ_C に対する可観測性）

ある有限時間区間 $[0, T]$ で得られた観測データ $\{y(t), 0 \leqq t \leqq T\}$ と入力 $\{u(t), 0 \leqq t \leqq T\}$ とから，任意の初期値 $x(0)$ が決定できるならば，システム Σ_C（(3.13) 式あるいは (3.17) 式）は可観測であるという．

時不変システム Σ_C（(3.17) 式）に対して，つぎの定理が成り立つ．

定理 3.1

n 次元線形連続時間時不変システム Σ_C は

$$\mathrm{rank} \begin{bmatrix} H \\ HA \\ \vdots \\ HA^{n-1} \end{bmatrix} = n \tag{3.37}$$

のとき，かつそのときに限り可観測である．

(3.37) 式の n はシステム状態ベクトル $x(t)$ の次元であり，左辺のマトリクスは $nm \times n$ 次元で，**可観測性マトリクス** (observability matrix) とよばれる．

出力 $y(t)$ がスカラ ($m = 1$) の場合には，可観測性マトリクスは $n \times n$ 次元正方マトリクスになるので，条件 (3.37) は

$$\det \begin{bmatrix} h \\ hA \\ \vdots \\ hA^{n-1} \end{bmatrix} \neq 0 \tag{3.38}$$

となる．ただし，h は $1 \times n$ 次元の行ベクトル ($h = [\,h_1, h_2, \cdots, h_n\,]$) である．

さて，証明を行ってみよう．

(証明) （ⅰ）十分性：条件 (3.37) が成り立つとき，Σ_C は可観測であることを示す．(3.17) 式および (3.27) 式より，

$$y(t) = He^{At}x(0) + \int_0^t He^{A(t-\tau)}Bu(\tau)\,d\tau \tag{3.39}$$

となるが，右辺第 2 項は既知量であるので，

$$\begin{aligned}\widetilde{y}(t) &:= y(t) - \int_0^t He^{A(t-\tau)}Bu(\tau)\,d\tau \\ &= He^{At}x(0)\end{aligned} \tag{3.40}$$

と表現できる．(3.40) 式の両辺に左側から $(He^{At})^T\ (= (e^{At})^T H^T = e^{A^T t} H^T)$ をかけて 0 から T まで積分すると，

$$\int_0^T e^{A^T t} H^T \widetilde{y}(t)\,dt = \left[\int_0^T e^{A^T t} H^T He^{At}\,dt \right] x(0) \tag{3.41}$$

が得られるので，もし右辺の $n \times n$ マトリクス

$$\int_0^T e^{A^T t} H^T He^{At}\,dt =: M(0, T) \tag{3.42}$$

が正則であれば，(3.41) 式より，

$$x(0) = M^{-1}(0,T) \int_0^T e^{A^T t} H^T \widetilde{y}(t)\, dt \tag{3.43}$$

が得られるので，初期値 $x(0)$ は観測データ $\{y(t),\ 0 \leqq t \leqq T\}$ と入力 $\{u(t),\ 0 \leqq t \leqq T\}$ とから一意に決定できる．

実際，(3.37) 式が成り立つとき，$M(0,T)$ は正則である．このことを示すために，正方マトリクス $M(0,T)$ が正則でない，すなわち $\det M(0,T) = 0$ であると仮定する．このとき，

$$M(0,T)\eta = 0 \tag{3.44}$$

となる零でない n 次元ベクトル η $(\eta \neq 0)$ が存在する[†1]．したがって，

$$\begin{aligned}
0 = \eta^T M(0,T)\eta &= \int_0^T \eta^T e^{A^T t} H^T H e^{At} \eta\, dt \\
&= \int_0^T \| H e^{At} \eta \|^2 dt
\end{aligned} \tag{3.45}$$

となるので，

$$H e^{At} \eta = 0 \tag{3.46}$$

となる．これを t に関して逐次微分することによって，

$$HA e^{At} \eta = 0,\quad HA^2 e^{At} \eta = 0,\quad \cdots,\quad HA^{n-1} e^{At} \eta = 0$$

が得られる．これらは $t = 0$ でも成り立つから，結局，

$$\begin{bmatrix} H \\ HA \\ \vdots \\ HA^{n-1} \end{bmatrix} \eta = 0 \quad (\eta \neq 0) \tag{3.47}$$

が得られる．$\eta \neq 0$ であるためには，(3.47) 式中の可観測性マトリクスのランクが n より小さくなければならない．このことは，条件 (3.37) が成り立つと仮定したことに矛盾する．したがって，$M(0,T)$ は正則でなければならない．

(ii) 必要性：逆に，システム Σ_C は可観測であるが，可観測性マトリクスのランクが n でないと仮定する．このとき，

[†1] 代数方程式 $Ax = 0$ $(A \in \mathbf{R}^{m \times n},\ x \in \mathbf{R}^n)$ は，rank $A < n$ のとき，かつそのときに限り $x \neq 0$ の解をもつ．$m = n$ の場合には，$\det A = 0$ のとき，またそのときに限り $x \neq 0$ の解をもつ．

$$\begin{bmatrix} H \\ HA \\ \vdots \\ HA^{n-1} \end{bmatrix} x(0) = 0 \tag{3.48}$$

となる零でないベクトル $x(0)$ ($\neq 0$) が存在する．したがって，(3.48) 式より

$$HA^i x(0) = 0 \quad (i = 0, 1, 2, \cdots, n-1) \tag{3.49}$$

を得る．ここで，ケーリー–ハミルトン定理[†1] により，e^{At} は $\{A^0(=I), A, A^2, \cdots, A^{n-1}\}$ の1次結合として，$e^{At} = \sum_{i=0}^{n-1} \alpha_i(t) A^i$ ($\alpha_i(\cdot)$ はスカラ係数) と有限個の和で表現されることに留意すると，(3.49) 式に係数 $\alpha_i(t)$ をかけてすべて加え合わせることによって，

$$He^{At} x(0) = 0 \tag{3.50}$$

を得る．したがって，観測値 $y(t)$ は (3.39) 式より

$$y(t) = \int_0^t He^{A(t-\tau)} Bu(\tau) \, d\tau \tag{3.51}$$

となり，$x(0)$ に依存しない．すなわち，$x(0)$ は観測データからは決定できない．このことはシステムが可観測であると仮定したことに矛盾する．よって，可観測性マトリクスのランクは n でなければならない． **(Q.E.D.)**

ここで，少し補足しておきたい．(3.41) 式の左辺の既知ベクトルを

$$\widehat{y}_T = \int_0^T e^{A^T t} H^T \widetilde{y}(t) \, dt$$

と表記する ($\widehat{y}_T = [\widehat{y}_{T1}, \cdots, \widehat{y}_{Tn}]^T$，$\widehat{y}_{Ti} = \int_0^T [e^{A^T t} H^T \widetilde{y}(t)]_i \, dt$) と，(3.41) 式は

$$M(0, T) x(0) = \widehat{y}_T$$

と表現できる．計測システムの構造にかかわるマトリクス A と H とからなる $n \times n$

[†1] 正方マトリクス $A \in \mathrm{R}^{n \times n}$ はそれ自身の特性方程式

$$d_A(s) = s^n + a_1 s^{n-1} + \cdots + a_{n-1} s + a_n = 0$$

を満たす．すなわち，

$$d_A(A) = A^n + a_1 A^{n-1} + \cdots + a_{n-1} A + a_n I = 0$$

が成り立つから，$A^n = -\sum_{i=0}^{n-1} a_{n-i} A^i$ ($A^0 = I$) として，最高次 (およびそれ以上) のベキはそれより低次のベキ $\{A^0(=I), A, A^2, \cdots, A^{n-1}\}$ の1次結合によって表される．

マトリクス $M(0,T)$ が正則ならば，未知ベクトル $x(0)$ は 2.1 節の (2.5) 式から (2.6) 式を得たように，

$$x(0) = M^{-1}(0,T)\widehat{y}_T$$

と求めることができるので，この可観測性の条件を求める問題は正に逆問題となっていることに留意されたい．初期値 $x(0)$ は n 次元ベクトルであるから，マトリクス $M(0,T)$ のランクは当然 n でなければならない．これが可観測性の本質であろう．

例題 3.1 熱気球の観測（[E3] の p.105 参照）を例にしよう．図 3.1 のような熱気球の上昇運動はつぎのダイナミクスで表される．

$$\begin{cases} \dot{\theta}(t) = -\dfrac{1}{T_1}\theta(t) + \rho u(t) \\ \dot{v}(t) = -\dfrac{1}{T_2}v(t) + \mu\,\theta(t) + \dfrac{1}{T_2}w \\ \dot{a}(t) = v(t) \end{cases}$$

ここで，$\theta(t)$ は気球内温度の平衡状態からの温度変化，$u(t)$ は気球に加えられる熱量，$v(t)$ は垂直上昇速度，$a(t)$ は気球の平衡状態にある高さからの高度変化，そして w は垂直上昇風の速度（外乱）で一定とする．

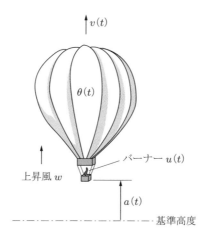

図 3.1 熱気球の観測

さて，この熱気球の高度 $a(t)$ を時々刻々観測することによって，$\theta(t)$ と w を知ることができるか，という問題を考えてみよう．ただし，$u(t)$ および各パラメータ T_1, T_2, ρ, μ は既知であるとする．w が観測可能かどうかを見るために，これを $w(t)$ と表記し，$\dot{w}(t) = 0$ を状態方程式として組み込むと，状態方程式と観測方程式として次式を得る．

$$\begin{bmatrix} \dot{\theta}(t) \\ \dot{v}(t) \\ \dot{a}(t) \\ \dot{w}(t) \end{bmatrix} = \begin{bmatrix} -\dfrac{1}{T_1} & 0 & 0 & 0 \\ \mu & -\dfrac{1}{T_2} & 0 & \dfrac{1}{T_2} \\ 0 & 1 & 0 & 0 \\ 0 & 0 & 0 & 0 \end{bmatrix} \begin{bmatrix} \theta(t) \\ v(t) \\ a(t) \\ w(t) \end{bmatrix} + \begin{bmatrix} \rho \\ 0 \\ 0 \\ 0 \end{bmatrix} u(t)$$

$$y(t) = \begin{bmatrix} 0 & 0 & 1 & 0 \end{bmatrix} \begin{bmatrix} \theta(t) \\ v(t) \\ a(t) \\ w(t) \end{bmatrix}$$

この計測システムに対しては，$h = [0, 0, 1, 0]$ であるので，可観測性マトリクスは

$$\begin{bmatrix} h \\ hA \\ hA^2 \\ hA^3 \end{bmatrix} = \begin{bmatrix} 0 & 0 & 1 & 0 \\ 0 & 1 & 0 & 0 \\ \mu & -\dfrac{1}{T_2} & 0 & \dfrac{1}{T_2} \\ -\mu\left(\dfrac{1}{T_1} + \dfrac{1}{T_2}\right) & \left(\dfrac{1}{T_2}\right)^2 & 0 & -\left(\dfrac{1}{T_2}\right)^2 \end{bmatrix}$$

となる．ブロック・マトリクスによる行列式の計算公式（付録 A.4 参照）：

$$\det \begin{bmatrix} A & D \\ C & B \end{bmatrix} = \det \begin{bmatrix} A - DB^{-1}C \end{bmatrix} \det B$$

を用いて（B として $(4,4)$ 要素 $-(1/T_2)^2$ をとると，$\det B = -(1/T_2)^2$），行列式を求めると，

$$\det \begin{bmatrix} h \\ hA \\ hA^2 \\ hA^3 \end{bmatrix} = -\dfrac{\mu}{T_1 T_2} \neq 0$$

となるので，$\mu = 0$ でない限り可観測性マトリクスのランクは 4 であり，このシステムは可観測である．

実際，

$$\dot{y}(t) = \dot{a}(t) = v(t)$$

であるから，$v(t)$ は観測可能である．また，

$$\ddot{y}(t) = \ddot{a}(t) = \dot{v}(t) = -\dfrac{1}{T_2}v(t) + \mu\,\theta(t) + \dfrac{1}{T_2}w$$

より，$\mu\theta(t) + (1/T_2)w$ も求められる．さらに，

$$y^{(3)}(t) = a^{(3)}(t) = \ddot{v}(t) = -\dfrac{1}{T_2}\dot{v}(t) + \mu\,\dot{\theta}(t) \quad (\dot{w} = 0)$$

より，$\mu\dot{\theta}(t)$ が求められるから，$\theta(t)$ が求められ，w もわかる．

$\mu=0$ のとき可観測にならないのは，$v(t)$ の運動方程式で $\theta(t)$ に関する項がなくなり，したがって観測データ $a(t)$ に $\theta(t)$ の情報が含まれなくなるからである．

例題 3.2 つぎのシステムの可観測性を見てみよう．

$$\begin{bmatrix} \dot{x}_1(t) \\ \dot{x}_2(t) \\ \dot{x}_3(t) \end{bmatrix} = \begin{bmatrix} 0 & 1 & 0 \\ 0 & 0 & 1 \\ -6 & -11 & -6 \end{bmatrix} \begin{bmatrix} x_1(t) \\ x_2(t) \\ x_3(t) \end{bmatrix} + \begin{bmatrix} 0 \\ 0 \\ 1 \end{bmatrix} u(t)$$

$$y(t) = h \begin{bmatrix} x_1(t) \\ x_2(t) \\ x_3(t) \end{bmatrix} \quad (h：1 \times 3 \text{ 次元のベクトル})$$

（ i ）$h = [1, 1, 0]$ とすると，

$$\begin{bmatrix} h \\ hA \\ hA^2 \end{bmatrix} = \begin{bmatrix} 1 & 1 & 0 \\ 0 & 1 & 1 \\ -6 & -11 & -5 \end{bmatrix}$$

の行列式は 0 となるので，可観測性マトリクスのランクは 3 ではなく，可観測ではない．

（ ii ）$h = [1.5, 1, 0]$ とすると，

$$\begin{bmatrix} h \\ hA \\ hA^2 \end{bmatrix} = \begin{bmatrix} 1.5 & 1 & 0 \\ 0 & 1.5 & 1 \\ -6 & -11 & -4.5 \end{bmatrix}$$

で，この行列式は 0 ではないので，ランクは 3 で可観測である．

（ iii ）$h = [2, 1, 0]$ とすると，この場合も可観測ではなくなる．

このように，h のとり方次第によっては，システムが可観測であったり，不可観測になったりする．それでは一体なぜこのようなことが起こるのであろうか．

本例題の動的システムおよび観測方程式は，$x_1 = x$，$x_2 = \dot{x}$，$x_3 = \ddot{x}$ とすると，つぎのように与えられる．

$$x^{(3)}(t) + 6\ddot{x}(t) + 11\dot{x}(t) + 6x(t) = u(t), \quad y(t) = \alpha x(t) + \dot{x}(t)$$

ただし，$\alpha = 1$, 1.5 または 2 である．入力 $u(t)$ から $x(t)$ への伝達関数は

$$G_{xu}(s) = \frac{1}{s^3 + 6s^2 + 11s + 6} = \frac{1}{(s+1)(s+2)(s+3)}$$

であり，また $x(t)$ から出力 $y(t)$ への伝達関数は

$$G_{yx}(s) = s + \alpha$$

であるから，$u(t)$ から $y(t)$ への伝達関数は

$$G_{yu}(s) = \frac{s+\alpha}{(s+1)(s+2)(s+3)}$$

となる．これからわかるように，α として $\alpha = 1$ あるいは $\alpha = 2$ とすれば，分母分子間で因子 $(s+\alpha)$ が消去され（これを**極零点相殺** [pole-zero cancellation] とよぶ），3次元システムであるにもかかわらず観測過程によって自由度が一つ失われてしまうので，観測データから決定できない（非零の）初期値が存在することになる．$\alpha = 1.5$ の場合にはそのような分子分母間での因子の消去は起こらないので可観測となっている．

1入力1出力 n 次元計測システム

$$\begin{cases} \dot{x}(t) = Ax(t) + bu(t) \\ y(t) = hx(t) \end{cases} \tag{3.52}$$

($x(t) \in \mathrm{R}^n$，$y(t) \in \mathrm{R}^1$，$u(t) \in \mathrm{R}^1$，h は $1 \times n$ 次元の行ベクトル）は，(3.10) 式の変換 $\xi(t) = Tx(t)$ において，変換マトリクス $T \in \mathrm{R}^{n \times n}$ を適切に選ぶことによって常に可観測となるように変換できる．そのことを示そう．

システムマトリクス A の特性方程式 (characteristic equation) を

$$0 = |sI - A| = s^n + a_1 s^{n-1} + \cdots + a_{n-1}s + a_n \tag{3.53}$$

とする．このとき，係数 $\{a_i\}$ によってつくられる $n \times n$ 次元マトリクス

$$S = \begin{bmatrix} a_{n-1} & a_{n-2} & a_{n-3} & \cdots & a_1 & 1 \\ a_{n-2} & a_{n-3} & & & 1 & \\ a_{n-3} & & & \iddots & \iddots & \\ \vdots & & \iddots & \iddots & & \\ a_1 & \iddots & & & & O \\ 1 & & & & & \end{bmatrix} \tag{3.54}$$

と可観測マトリクスとの積を T として選ぶ．すなわち，

$$T = S \begin{bmatrix} h \\ hA \\ \vdots \\ hA^{n-1} \end{bmatrix} \tag{3.55}$$

とすると，変換 $\xi(t) = Tx(t)$ によってシステム (3.52) は

$$\begin{cases} \dot{\xi}(t) = \widehat{A}\xi(t) + \widehat{b}u(t) \\ y(t) = \widehat{h}\xi(t) \end{cases} \tag{3.56}$$

と変換される．ここで，

$$\widehat{A} = TAT^{-1} = \begin{bmatrix} 0 & 0 & \cdots & 0 & -a_n \\ 1 & 0 & \cdots & 0 & -a_{n-1} \\ 0 & 1 & & 0 & -a_{n-2} \\ \vdots & & \ddots & \vdots & \vdots \\ 0 & 0 & \cdots & 1 & -a_1 \end{bmatrix} \tag{3.57a}$$

$$\widehat{h} = hT^{-1} = [0\ 0\ \cdots\ 0\ 1], \quad \widehat{b} = Tb = \begin{bmatrix} \beta_1 \\ \vdots \\ \beta_n \end{bmatrix} \tag{3.57b}$$

である．この $\widehat{A}$ のような構造をもつマトリクス（およびその転置）は**コンパニオンマトリクス** (companion matrix) とよばれる．対 $(\widehat{A}, \widehat{h})$ は可観測になり，(3.57) 式の $\widehat{A}, \widehat{h}$ をもつシステム (3.56) を**可観測標準形** (observability canonical form) という．(3.57) 式の導出は演習問題としておく（演習問題 3.4, 3.5）．

可観測性の条件 (3.37) 式はつぎのようにも表現される．

可観測対 (A, H) は，すべての複素数 $s \in \mathrm{C}$ に対して

$$\mathrm{rank}\begin{bmatrix} H \\ sI - A \end{bmatrix} = n \tag{3.58}$$

のとき，かつそのときに限り可観測である．

■ 3.5.2 ■ 離散時間システムの可観測性

つぎに，離散時間時不変システム Σ_D（(3.34) 式）に対する可観測性を考察する．その定義は定義 3.1 と同様である．

定義 3.2（Σ_D に対する可観測性）
n 次元離散時間時不変システム Σ_D は，その初期状態 $x(0) \in \mathrm{R}^n$ が観測データ $\{y(0), y(1), \cdots, y(n-1)\}$ および入力 $\{u(0), u(1), \cdots, u(n-1)\}$ から一意に決定されるとき，かつそのときに限り可観測であるという．

定理 3.1 とまったく類似の定理が成り立つ．

定理 3.2
n 次元離散時間時不変システム Σ_D は

$$\mathrm{rank} \begin{bmatrix} H \\ HF \\ \vdots \\ HF^{n-1} \end{bmatrix} = n \tag{3.59}$$

のとき，かつそのときに限り可観測である．

(証明) 連続時間システム Σ_C で見たように，入力 $u(\cdot)$ は既知であるから，可観測性の条件には関与しない．そこで，$u(k) \equiv 0$ として考えることにする．n 次元離散時間時不変システム Σ_D ((3.34) 式) の時刻 0 から時刻 t_{n-1} までの観測データは，(3.35) 式に留意するとつぎのように与えられる．

$$\begin{aligned} y(0) &= Hx(0) \\ y(1) &= HFx(0) \\ y(2) &= HF^2 x(0) \\ &\vdots \\ y(n-1) &= HF^{n-1} x(0) \end{aligned}$$

ここで，$y(n)$ 以降の観測値 $y(i) = HF^i x(0)$ $(i \geq n)$ は，ケーリー-ハミルトン定理を思い起こすと，F^i $(i \geq n)$ はそれより低次のベキの 1 次結合で表現されることから，それまでの n 個のデータ $\{y(0), y(1), \cdots, y(n-1)\}$ の 1 次結合で表すことができるので，これらのデータだけで議論ができる．

さて，

$$\begin{bmatrix} y(0) \\ y(1) \\ \vdots \\ y(n-1) \end{bmatrix} = \begin{bmatrix} H \\ HF \\ \vdots \\ HF^{n-1} \end{bmatrix} x(0) \tag{3.60}$$

であるから，これを

$$\zeta = \mathcal{O}_D\, x(0) \tag{3.61}$$

と表記すると，もし $nm \times n$ 次元可観測性マトリクス $\mathcal{O}_D$ のランクが n，すなわち $\mathrm{rank}\, \mathcal{O}_D = n$ ならば $(\mathcal{O}_D^T \mathcal{O}_D)^{-1}$ が存在して，(2.5) 式から (2.6) 式を得たのと同様に (3.61) 式より，$x(0)$ が

$$x(0) = (\mathcal{O}_D^T \mathcal{O}_D)^{-1} \mathcal{O}_D^T \zeta \tag{3.62}$$

として観測データ $\{y(0), y(1), \cdots, y(n-1)\}$ から一意に決定される．

逆に，システムは可観測であるが，$\mathrm{rank}\, \mathcal{O}_D < n$ と仮定すると，

$$\mathcal{O}_D\, x(0) = 0$$

となる $x(0) \neq 0$ が存在する．したがって，(3.61)式より $\zeta \equiv 0$ となる．このことは，初期値 $x(0)$ が観測データからは決定できないことを意味し，可観測であると仮定したことに矛盾する．よって，条件 (3.59) が成り立たなければならない． **(Q.E.D.)**

条件 (3.59) は n 次元連続時間時不変システム Σ_C の条件 (3.58) と同様に，可観測対 (F, H) はすべての複素数 $z \in \mathbb{C}$ に対して，

$$\mathrm{rank}\begin{bmatrix} H \\ zI - F \end{bmatrix} = n \tag{3.63}$$

と等価である[†1]．

証明はしないが，連続時間時不変システム Σ_C が可観測ならば，ほとんどすべてのサンプリング周期 Δ に対して離散時間時不変システム Σ_D も可観測になる．具体的には，Σ_C が可観測であるとき，Σ_D が可観測であるための十分条件はサンプリング周期 Δ が，Σ_C のマトリクス A の任意の相異なる固有値 λ_i, λ_j に対して，

$$\mathrm{Re}(\lambda_i) = \mathrm{Re}(\lambda_j) \text{ なら } \mathrm{Im}(\lambda_i - \lambda_j) \neq \frac{2\nu\pi}{\Delta} \quad (\nu : \text{整数}) \tag{3.64}$$

を満たすことである[E1,E2]．

例題 3.3 2 階微分方程式によって記述されるつぎのシステムの可観測性について考察しよう．

$$\ddot{x}(t) + 5\dot{x}(t) + 6x(t) = u(t)$$

$x_1(t) = x(t)$, $x_2(t) = \dot{x}(t)$ として状態空間表現すれば，システムマトリクスは

$$A = \begin{bmatrix} 0 & 1 \\ -6 & -5 \end{bmatrix}$$

となる．観測を

$$y(t) = h_1 x(t) + h_2 \dot{x}(t) \quad (h_1, h_2 : \mathrm{const.})$$

とすると，

[†1] 変数 z は，（連続時間システムに対するラプラス演算子 s と同じく）離散時間システムに対する z 変換（付録 B.2 参照）の演算子として用いられる．1 次分数変換 $z = (s+1)/(s-1)$，あるいは $s = (z+1)/(z-1)$ によって，s 平面における左半面 ($\mathrm{Re}(s) < 0$) は z 平面では単位円 ($|z| < 1$) に変換される．なお，この変換をシステム制御関係のテキストでは双 1 次変換 (bilinear transformation) とよんでいるが不適切である．双 1 次変換というのは $b(u,v) = 1 + uv$ のように，u あるいは v のいずれか一方を固定したときに線形となる変換をいうのであって，上述の $s = (az+b)/(cz+d)$ $(ad - bc \neq 0)$ の変換は **1 次分数変換** (linear fractional transformation) あるいは "メビウスの輪" で知られる**メビウス変換** (Möbius transformation) とよぶ．

$$h = [\,h_1 \ \ h_2\,]$$

であるから，可観測性マトリクスは

$$\begin{bmatrix} h \\ hA \end{bmatrix} = \begin{bmatrix} h_1 & h_2 \\ -6h_2 & h_1 - 5h_2 \end{bmatrix}$$

となる．この行列式は

$$\begin{vmatrix} h_1 & h_2 \\ -6h_2 & h_1 - 5h_2 \end{vmatrix} = (h_1 - 2h_2)(h_1 - 3h_2)$$

となるので，$h_1 \neq 2h_2$，$h_1 \neq 3h_2$ であれば，システムは可観測である．

もし $h_1 = 2h_2$ あるいは $h_1 = 3h_2$ となるように h_1, h_2 を設定してしまうと，入力 $u(t)$ から出力 $y(t)$ までの伝達関数 $G_{yu}(s)$ において極零点相殺が起こる．すなわち，

$$G_{yu}(s) = \frac{h_1 + h_2 s}{s^2 + 5s + 6} = \frac{h_2(s + h_1/h_2)}{(s+2)(s+3)}$$

であるから，上述のように h_1, h_2 を設定すると，いずれの場合にも極零点相殺が起こり，可観測性が失われてしまうことがわかる．

観測過程を 2 次元，すなわち $y(t) = [\,y_1(t), y_2(t)\,]^T$ とし，

$$y_1(t) = h_1 x(t), \quad y_2(t) = h_2 \dot{x}(t)$$

とすれば，

$$H = \begin{bmatrix} h_1 & 0 \\ 0 & h_2 \end{bmatrix}$$

であるので，

$$\begin{bmatrix} H \\ HA \end{bmatrix} = \begin{bmatrix} h_1 & 0 \\ 0 & h_2 \\ 0 & h_1 \\ -6h_2 & -5h_2 \end{bmatrix}$$

となる．観測にあたっては h_1, h_2 を同時に零とすることはないので，このマトリクスのランクは 2 である．したがって，このような観測方法では常に可観測になる．

なお，このシステムでは $\ddot{x}(t)$（加速度）を観測しても可観測になる．実際，

$$y(t) = h_0 \ddot{x}(t) \quad (h_0 (\neq 0): \text{const.})$$

とすると，

$$y(t) = h_0\{-6x(t) - 5\dot{x}(t) + u(t)\}$$

$$= [-6h_0 \quad -5h_0] \begin{bmatrix} x_1(t) \\ x_2(t) \end{bmatrix} + h_0 u(t)$$

となるから，h は

$$h = [-6h_0 \quad -5h_0]$$

で与えられる．したがって，$-6h_0 = h_1$，$-5h_0 = h_2$ と考えれば，上述の可観測になる条件 $h_1 \neq 2h_2$，$h_1 \neq 3h_2$ は常に満たされるので，可観測である．

例題 3.4 例題 3.3 で考察した連続時間システムを離散時間表現したシステムの可観測性について考察しよう．まず，

$$sI - A = \begin{bmatrix} s & -1 \\ 6 & s+5 \end{bmatrix}$$

より，

$$(sI - A)^{-1} = \frac{1}{(s+2)(s+3)} \begin{bmatrix} s+5 & 1 \\ -6 & s \end{bmatrix}$$

$$= \begin{bmatrix} \dfrac{s+5}{(s+2)(s+3)} & \dfrac{1}{(s+2)(s+3)} \\ \dfrac{-6}{(s+2)(s+3)} & \dfrac{s}{(s+2)(s+3)} \end{bmatrix}$$

$$= \begin{bmatrix} \dfrac{3}{s+2} - \dfrac{2}{s+3} & \dfrac{1}{s+2} - \dfrac{1}{s+3} \\ \dfrac{-6}{s+2} + \dfrac{6}{s+3} & \dfrac{-2}{s+2} + \dfrac{3}{s+3} \end{bmatrix}$$

となる．したがって，ラプラス変換の公式：$1/(s+a) \leftrightarrow e^{-at}$ より，

$$e^{At} = \mathcal{L}^{-1}[(sI-A)^{-1}] = \begin{bmatrix} 3e^{-2t} - 2e^{-3t} & e^{-2t} - e^{-3t} \\ -6e^{-2t} + 6e^{-3t} & -2e^{-2t} + 3e^{-3t} \end{bmatrix}$$

となるので，(3.34b) 式により，

$$F = e^{A\Delta} = e^{-2\Delta} \begin{bmatrix} 3 - 2e^{-\Delta} & 1 - e^{-\Delta} \\ -6(1 - e^{-\Delta}) & -(2 - 3e^{-\Delta}) \end{bmatrix}$$

が得られる．観測過程を例題 3.3 の場合と同様に，$y(t) = h_1 x(t) + h_2 \dot{x}(t)$，すなわち，

$$y(k) = h_1 x_1(k) + h_2 x_2(k)$$

とすると，$h = [h_1, h_2]$ であるから，可観測性マトリクスは

$$\begin{bmatrix} h \\ hF \end{bmatrix} = \begin{bmatrix} h_1 & h_2 \\ e^{-2\Delta}\{h_1(3-2e^{-\Delta}) & e^{-2\Delta}\{h_1(1-e^{-\Delta}) \\ \quad -6h_2(1-e^{-\Delta})\} & \quad -h_2(2-3e^{-\Delta})\} \end{bmatrix}$$

となり，その行列式は

$$(h_1 - 2h_2)(h_1 - 3h_2)e^{-2\Delta}(1-e^{-\Delta})$$

となるので，$h_1 = 2h_2$ あるいは $h_1 = 3h_2$ とならないように h_1, h_2 を設定すれば，可観測となるのは連続時間システムの場合と同様である．

演習問題

3.1 複素数 s に対して，$sI - A$ の逆マトリクスが次式（(3.22) 式）のように表せることを示せ．

$$(sI - A)^{-1} = \frac{I}{s} + \frac{A}{s^2} + \frac{A^2}{s^3} + \cdots$$

[Hint：$(sI - A) \times$ 右辺 $= I$ となることを示せ．]

3.2 つぎの等式が成り立つことを示せ．

$$\frac{d}{dt}e^{At} = Ae^{At} = e^{At}A, \quad \frac{d}{dt}e^{-At} = -Ae^{-At} = -e^{-At}A$$

これより A と e^{At} とは可換（$Ae^{At} = e^{At}A$, $Ae^{-At} = e^{-At}A$）であることがわかる．

3.3 (3.34) 式において，マトリクス A が正則なら

$$\Gamma = \left[\int_0^\Delta e^{A\tau}\,d\tau\right]B = (e^{A\Delta} - I)A^{-1}B$$

であることを示せ．

3.4 1入力1出力計測システム (3.52) は (3.55) 式で定義されるマトリクス T を用いて，$\xi(t) = Tx(t)$ によって，

$$\begin{cases} \dot{\xi}(t) = \widehat{A}\xi(t) + \widehat{b}u(t) \\ y(t) = \widehat{h}\xi(t) \end{cases}$$

に変換される．このとき，

(ⅰ) $\widehat{A} = TAT^{-1} = \begin{bmatrix} 0 & 0 & \cdots & 0 & -a_n \\ 1 & 0 & \cdots & 0 & -a_{n-1} \\ 0 & 1 & & 0 & -a_{n-2} \\ \vdots & & \ddots & \vdots & \vdots \\ 0 & 0 & \cdots & 1 & -a_1 \end{bmatrix}$

(ⅱ) $\widehat{h} = hT^{-1} = [\,0\ \ 0\ \cdots\ 0\ \ 1\,]$

であることを示せ．ただし，$\{a_i\}$ は正方マトリクス $A \in \mathrm{R}^{n \times n}$ の特性多項式 $d_A(s) = |sI - A| = s^n + a_1 s^{n-1} + \cdots + a_{n-1} s + a_n$ の（スカラ）係数である．［Hint：ケーリー－ハミルトン定理を利用せよ．］

3.5 n 階微分方程式
$$x^{(n)}(t) + a_1 x^{(n-1)}(t) + a_2 x^{(n-2)}(t) + \cdots + a_{n-1}\dot{x}(t) + a_n x(t) = b_0 u(t)$$
によって記述される動的システムの $x(t)$ を計測する．すなわち，$y(t) = x(t)$ とする．このとき，状態変数を
$$\begin{cases} \dot{x}_1(t) = b_0 u(t) - a_n x_n(t) \\ \dot{x}_2(t) = x_1(t) - a_{n-1} x_n(t) \\ \quad \vdots \\ \dot{x}_{n-1}(t) = x_{n-2}(t) - a_2 x_n(t) \\ \dot{x}_n(t) = x_{n-1}(t) - a_1 x_n(t) \end{cases}$$
ととれば，**可観測標準形** (observability canonical form)
$$\begin{bmatrix} \dot{x}_1(t) \\ \dot{x}_2(t) \\ \vdots \\ \dot{x}_{n-1}(t) \\ \dot{x}_n(t) \end{bmatrix} = \begin{bmatrix} 0 & 0 & \cdots & 0 & -a_n \\ 1 & 0 & \cdots & 0 & -a_{n-1} \\ \vdots & \ddots & & & \vdots \\ 0 & & \ddots & & -a_2 \\ 0 & 0 & \cdots & 1 & -a_1 \end{bmatrix} \begin{bmatrix} x_1(t) \\ x_2(t) \\ \vdots \\ x_{n-1}(t) \\ x_n(t) \end{bmatrix} + \begin{bmatrix} b_0 \\ 0 \\ \vdots \\ 0 \\ 0 \end{bmatrix} u(t)$$

$$y(t) = [\,0\ \ 0\ \cdots\ 0\ \ 1\,] \begin{bmatrix} x_1(t) \\ x_2(t) \\ \vdots \\ x_{n-1}(t) \\ x_n(t) \end{bmatrix}$$

が得られることを示せ．

第4章
オブザーバによる動的対象物の計測

> I remembered that Einstein had said, "It is the theory which describes what can be observed."
> — Werner Heisenberg, *ibid., op.cit.*[†1]
> アインシュタインが「何が観測可能かを決めるのは理論だ」といったのを思い出しました.

　動的システムの状態量を計測する際,実際問題としてそれらすべてを計測するだけの計測器を用意することは不可能である場合が多い.したがって,状態変数の数より少ない数の計測器で測定しなければならない.さらに,たとえば,質量・ばね・ダッシュポット系のように質量やばね定数は別途測定することは可能であるが,減衰係数を直接計測することは不可能である.

　計測データ(観測データ)から動的システムの状態量を推定する問題は,システム制御分野では(状態)推定問題([state] estimation problem)とよばれる.システムや計測時に雑音が介入しない場合にはオブザーバ理論が,また雑音が介入する場合には確率過程論に立脚した推定理論が展開されている.雑音が介入する場合は次章で述べるとして,本章では,前者のオブザーバによる状態推定に基づいた動的対象物の計測について述べる.

4.1　数学的準備—システムの安定性

　オブザーバの構成方法を理解するために必要となる連続時間システムおよび離散時間システムの安定性について述べる.

　オブザーバ(状態推定器)の理論は,対象とする動的システムの状態量 $x(t)$ に追随する出力 $\hat{x}(t)$ を $\|x(t) - \hat{x}(t)\| \to 0 \ (t \to \infty)$ となるように生み出す機構を構成することである.つまり,推定誤差が $t \to \infty$ で零になるように設計することがオブザーバの本質である.

　そこで,まずシステムの安定性について述べる.

　入力のない n 次元(線形)連続時間システム $(x(t) \in \mathrm{R}^n)$

---

†1　第1章の冒頭に引用した Heisenberg の講演の続き.

$$\dot{x}(t) = Ax(t), \quad x(0) = x_0 \tag{4.1}$$

を考える．(4.1) 式の解は，マトリクス指数関数 e^{At} を用いて (3.3 節)，

$$x(t) = e^{At}x_0 \tag{4.2}$$

で与えられる．

任意の初期状態 x_0 に対してすべての要素が $x_i(t) \to 0$（あるいは $\|x(t)\| \to 0$）$(t \to \infty)$ となるとき，システム (4.1) は**漸近安定** (asymptotically stable) であるという[†1]．

漸近安定であるための必要十分条件は，マトリクス A のすべての固有値の実部が負，すなわち，

$$\mathrm{Re}\,\lambda_i(A) < 0 \quad (i = 1, 2, \cdots, n) \tag{4.3}$$

となることである．

このように，システム (4.1) の漸近安定性はシステムマトリクス A のみによって決まる．(4.3) 式が成り立つマトリクスを**安定マトリクス** (stable matrix, stability matrix) という．

離散時間システム

$$x(k+1) = Fx(k), \quad x(0) = x_0 \tag{4.4}$$

に対しては，その解は

$$x(k) = F^k x_0 \tag{4.5}$$

であるから (3.4 節)，漸近安定であるための必要十分条件は，マトリクス F のすべての固有値 $\{\lambda_i(F)\}$ $(i = 1, 2, \cdots, n)$ の絶対値が 1 未満，すなわち，

$$|\lambda_i(F)| < 1 \quad (i = 1, 2, \cdots, n) \tag{4.6}$$

となることである．

4.2　オブザーバの理論と構成

■ 4.2.1 ■ 連続時間システムのオブザーバ

線形連続時間時不変システム

$$\dot{x}(t) = Ax(t) + Bu(t), \quad x(0) = x_0 \tag{4.7}$$

[†1] 動的システムの安定性については種々の定義がある．詳しくは，たとえば文献 [E6] の第 5 章を参照されたい．

を考えよう．$x(t) \in \mathrm{R}^n$，$u(t) \in \mathrm{R}^l$ はそれぞれシステム状態量および入力であり，入力は計測可能あるいは既知であるとする．状態量 $x(t)$ の n 個の要素 $\{x_i(t)\}$ すべてが計測機器によって直接計測可能であれば，その動的対象物の必要かつ十分な情報が得られていることになるが，一般的にはすべての状態量が直接計測できるとは限らない．そこで，観測データ $y(t) \in \mathrm{R}^m$ ($m \leqq n$) は，システム状態量の一部あるいはその線形結合として得られるものと仮定する．すなわち，

$$y(t) = Hx(t) \tag{4.8}$$

のように得られるとする．

このとき，入力 $u(t)$ および計測データ $y(t)$ から連続時間システム (4.7) の状態量を何らかの方法で推定することができれば，システムの直接計測可能でない状態量の計測値が得られたことになる．これを実現するための機構を**オブザーバ** (observer) あるいは**状態観測器**とよぶ．

オブザーバについてはこれまでにさまざまな研究がなされてきているが[G1-G4]，本節では線形連続時間システム

$$\Sigma_C : \begin{cases} \dot{x}(t) = Ax(t) + Bu(t), & x(0) = x_0 \\ y(t) = Hx(t) \end{cases} \tag{4.9}$$

の状態量 $x(t)$ を推定するために，その推定値 $\widehat{x}(t) \in \mathrm{R}^n$ を

$$\begin{cases} \dot{z}(t) = \widehat{A}z(t) + \widehat{B}u(t) + Ky(t), & z(0) = z_0 \\ \widehat{x}(t) = Dz(t) + Ey(t) \end{cases} \tag{4.10}$$

のようなシステムによって求めることを考える．ここでは，$z(t)$ の次元は m と n の間の適当な次元としておく．(4.10) 式の係数マトリクス $(\widehat{A}, \widehat{B}, K, D, E)$ を，つぎの二つの条件：

（ⅰ）$\widehat{A}$ は安定マトリクスである．

（ⅱ）あるマトリクス M に対して，つぎの3式が成り立つ．

$$\widehat{A}M = MA - KH \tag{4.11}$$

$$DM + EH = I_n \tag{4.12}$$

$$\widehat{B} = MB \tag{4.13}$$

を満たすように決定すると，$\widehat{x}(t) \to x(t)$ ($t \to \infty$) となる．これは以下のように示される．

オブザーバによる状態量 $x(t)$ の推定誤差を

$$e(t) = \widehat{x}(t) - x(t) \tag{4.14}$$

と定義すると，(4.9), (4.10) 式より，

$$e(t) = [\,Dz(t) + Ey(t)\,] - x(t) = Dz(t) + (EH - I_n)\,x(t)$$

であるから，条件 (4.12) を用いると，

$$e(t) = D[\,z(t) - Mx(t)\,] \tag{4.15}$$

が得られる．ここで，

$$\eta(t) = z(t) - Mx(t) \tag{4.16}$$

とすると，その時間微分は (4.10) 式を用いて，

$$\begin{aligned}
\dot{\eta}(t) &= \dot{z}(t) - M\dot{x}(t) \\
&= [\,\widehat{A}z(t) + \widehat{B}u(t) + Ky(t)\,] - M[\,Ax(t) + Bu(t)\,] \\
&= \widehat{A}[\,\eta(t) + Mx(t)\,] + \widehat{B}u(t) + KHx(t) - MAx(t) - MBu(t) \\
&= \widehat{A}\eta(t) + (\widehat{A}M - MA + KH)\,x(t) + (\widehat{B} - MB)\,u(t)
\end{aligned}$$

となり，条件 (4.11), (4.13) を用いると，

$$\dot{\eta}(t) = \widehat{A}\eta(t) \tag{4.17}$$

を得る．この解は $\eta(t) = e^{\widehat{A}t}\eta(0)$ であるから，推定誤差 $e(t) = D\eta(t)$ は

$$e(t) = D\,e^{\widehat{A}t}\,\eta(0) \tag{4.18}$$

となる．したがって，$\widehat{A}$ が安定マトリクスであることから，いかなる $\eta(0)$ に対しても $e(t) \to 0\ (t \to \infty)$，すなわち $\widehat{x}(t) \to x(t)\ (t \to \infty)$ となる．その収束の速さは，$\widehat{A}$ の固有値の（負の）実部の大きさによって決定されるので，その固有値をオブザーバの設計のパラメータと考え，それらを任意の指定値 $\{\mu_i\}$ ($\mathrm{Re}\,\mu_i < 0;\ i = 1, 2, \cdots, n$) をもつようにする．

ベクトル $z(t)$ の次元を**オブザーバの次元**，マトリクス $\widehat{A}$ の固有値を**オブザーバの極** (poles of observer) といい，その極を任意に指定した値に設定することをオブザーバの**極配置**あるいは**極指定** (observer's pole assignment) という．

上述の議論において

$$M = D = I_n, \quad E = 0 \tag{4.19}$$

とすると，$z(t) = \widehat{x}(t) \in \mathrm{R}^n$，また

$$\widehat{A} = A - KH, \quad \widehat{B} = B$$

となる．このとき，(4.10) 式は

$$\dot{\widehat{x}}(t) = (A - KH)\widehat{x}(t) + Bu(t) + Ky(t) \tag{4.20a}$$

あるいは

$$\dot{\widehat{x}}(t) = A\widehat{x}(t) + Bu(t) + K\{y(t) - H\widehat{x}(t)\} \tag{4.20b}$$

となる．$\widehat{x}(t)$ と $x(t)$ とが同じ次元であることから，これを**同一次元オブザーバ** (identity observer) とよぶ．

n 個の状態変数の中の m 個は出力 $y(t)$ によって知ることができると考えれば，同一次元オブザーバは冗長性を有することになる．以下に示すゴピナス (B. Gopinath) の方法を用いると，$z(t) \in \mathrm{R}^{(n-m)}$ となるような**低次元オブザーバ** (reduced-order observer) を設計することができる．これは，n 個の状態変数に対してそれに関する計測データが (4.8) 式のように m 個得られており，残りの $(n-m)$ 個の状態変数に関して推定を行えば十分であるという意味合いから，**最小次元オブザーバ** (minimum-order observer) ともよばれる．

Step 1：マトリクス $S \in \mathrm{R}^{n \times n}$ を

$$S = \begin{bmatrix} H \\ W \end{bmatrix} \tag{4.21}$$

により定める．ただし，マトリクス $W \in \mathrm{R}^{(n-m) \times n}$ は S が正則 ($\det S \neq 0$) になるように選ぶ．

Step 2：マトリクス SAS^{-1} および SB を計算し，それぞれ

$$SAS^{-1} = \begin{bmatrix} A_{11} & A_{12} \\ A_{21} & A_{22} \end{bmatrix}, \quad SB = \begin{bmatrix} B_1 \\ B_2 \end{bmatrix} \tag{4.22}$$

のように分割する．ただし，$A_{11} \in \mathrm{R}^{m \times m}$，$A_{12} \in \mathrm{R}^{m \times (n-m)}$，$A_{21} \in \mathrm{R}^{(n-m) \times m}$，$A_{22} \in \mathrm{R}^{(n-m) \times (n-m)}$，$B_1 \in \mathrm{R}^{m \times l}$，$B_2 \in \mathrm{R}^{(n-m) \times l}$ である．

Step 3：マトリクス $\widehat{A} \in \mathrm{R}^{(n-m) \times (n-m)}$ を

$$\widehat{A} = A_{22} - LA_{12} \tag{4.23}$$

とし，その固有値が設計値 $\{\mu_1, \cdots, \mu_{n-m}\}$ となるようにマトリクス $L \in \mathrm{R}^{(n-m) \times m}$ を定める．$\{\mu_i\}$ は，$\widehat{A}$ が安定マトリクスでなければならないことから複素平面上の左半面に位置するように，すなわち $\mathrm{Re}\,\mu_i < 0$ $(i = 1, 2, \cdots, n-m)$ となるように設計する．

Step 4：マトリクス $\widehat{B}$, K, D および E をそれぞれ

$$\begin{cases} \widehat{B} = -LB_1 + B_2, \quad K = \widehat{A}L + A_{21} - LA_{11} \\ D = S^{-1} \begin{bmatrix} 0 \\ I_{n-m} \end{bmatrix}, \quad E = S^{-1} \begin{bmatrix} I_m \\ L \end{bmatrix} \end{cases} \quad (4.24)$$

により計算する．

なお，

$$M = \begin{bmatrix} -L & I_{n-m} \end{bmatrix} S \quad (4.25)$$

とすると，上述の方法における係数マトリクスは条件（ⅰ），（ⅱ）を満たす．この証明は演習問題とする（演習問題 4.1）．

上述のゴピナスの方法の Step 3 において，マトリクス $\widehat{A}$ の固有値が設定する値 $\{\mu_1, \cdots, \mu_{n-m}\}$ になるようにマトリクス L を定める必要があるが，この極指定の方法を簡単な例によって示す．

■極指定の例　$n = 3$，$m = 1$ とし，

$$A = \begin{bmatrix} -1 & 1 & 0 \\ 1 & -2 & 2 \\ 0 & 2 & -3 \end{bmatrix}, \quad h = \begin{bmatrix} 0 & 0 & 1 \end{bmatrix}$$

とする．この例では，可観測性マトリクス

$$\begin{bmatrix} h \\ hA \\ hA^2 \end{bmatrix} = \begin{bmatrix} 0 & 0 & 1 \\ 0 & 2 & -3 \\ 2 & -10 & 13 \end{bmatrix}$$

の行列式は -4 ($\neq 0$) であるので，可観測である．

Step1 の S を

$$S = \begin{bmatrix} h \\ W \end{bmatrix} = \begin{bmatrix} 0 & 0 & 1 \\ \hdashline 0 & 1 & 0 \\ 1 & 0 & 0 \end{bmatrix}$$

とすると，$|S| = -1$ ($\neq 0$) で，$S^{-1} = S$ である．したがって，Step 2 において，

$$SAS^{-1} = \begin{bmatrix} -3 & 2 & 0 \\ \hdashline 2 & -2 & 1 \\ 0 & 1 & -1 \end{bmatrix} \equiv \begin{bmatrix} A_{11} & A_{12} \\ \hdashline A_{21} & A_{22} \end{bmatrix}$$

より，

$$A_{12} = [\,2 \;\; 0\,], \quad A_{22} = \begin{bmatrix} -2 & 1 \\ 1 & -1 \end{bmatrix}$$

を得る.

　低次元オブザーバの次元は $n - m = 2$ であるので, $\widehat{A} = A_{22} - LA_{12}$ の固有値を, たとえば,

$$\lambda_{1,2}(\widehat{A}) = -6 \pm j2 \; (= \mu_{1,2})$$

に設定するものとする（複素数の場合は必ず共役のものをとる）. $L = [\,L_1, L_2\,]^T$ とすると,

$$\begin{aligned} \widehat{A} &= A_{22} - LA_{12} \\ &= \begin{bmatrix} -2 & 1 \\ 1 & -1 \end{bmatrix} - \begin{bmatrix} L_1 \\ L_2 \end{bmatrix} [\,2 \;\; 0\,] = \begin{bmatrix} -2 - 2L_1 & 1 \\ 1 - 2L_2 & -1 \end{bmatrix} \end{aligned}$$

であるから,

$$\begin{aligned} |\lambda I - \widehat{A}| &= \begin{vmatrix} \lambda + 2 + 2L_1 & -1 \\ -1 + 2L_2 & \lambda + 1 \end{vmatrix} \\ &= \lambda^2 + (3 + 2L_1)\lambda + (1 + 2L_1 + 2L_2) \\ &\equiv (\lambda + 6 - j2)(\lambda + 6 + j2) = \lambda^2 + 12\lambda + 40 \end{aligned}$$

となる. よって, 係数比較により,

$$L = \begin{bmatrix} L_1 \\ L_2 \end{bmatrix} = \begin{bmatrix} 4.5 \\ 15 \end{bmatrix}$$

となるので,

$$\widehat{A} = \begin{bmatrix} -11 & 1 \\ -29 & -1 \end{bmatrix}$$

と求められる.

4.2.2 離散時間システムのオブザーバ

線形離散時間時不変システム

$$\Sigma_D : \begin{cases} x(k+1) = Fx(k) + \Gamma u(k), \quad x(0) = x_0 \\ y(k) = Hx(k) \end{cases} \tag{4.26}$$

を考える. ここで, $x(k) \in \mathrm{R}^n$, $y(k) \in \mathrm{R}^m$ $(m \leqq n)$, $u(k) \in \mathrm{R}^l$ である. 状態量 $x(k)$ を推定するために, その推定値 $\widehat{x}(k) \in \mathrm{R}^n$ をつぎのシステム

$$\begin{cases} z(k+1) = \widehat{F}z(k) + \widehat{\Gamma}u(k) + Ky(k), \quad z(0) = z_0 \\ \widehat{x}(k) = Dz(k) + Ey(k) \end{cases} \quad (4.27)$$

によって得ることを考える．

連続時間システムの場合と同様に，(4.27) 式の係数マトリクス $(\widehat{F}, \widehat{\Gamma}, K, D, E)$ を，つぎの二つの条件：

（ⅰ）$\widehat{F}$ は安定マトリクスである．

（ⅱ）あるマトリクス M に対して，つぎの 3 式が成り立つ．

$$\widehat{F}M = MF - KH \quad (4.28)$$

$$DM + EH = I_n \quad (4.29)$$

$$\widehat{\Gamma} = M\Gamma \quad (4.30)$$

を満たすように決定すれば，$\widehat{x}(k) \to x(k)$ $(k \to \infty)$ となる．

証明は 4.2.1 項と同様に行える．すなわち，推定誤差ベクトル $e(k) = \widehat{x}(k) - x(k)$ が，前項と同様の方法で条件（ⅱ）のもとで

$$e(k) = D\widehat{F}^k \eta(0) \quad (\eta(k) = z(k) - Mx(k)) \quad (4.31)$$

と表せ，$\widehat{F}$ が安定マトリクスであることから，いかなる $\eta(0)$ に対しても $e(k) \to 0$ $(k \to \infty)$，すなわち $\widehat{x}(k) \to x(k)$ $(k \to \infty)$ となる．

前項と同様に，ゴピナスの方法を用いると，$z(k) \in \mathrm{R}^{(n-m)}$ に対する低次元オブザーバを構成することができる．

Step 1：マトリクス $S \in \mathrm{R}^{n \times n}$ を

$$S = \begin{bmatrix} H \\ W \end{bmatrix} \quad (4.32)$$

により定める．マトリクス $W \in \mathrm{R}^{(n-m) \times n}$ は S が正則 $(\det S \neq 0)$ になるように選ぶ．

Step 2：マトリクス SFS^{-1} および $S\Gamma$ を計算し，それぞれ

$$SFS^{-1} = \begin{bmatrix} F_{11} & F_{12} \\ F_{21} & F_{22} \end{bmatrix}, \quad S\Gamma = \begin{bmatrix} \Gamma_1 \\ \Gamma_2 \end{bmatrix} \quad (4.33)$$

のように分割する．ただし，$F_{11} \in \mathrm{R}^{m \times m}$，$F_{12} \in \mathrm{R}^{m \times (n-m)}$，$F_{21} \in \mathrm{R}^{(n-m) \times m}$，$F_{22} \in \mathrm{R}^{(n-m) \times (n-m)}$，$\Gamma_1 \in \mathrm{R}^{m \times l}$，$\Gamma_2 \in \mathrm{R}^{(n-m) \times l}$ である．

Step 3：マトリクス $\widehat{F} \in \mathrm{R}^{(n-m) \times (n-m)}$ を

$$\widehat{F} = F_{22} - LF_{12} \tag{4.34}$$

とし，その固有値が設計値 $\{\mu_1, \cdots, \mu_{n-m}\}$ となるようにマトリクス $L \in \mathrm{R}^{(n-m) \times m}$ を定める．

Step 4：マトリクス $\widehat{\Gamma}$，K，D および E をそれぞれ

$$\begin{cases} \widehat{\Gamma} = -L\Gamma_1 + \Gamma_2, \quad K = \widehat{F}L + F_{21} - LF_{11} \\ D = S^{-1} \begin{bmatrix} 0 \\ I_{n-m} \end{bmatrix}, \quad E = S^{-1} \begin{bmatrix} I_m \\ L \end{bmatrix} \end{cases} \tag{4.35}$$

により計算する．

なお，

$$M = \begin{bmatrix} -L & I_{n-m} \end{bmatrix} S \tag{4.36}$$

とすると，上述の方法における係数マトリクスは条件（ⅰ），（ⅱ）を満たす．

4.3　シミュレーション例

例題 4.1　質量・ばね・ダッシュポット系

$$\begin{cases} m\ddot{x}(t) + c\dot{x}(t) + kx(t) = u(t) \\ y(t) = h_0 x(t) \quad (h_0 \neq 0) \end{cases}$$

を考える．m, c, k はいずれも正の定数である．$x_1(t) = x(t)$，$x_2(t) = \dot{x}(t)$ として状態ベクトルを $x(t) = [x_1(t), x_2(t)]^T$ とすると，状態空間表現は 3.1 節で求めたように

$$\begin{cases} \dot{x}(t) = Ax(t) + bu(t) \\ y(t) = hx(t) \end{cases}$$

で与えられる．ここで，

$$A = \begin{bmatrix} 0 & 1 \\ -\dfrac{k}{m} & -\dfrac{c}{m} \end{bmatrix}, \quad b = \begin{bmatrix} 0 \\ \dfrac{1}{m} \end{bmatrix}, \quad h = \begin{bmatrix} h_0 & 0 \end{bmatrix}$$

である．

この例では変位 $x_1(t)$ は

$$x_1(t) = \frac{1}{h_0} y(t)$$

により求められるが，速度 $x_2(t)$ は直接計測可能ではない．

そこで，状態量，入力量および観測量の次元がそれぞれ $n=2$, $l=1$, $m=1$ であることから，前節で述べたゴピナスの方法によって速度の推定値 $\hat{x}_2(t)$ を得るための低次元オブザーバ $(z(t) \in \mathrm{R}^1)$ を構成してみよう．

マトリクス W を
$$W = \begin{bmatrix} 0 & h_0 \end{bmatrix}$$
ととると，
$$S = \begin{bmatrix} h \\ W \end{bmatrix} = \begin{bmatrix} h_0 & 0 \\ 0 & h_0 \end{bmatrix}, \quad S^{-1} = \begin{bmatrix} \dfrac{1}{h_0} & 0 \\ 0 & \dfrac{1}{h_0} \end{bmatrix}$$
であるので，
$$SAS^{-1} = \begin{bmatrix} 0 & 1 \\ -\dfrac{k}{m} & -\dfrac{c}{m} \end{bmatrix} \equiv \begin{bmatrix} A_{11} & A_{12} \\ A_{21} & A_{22} \end{bmatrix}, \quad Sb = \begin{bmatrix} 0 \\ \dfrac{h_0}{m} \end{bmatrix} \equiv \begin{bmatrix} B_1 \\ B_2 \end{bmatrix}$$
より，
$$A_{11} = 0, \quad A_{12} = 1, \quad A_{21} = -\frac{k}{m}, \quad A_{22} = -\frac{c}{m}; \quad B_1 = 0, \quad B_2 = \frac{h_0}{m}$$
を得る．

つぎに，
$$\widehat{A} = A_{22} - LA_{12} = -\frac{c}{m} - L \quad (L：スカラ)$$
はスカラ量であるので，
$$0 = |\lambda I - \widehat{A}| = \lambda + \left(\frac{c}{m} + L\right)$$
である．これより，λ は
$$\lambda = -\left(\frac{c}{m} + L\right)$$
で与えられる．そこで，極指定としてこれを設計値 μ（負の実数）に設定すると，$L = -(\mu + c/m)$ を得る．また，このとき $\widehat{A} = \mu$ となる．

以上より，オブザーバの各係数を求めると
$$\widehat{b} = -LB_1 + B_2 = \frac{h_0}{m}$$
$$K = \widehat{A}L + A_{21} - LA_{11} = -\mu\left(\mu + \frac{c}{m}\right) - \frac{k}{m}$$
$$D = S^{-1}\begin{bmatrix} 0 \\ 1 \end{bmatrix} = \begin{bmatrix} 0 \\ \dfrac{1}{h_0} \end{bmatrix}, \quad E = S^{-1}\begin{bmatrix} 1 \\ L \end{bmatrix} = \frac{1}{h_0}\begin{bmatrix} 1 \\ -\left(\mu + \dfrac{c}{m}\right) \end{bmatrix}$$
となる．したがって，オブザーバはつぎのようになる．

$$\begin{cases} \dot{z}(t) = \mu z(t) + \dfrac{h_0}{m} u(t) - \left\{ \mu \left(\mu + \dfrac{c}{m} \right) + \dfrac{k}{m} \right\} y(t) \\ \widehat{x}_1(t) = \dfrac{1}{h_0} y(t), \quad \widehat{x}_2(t) = \dfrac{1}{h_0} z(t) - \dfrac{1}{h_0} \left(\mu + \dfrac{c}{m} \right) y(t) \end{cases}$$

これより，$\widehat{x}_1(t)$ は $x_1(t)$ そのものであることがわかる．

図 4.1 は，$m = 1.0 \times 10^2$ kg，$c = 1.0 \times 10^3$ N·s/m，$k = 1.0 \times 10^5$ N/m，$h_0 = 1$，$u(t) \equiv 0$，$x(0) = [0.5, 10]^T$，$z(0) = 0$ の場合について，極を $\mu = -1$ から $\mu = -10$ まで種々変化させたときの数値シミュレーション結果である．推定値 $\widehat{x}_2(t)$ とその真値 $x_2(t)$ を比較すると，初期時間帯は異なるがいずれの場合も時間とともに推定値が真値に近づいており，また極 μ を負側へ大きくとるにつれて推定速度は速くなることがわかる．しかし，その推定速度を速くするために $\mu\,(<0)$ をいくらでも（負側に）大きく設定してよいものではない．このことを以下に見てみよう．

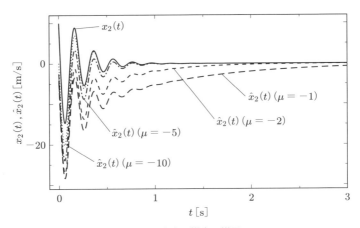

図 4.1　速度の推定の様子

上に得られたオブザーバをラプラス変換すると，

$$\begin{cases} sZ(s) = \mu Z(s) - \left\{ \mu \left(\mu + \dfrac{c}{m} \right) + \dfrac{k}{m} \right\} Y(s) \\ \widehat{X}_2(s) = \dfrac{1}{h_0} Z(s) - \dfrac{1}{h_0} \left(\mu + \dfrac{c}{m} \right) Y(s) \end{cases}$$

が得られる $(Z(s) = \mathcal{L}[z(t)],\ \widehat{X}_2(s) = \mathcal{L}[\widehat{x}_2(t)])$ が，この 2 式より $Z(s)$ を消去して，$y(t)$ から $\widehat{x}_2(t)$ への伝達関数を求めると，

$$G_{\widehat{x}_2 y}(s) = -\dfrac{1}{h_0} \dfrac{1}{s - \mu} \left\{ \left(\mu + \dfrac{c}{m} \right) s + \dfrac{k}{m} \right\}$$

となる．したがって，$\mu \to -\infty$ とすれば，

$$G_{\widehat{x}_2 y}(s) = -\frac{1}{h_0} \frac{1}{(1/\mu)s - 1} \left\{ \left(1 + \frac{c}{\mu m}\right)s + \frac{k}{\mu m} \right\} \xrightarrow{\mu \to -\infty} \frac{1}{h_0} s$$

となって，伝達関数は微分器として作用することになる．すなわち，それは

$$\widehat{x}_2(t) \sim \frac{1}{h_0} \dot{y}(t)$$

を意味する．観測データが滑らかであまり急激な変化を伴わない場合には大きな μ は許容されるが，実用時には外乱や雑音が含まれ，その微分値は不規則で不安定であるので不適である．したがって，事前に十分なシミュレーションによって設定すべき極 μ を決めることが望まれる．

例題 4.2 海洋温度差発電プラント[†1] の発電出力を制御するための（低次元化された）モデルは

$$x(t) = \begin{bmatrix} x_1(t) \\ x_2(t) \end{bmatrix} = \begin{bmatrix} T_1(t) - T_1^* \\ T_2(t) - T_2^* \end{bmatrix}, \quad u(t) = \begin{bmatrix} u_1(t) \\ u_2(t) \end{bmatrix} = \begin{bmatrix} G_W(t) - G_W^* \\ G_C(t) - G_C^* \end{bmatrix}$$

とすると，2 次元線形システム

$$\dot{x}(t) = Ax(t) + Bu(t)$$

によって与えられる[†2]．ここで，

$$A = \begin{bmatrix} 2.6098 \times 10^{-3} & -1.2150 \times 10^{-1} \\ 6.2608 \times 10^{-2} & -1.7872 \times 10^{-1} \end{bmatrix}$$

$$B = \begin{bmatrix} -6.5866 \times 10^{-5} & -2.0533 \times 10^{-4} \\ -1.2884 \times 10^{-4} & -3.2097 \times 10^{-4} \end{bmatrix}$$

であり，$T_1(t)$, $T_2(t)$ はそれぞれタービン入口および出口の蒸気温度，T_1^*, T_2^* は $T_1(t)$, $T_2(t)$ の目標値，また $G_W(t)$, $G_C(t)$ は温海水および冷海水の流量，G_W^*, G_C^* はそれぞれ目標温度における定常流量である．

通常，温度 $T_1(t)$, $T_2(t)$ （したがって，$x_1(t)$, $x_2(t)$）は計測可能であるが，本例題ではタービン入口蒸気温度 $T_1(t)$ の計測値が得られないとしてオブザーバを構成する問題を

[†1] 海洋温度差発電 (ocean thermal energy conversion) は，海洋表層の温海水と深層の冷海水の温度差を利用して発電するシステムであり，クリーンな再生可能なエネルギー源として実用化が望まれている．海洋温度差発電プラントは蒸発器，タービン，凝縮器，ポンプなどで構成され，それらが大きな配管で連結されている．クローズドサイクル式海洋温度差発電では作動流体として低沸点のアンモニアなどを用いるが，発電原理は火力発電や原子力発電と同じである．詳細は，近藤俶郎（編）『海洋エネルギー利用技術（第 2 版）』（森北出版，2015）を参照されたい．

[†2] 實原・中村・池上・上原：海洋温度差発電プラントの低次元モデルに基づく蒸気温度制御器設計，計測自動制御学会論文集，vol. 30, no. 9 (1994).

考える．したがって，観測値は

$$y(t) = T_2(t) - T_2^* = [\,0 \quad 1\,]\,x(t)$$

となるので，$h = [0, 1]$ である．

低次元オブザーバの次元は $1\,(= n - m)$ である．マトリクス W を

$$W = [\,1 \quad 0\,]$$

と選んで，オブザーバの極を $\mu = -0.5$ と設定すると，

$$\widehat{A} = -0.5, \quad \widehat{B} = [\,0.0010 \quad 0.0024\,], \quad K = -2.7007$$

$$D = \begin{bmatrix} 1 \\ 0 \end{bmatrix}, \quad E = \begin{bmatrix} 8.0279 \\ 1 \end{bmatrix}$$

と得られる．

シミュレーションでは

$$T_1^* = 20.5\ °\mathrm{C}, \quad T_2^* = 12.5\ °\mathrm{C}; \quad T_1(0) = 21.5\ °\mathrm{C}, \quad T_2(0) = 11.5\ °\mathrm{C}$$
$$x(0) = [\,1 \quad -1\,]^T, \quad z(0) = 8.0279$$

とし，簡単のために入力は $u(t) \equiv 0$ とした．時間差分幅を $\delta t = 0.25\,\mathrm{s}$ として数値シミュレーションを行った結果が図 4.2 である．図は推定値 $\widehat{x}_1(t)$, $\widehat{x}_2(t)$ から求めた温度の推定値 $\widehat{T}_1(t)$, $\widehat{T}_2(t)$ を示している．推定値 $\widehat{T}_2(t)$ は計測可能な $T_2(t)$ そのものであり，当然完全に一致している．推定値 $\widehat{T}_1(t)$ は $t = 15\,\mathrm{s}$ あたりで真値に近づいており，うまく推定が行えていることがわかる．

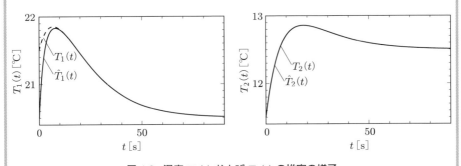

図 4.2 温度 $T_1(t)$ および $T_2(t)$ の推定の様子

例題 4.3　例題 4.1 と同じ質量・ばね・ダッシュポット系に対して離散時間オブザーバを設計してみよう．サンプリング時間間隔を $\Delta = 0.02$ s とすると，3.4 節 (3.34b) 式および演習問題 3.3 より，

$$F = e^{A\Delta} = \begin{bmatrix} 0.8188 & 0.0169 \\ -16.9432 & 0.6493 \end{bmatrix}$$

$$\Gamma = (e^{A\Delta} - I_2)A^{-1}B = \begin{bmatrix} 0.0018 \times 10^{-3} \\ 0.1694 \times 10^{-3} \end{bmatrix}$$

を得る．マトリクス指数関数 $e^{A\Delta}$ の計算には MATLAB 関数 expm を用いた．

例題 4.1 と同様の状態量 $x(k) = [x_1(k), x_2(k)]^T$ の変位 $x_1(k)$ のみが計測できるものとし，

$$y(k) = h_0 \, x_1(k)$$

として，低次元オブザーバ $(n - m = 1)$ を 4.2.2 項で述べたゴピナスの方法によって構築する．

マトリクス W を例題 4.1 と同様に $W = [0, h_0]$ と選んでオブザーバを構築してシミュレーションした結果が図 4.3 である．パラメータ (m, c, k) および h_0 は例題 4.1 と同じとし，$u(k) \equiv 0$, $x(0) = [0.5, 10]^T$, $z(0) = 0$ とした．設定した極 μ (< 1) は $\mu = 0.9$, 0.6 および 0.2 の 3 種類でシミュレーションを行っている．μ を 0.9 から 0.2 へと変化させるに従って推定値が真値に近づく速さが向上していることがわかる．

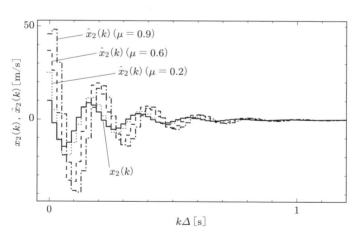

図 4.3　速度 x_2 の推定の様子

演習問題

4.1 4.2.1 項のゴピナスの方法において，$(n-m) \times n$ 次元マトリクス M を (4.25) 式のように

$$M = [-L \quad I_{n-m}] S$$

と選ぶと，これは (4.11)〜(4.13) 式，すなわち

(ⅰ) $\widehat{A}M = MA - KH$

(ⅱ) $DM + EH = I_n$

(ⅲ) $\widehat{B} = MB$

を満足することを示せ．ただし，$\widehat{B}$, K, D, E はそれぞれ (4.24) 式で与えられるマトリクスである．

第5章
カルマンフィルタ

> Until the great scientific work of Copernicus, Galileo, and Newton we knew very little about the Moon, ... but even after Newton's third law suggested that, in principle, a rocket could take us there and Jules Verne (1865) imagined that it could be done, there still remained the *system problem* ... My own specialties, control theory and "Kalman" filtering, turned out to be crucial ingredients, not dreamt of by Verne yet, to some extent, anticipated by Newton, who was not only a great mathematician and physicist but also the first system theorist.
>
> — R. E. Kalman, 1995.[†1][C4]

本章では，不規則雑音が介在する離散時間システムおよび連続時間システムの状態量を推定するカルマンフィルタについて述べる．

5.1　状態推定問題とは

前章において，観測データからシステムの状態量を推定するオブザーバについて考察した．そこでは，(4.9) 式で与えられる確定モデルに対して，推定誤差ベクトル $e(t) = \hat{x}(t) - x(t)$ が $t \to \infty$ で $e(t) \to 0$ となるように推定値 $\hat{x}(t)$ を生成する機構を構築した．システムと観測過程に不規則雑音が介在する場合には，計測（観測）データは不規則過程となって，前章のオブザーバ理論とは本質的に異なる議論が必要である．システムおよび観測機構がともに線形方程式で記述でき，さらに加法的に付加される不規則雑音の性質が正規性白色雑音である場合には，その推定機構は Kalman によって 1960〜1961 年に導出され，今日**カルマンフィルタ** (Kalman filter) として知られている．

[†1]　ここに出てくるジュール・ヴェルヌ (Jules Verne, 1828-1905) は，『海底二万哩』，『八十日間世界一周』などの SF 小説の先駆的作品を生み出したフランスの小説家である．言及されている作品は『月世界旅行』(De la Terre à la Lune [地球から月へ]）である．このような空想物語が 100 年の時を経て現実のものになったのには，制御理論とカルマンフィルタが絶対に不可欠のもの (crucial ingredients) であったと，Kalman は述べている．事実，カルマンフィルタが提案されたのは 1960 年であり，米国の NASA によって宇宙船の軌道推定に採用され，1969 年 7 月にアポロ 11 号による人類初の月面着陸が実現されている．

さて，$x(t) \in \mathrm{R}^n$ を連続時間確率システムの状態量ベクトル，$y(t) \in \mathrm{R}^m \ (m \leqq n)$ を不規則雑音の混入した観測量ベクトルとする．$\widehat{x}(t) \in \mathrm{R}^n$ を $x(t)$ の推定値とすれば，これは統計的処理により，その推定誤差

$$\widetilde{x}(t) := x(t) - \widehat{x}(t) \tag{5.1}$$

が何らかの意味で最小になるように求められなければならない．そこで，推定規範として推定誤差の重み付きノルム

$$\mathcal{E}\left\{\|\widetilde{x}(t)\|_M^2\right\} = \mathcal{E}\left\{\widetilde{x}^T(t) M \widetilde{x}(t)\right\} \tag{5.2}$$

（M は正定対称マトリクス）を最小にする $\widehat{x}(t)$ を求めることを考える．この問題を**状態推定問題** (state estimation problem) あるいは単に**推定問題** (estimation problem) とよぶ．この規範を最小にする $\widehat{x}(t)$ はどのような量であろうか．それは当然，ある時刻 s までに得られた観測データの集積 $Y_s = \{y(\tau), 0 \leqq \tau \leqq s\}$ に基づいて，すなわち Y_s-可測な (Y_s-measurable) 関数でなければならない．

さて，ここで観測データの集積 Y_s が得られたという条件のもとでの $x(t)$ の**条件付き平均値** (conditional mean) を

$$\mathcal{E}\{x(t) \mid Y_s\} = \int_{\mathrm{R}^n} x p\{t, x \mid Y_s\} dx \tag{5.3}$$

と定義する．$p\{t, x \mid Y_s\}$ は観測データ Y_s を得たという条件のもとでの $x(t)$ 過程の確率密度関数である．このとき，

$$\mathcal{E}\{\mathcal{E}\{x(t) \mid Y_s\}\} = \mathcal{E}\{x(t)\} \tag{5.4}$$

が成り立つ．ここで，左辺の内側の期待値は確率変数 $x(t)$ についての，外側のそれは確率変数 $\widehat{x}(t) = \mathcal{E}\{x(t)|Y_s\}$ についての演算である．この (5.4) 式は，推定理論において期待値演算の性質として，以後頻繁に用いられる．

そこで，$\xi(t) \in \mathrm{R}^n$ を Y_s-可測な関数とすれば，推定規範 (5.2) 式はつぎのように考えることができる．

$$\begin{aligned}
\mathcal{E}\left\{\|\widetilde{x}(t)\|_M^2\right\} &= \mathcal{E}\left\{\|x(t) - \widehat{x}(t)\|_M^2\right\} \\
&= \mathcal{E}\left\{\|[x(t) - \xi(t)] + [\xi(t) - \widehat{x}(t)]\|_M^2\right\} \\
&= \mathcal{E}\left\{\|x(t) - \xi(t)\|_M^2\right\} + \mathcal{E}\left\{\|\xi(t) - \widehat{x}(t)\|_M^2\right\} \\
&\quad + 2\mathcal{E}\left\{[\xi(t) - \widehat{x}(t)]^T M[x(t) - \xi(t)]\right\}
\end{aligned} \tag{5.5}$$

最右辺第 3 項において，(5.4) 式の性質 $\mathcal{E}\{*\} = \mathcal{E}\{\mathcal{E}\{* \mid Y_s\}\}$ を用いると，

$$\mathcal{E}\left\{[\xi(t)-\widehat{x}(t)]^T M[x(t)-\xi(t)]\right\}$$
$$=\mathcal{E}\left\{\mathcal{E}\left\{[\xi(t)-\widehat{x}(t)]^T M[x(t)-\xi(t)] \mid Y_s\right\}\right\}$$
$$=\mathcal{E}\left\{[\xi(t)-\widehat{x}(t)]^T M \mathcal{E}\left\{x(t)-\xi(t) \mid Y_s\right\}\right\}$$
$$=\mathcal{E}\left\{[\xi(t)-\widehat{x}(t)]^T M\left[\mathcal{E}\left\{x(t) \mid Y_s\right\}-\xi(t)\right]\right\}$$

となるから，$\xi(t)$ を

$$\xi(t) = \mathcal{E}\left\{x(t) \mid Y_s\right\}$$

と選べば，(5.5) 式の最右辺第 3 項は零となり，さらに $\widehat{x}(t) = \xi(t)$ のとき同第 2 項も零となる．したがって，そのとき，(5.5) 式は最小となり，

$$\mathcal{E}\left\{\|\widetilde{x}(t)\|_M^2\right\} = \mathcal{E}\left\{\|x(t)-\xi(t)\|_M^2\right\}$$
$$= \mathcal{E}\left\{\|x(t)-\mathcal{E}\{x(t) \mid Y_s\}\|_M^2\right\} \quad (5.6)$$

を得る．ここで，$\widehat{x}(t) \ (=\xi(t))$ を改めて

$$\widehat{x}(t|s) = \mathcal{E}\{x(t) \mid Y_s\} \quad (5.7)$$

と書くことにすると，これが**最適推定値** (optimal estimate) を与える．

時刻 t と観測最終時刻 s との大小関係によって，推定問題は

(ⅰ) $t > s$ のとき，**予測問題** (prediction problem)
(ⅱ) $t = s$ のとき，**フィルタリング問題** (filtering problem)
(ⅲ) $t < s$ のとき，**平滑問題** (smoothing problem)

という．それぞれに応じて $\widehat{x}(t|s)$ も**予測値** (prediction)，**推定値** (estimation)，**平滑値**（スムージング，smoothing）とよぶ．本章では (ⅱ) のフィルタリング問題について考察する．

5.2 カルマンフィルタの導出

R. E. Kalman は 1960 年に離散時間システムに対してフィルタを導出し[A1]，続いて翌年 R. S. Bucy と共同で連続時間システムに対して導いた[A2]．本書でもその順に導く．

■ 5.2.1 ■ 離散時間カルマンフィルタ

つぎのような線形離散時間方程式によって記述されるシステムを考える．

$$x(k+1) = F(k)x(k) + G(k)w(k), \quad x(0) = x_0 \tag{5.8}$$

ここで，$x(k) \in \mathrm{R}^n$ はシステムの状態量ベクトル，$w(k) \in \mathrm{R}^d$ はつぎの性質をもつ正規性白色雑音系列（2.6 節）である．すなわち，

$$\mathcal{E}\{w(k)\} = 0, \quad \mathcal{E}\{w(k)w^T(l)\} = Q(k)\delta_{kl} \quad (Q(k) \geqq 0：非負定)$$

である．ここで，δ_{kl} はクロネッカーのデルタである．また，初期値 x_0 は $\{w(k)\}$ とは独立な正規性確率変数で $x_0 \sim N[\bar{x}_0, \bar{P}_0]$ とする．

状態量ベクトル $x(k)$ はつぎのように加法的な雑音 $v(k)$ をうけて観測されるとする．

$$y(k) = H(k)x(k) + v(k) \tag{5.9}$$

ここで，$y(k) \in \mathrm{R}^m$ $(m \leqq n)$ であり，$v(k) \in \mathrm{R}^m$ は $w(k)$，x_0 いずれとも独立な正規性白色雑音系列で，

$$\mathcal{E}\{v(k)\} = 0, \quad \mathcal{E}\{v(k)v^T(l)\} = R(k)\delta_{kl} \quad (R(k) > 0：正定)$$
$$\mathcal{E}\{w(k)v^T(l)\} = 0, \quad \mathcal{E}\{v(k)x_0^T\} = 0$$

である[†1]．以後，$\mathcal{E}\{w(k)v^T(l)\} = 0$ を $w(k) \perp v(l)$ のように表記する．

さて，t_{k-1} 時点までに観測データ $Y_{k-1} = \{y(0), y(1), \cdots, y(k-1)\}$ が得られたとすると，t_k 時点での推定値（1 ステップ予測値）$\widehat{x}(k|k-1) := \mathcal{E}\{x(k) \mid Y_{k-1}\}$ は (5.8) 式から，

$$\widehat{x}(k|k-1) = F(k-1)\widehat{x}(k-1|k-1) \tag{5.10}$$

とするのが合理的であろう．なぜなら，(5.8) 式より，

$$\widehat{x}(k|k-1) = \mathcal{E}\{F(k-1)x(k-1) + G(k-1)w(k-1) \mid Y_{k-1}\}$$
$$= F(k-1)\widehat{x}(k-1|k-1)$$

となるからである．この 1 ステップ予測値 (one-step prediction) $\widehat{x}(k|k-1)$ を得ると，期待される観測誤差は

$$e(k) = y(k) - H(k)\widehat{x}(k|k-1) \tag{5.11}$$

であろう．そこで，$x(k)$ の時刻 t_k における推定値 $\widehat{x}(k|k) := \mathcal{E}\{x(k) \mid Y_k\}$ はつぎの

[†1] $v(k)$ は $w(k)$，x_0 いずれにも独立であるから，
$$\mathcal{E}\{w(k)v^T(l)\} = \mathcal{E}\{w(k)\}\mathcal{E}\{v^T(l)\} = 0, \quad \mathcal{E}\{v(k)x_0^T\} = \mathcal{E}\{v(k)\}\mathcal{E}\{x_0^T(l)\} = 0$$
である．

ように $\widehat{x}(k|k-1)$ と $y(k) - H(k)\widehat{x}(k|k-1)$ に関する線形式で与えられると考える. すなわち,

$$\widehat{x}(k|k) = \widehat{x}(k|k-1) + K(k)\{y(k) - H(k)\widehat{x}(k|k-1)\} \tag{5.12}$$

と考える. ここで, $K(k)$ は推定誤差分散

$$\mathcal{E}\left\{\|x(k) - \widehat{x}(k|k)\|^2\right\}$$

が最小になるように決定すべき $n \times m$ 次元ゲインマトリクスである.

さて,

$$\widetilde{x}(k) = x(k) - \widehat{x}(k|k) \tag{5.13}$$

を定義すると, (5.8) 式および (5.12) 式より,

$$\begin{aligned}
\widetilde{x}(k) &= [\,F(k-1)x(k-1) + G(k-1)w(k-1)\,] \\
&\quad - [\,\widehat{x}(k|k-1) + K(k)\{y(k) - H(k)\widehat{x}(k|k-1)\}\,] \\
&= F(k-1)x(k-1) + G(k-1)w(k-1) - F(k-1)\widehat{x}(k-1|k-1) \\
&\quad - K(k)\{y(k) - H(k)F(k-1)\widehat{x}(k-1|k-1)\} \\
&= F(k-1)x(k-1) + G(k-1)w(k-1) \\
&\quad - K(k)y(k) - [\,I - K(k)H(k)\,]F(k-1)\widehat{x}(k-1|k-1)
\end{aligned}$$

となる. ここで, $\widehat{x}(k|k-1)$ に (5.10) 式を用いた.

また, (5.9) 式と (5.8) 式より,

$$\begin{aligned}
y(k) &= H(k)x(k) + v(k) \\
&= H(k)[\,F(k-1)x(k-1) + G(k-1)w(k-1)\,] + v(k)
\end{aligned} \tag{5.14}$$

と書けるから, $\widetilde{x}(k)$ は以下のようになる.

$$\begin{aligned}
\widetilde{x}(k) &= F(k-1)x(k-1) + G(k-1)w(k-1) \\
&\quad - K(k)[\,H(k)F(k-1)x(k-1) + H(k)G(k-1)w(k-1) + v(k)\,] \\
&\quad - [\,I - K(k)H(k)\,]F(k-1)\widehat{x}(k-1|k-1) \\
&= [\,I - K(k)H(k)\,]F(k-1)\{x(k-1) - \widehat{x}(k-1|k-1)\} \\
&\quad + [\,I - K(k)H(k)\,]G(k-1)w(k-1) - K(k)v(k) \\
&= [\,I - K(k)H(k)\,]\{F(k-1)\widetilde{x}(k-1) + G(k-1)w(k-1)\}
\end{aligned}$$

$$- K(k)v(k) \tag{5.15}$$

よって，推定誤差共分散マトリクス (estimation error covariance matrix) を

$$P(k|k) := \mathcal{E}\{\widetilde{x}(k)\widetilde{x}^T(k)\} \tag{5.16}$$

と定義すると，これは以下のように計算される．

$P(k|k)$
$$\begin{aligned}
&= \mathcal{E}\big\{\big[[I - K(k)H(k)]\{F(k-1)\widetilde{x}(k-1) + G(k-1)w(k-1)\} - K(k)v(k)\big] \\
&\quad \times \big[[I - K(k)H(k)]\{F(k-1)\widetilde{x}(k-1) + G(k-1)w(k-1)\} - K(k)v(k)\big]^T\big\} \\
&= [I - K(k)H(k)]\,\mathcal{E}\big\{[F(k-1)\widetilde{x}(k-1) + G(k-1)w(k-1)] \\
&\quad \times [F(k-1)\widetilde{x}(k-1) + G(k-1)w(k-1)]^T\big\}[I - K(k)H(k)]^T \\
&\quad - [I - K(k)H(k)]\,\mathcal{E}\big\{[F(k-1)\widetilde{x}(k-1) + G(k-1)w(k-1)]v^T(k)\big\}K^T(k) \\
&\quad - K(k)\,\mathcal{E}\big\{v(k)[F(k-1)\widetilde{x}(k-1) + G(k-1)w(k-1)]^T\big\}[I - K(k)H(k)]^T \\
&\quad + K(k)\,\mathcal{E}\{v(k)v^T(k)\}K^T(k)
\end{aligned}$$

ここで，$\mathcal{E}\{w(k-1)v^T(k)\} = 0$ であり，また $\mathcal{E}\{\widetilde{x}(k-1)w^T(k-1)\} = 0$, $\mathcal{E}\{\widetilde{x}(k-1)v^T(k)\} = 0$ である．実際，

$$\begin{aligned}
\mathcal{E}\{\widetilde{x}(k-1)w^T(k-1)\} &= \mathcal{E}\{[x(k-1) - \widehat{x}(k-1|k-1)]\,w^T(k-1)\} \\
&= \mathcal{E}\{x(k-1)w^T(k-1)\} - \mathcal{E}\{\widehat{x}(k-1|k-1)w^T(k-1)\}
\end{aligned}$$

において，

$$x(k-1) = F(k-2)x(k-2) + G(k-2)w(k-2)$$

であるから，$x(k-1) \perp w(k-1)$ であり，また (5.12) 式より，

$$\begin{aligned}
\widehat{x}(k-1|k-1) &= \widehat{x}(k-1|k-2) \\
&\quad + K(k-1)\{y(k-1) - H(k-1)\widehat{x}(k-1|k-2)\}
\end{aligned}$$

で，この中の $y(k-1)$ は

$$y(k-1) = H(k-1)x(k-1) + v(k-1)$$

で $w(k-1)$ とは独立なので，$\widehat{x}(k-1|k-1) \perp w(k-1)$ である．よって，$\mathcal{E}\{\widetilde{x}(k-1)$ $\times w^T(k-1)\} = 0$ となることがわかる．また，同様に

$$\mathcal{E}\{\widetilde{x}(k-1)v^T(k)\} = \mathcal{E}\{x(k-1)v^T(k)\} - \mathcal{E}\{\widehat{x}(k-1|k-1)v^T(k)\}$$

において,$v(k)$ は $x(k-1)$ とも $v(k-1)$ とも独立であるから,これも零となる.したがって,

$$\begin{aligned}P(k|k) &= [\,I - K(k)H(k)\,]\{F(k-1)P(k-1|k-1)F^T(k-1) \\ &\quad + G(k-1)Q(k-1)G^T(k-1)\}[\,I - K(k)H(k)\,]^T + K(k)R(k)K^T(k) \\ &= [\,I - K(k)H(k)\,]\widetilde{P}(k-1)[\,I - K(k)H(k)\,]^T + K(k)R(k)K^T(k) \quad (5.17)\end{aligned}$$

となる.ここで,

$$\widetilde{P}(k-1) := F(k-1)P(k-1|k-1)F^T(k-1) + G(k-1)Q(k-1)G^T(k-1)$$

である.この $\widetilde{P}(k-1)$ は,1ステップ予測誤差共分散

$$P(k|k-1) := \mathcal{E}\left\{[\,x(k) - \widehat{x}(k|k-1)\,][\,x(k) - \widehat{x}(k|k-1)\,]^T\right\} \quad (5.18)$$

に等しい.これを先に示しておく.

(5.8), (5.10) 式より

$$\begin{aligned}x(k) &- \widehat{x}(k|k-1) \\ &= F(k-1)\{x(k-1) - \widehat{x}(k-1|k-1)\} + G(k-1)w(k-1) \\ &= F(k-1)\widetilde{x}(k-1) + G(k-1)w(k-1)\end{aligned}$$

であるから,

$$\begin{aligned}P(k|k-1) &= \mathcal{E}\{[\,F(k-1)\widetilde{x}(k-1) + G(k-1)w(k-1)\,] \\ &\quad \times [\,F(k-1)\widetilde{x}(k-1) + G(k-1)w(k-1)\,]^T\} \\ &= F(k-1)P(k-1|k-1)F^T(k-1) + G(k-1)Q(k-1)G^T(k-1) \quad (5.19)\end{aligned}$$

となる.ここで,再び $w(k-1) \perp \widetilde{x}(k-1)$ を用いた.これは $\widetilde{P}(k-1)$ と同じである.すなわち,$\widetilde{P}(k-1) = P(k|k-1)$ が示せた.

さて,推定誤差 $\mathcal{E}\{\|\widetilde{x}(k)\|^2\}$ を最小にするゲインマトリクス (gain matrix) $K(k)$ を求めよう.この規範は

$$\mathcal{E}\{\|\widetilde{x}(k)\|^2\} = \mathcal{E}\{\widetilde{x}^T(k)\widetilde{x}(k)\} = \operatorname{tr}\mathcal{E}\{\widetilde{x}(k)\widetilde{x}^T(k)\} = \operatorname{tr}P(k|k) \quad (5.20)$$

と等価である.

$\widetilde{P}(k-1) = P(k|k-1)$ に留意して (5.17) 式を書き直すと,

$$\begin{aligned}P(k|k) &= P(k|k-1) - K(k)H(k)P(k|k-1) - P(k|k-1)H^T(k)K^T(k) \\ &\quad + K(k)\,[\,H(k)P(k|k-1)H^T(k) + R(k)\,]\,K^T(k)\end{aligned}$$

$$
\begin{aligned}
&= P(k|k-1) - K(k)H(k)P(k|k-1) - P(k|k-1)H^T(k)K^T(k) \\
&\quad + K(k)\Sigma(k)\Sigma^T(k)K^T(k)
\end{aligned} \tag{5.21}
$$

となる．ここで，$[H(k)P(k|k-1)H^T(k)+R(k)]$ は正定対称マトリクスであることに留意して，

$$
H(k)P(k|k-1)H^T(k) + R(k) = \Sigma(k)\Sigma^T(k) \tag{5.22}
$$

と表現している．この $\Sigma(k)$ のようなマトリクスを平方根マトリクス（付録 A.6 参照）という．

(5.21) 式右辺はマトリクス $K(k)$ に関する 2 次式になっている．そこで，

$$
L(k) = P(k|k-1)H^T(k)[\Sigma^T(k)]^{-1} \tag{5.23}
$$

として，その右辺を $K(k)$ に関して完全平方の形にすると，

$$
\begin{aligned}
P(k|k) &= P(k|k-1) + [K(k)\Sigma(k) - L(k)][K(k)\Sigma(k) - L(k)]^T \\
&\quad - L(k)L^T(k)
\end{aligned} \tag{5.24}
$$

となるので，

$$
\begin{aligned}
\operatorname{tr} P(k|k) &= \operatorname{tr} P(k|k-1) + \operatorname{tr}\left\{[K(k)\Sigma(k) - L(k)][K(k)\Sigma(k) - L(k)]^T\right\} \\
&\quad - \operatorname{tr} L(k)L^T(k) \\
&\geqq \operatorname{tr}\left\{P(k|k-1) - L(k)L^T(k)\right\}
\end{aligned} \tag{5.25}
$$

を得る．等号は $K(k)$ を $K(k)\Sigma(k) = L(k)$，すなわち，

$$
K(k) = P(k|k-1)H^T(k)[\Sigma(k)\Sigma^T(k)]^{-1} \tag{5.26}
$$

のときに成り立ち，そのとき $\operatorname{tr} P(k|k)$ は最小となる（演習問題 5.1）．

以上により，カルマンフィルタはつぎのように与えられる．

離散時間カルマンフィルタ

（ⅰ）フィルタ方程式：

$$
\widehat{x}(k+1|k) = F(k)\widehat{x}(k|k), \quad \widehat{x}(0|-1) = \widehat{x}_0 \tag{5.27}
$$

$$
\widehat{x}(k|k) = \widehat{x}(k|k-1) + K(k)\{y(k) - H(k)\widehat{x}(k|k-1)\} \tag{5.28}
$$

（ⅱ）カルマンゲイン (Kalman gain)：

$$
K(k) = P(k|k-1)H^T(k)[H(k)P(k|k-1)H^T(k) + R(k)]^{-1} \tag{5.29}
$$

(iii) 推定誤差共分散：

$$P(k+1|k) = F(k)P(k|k)F^T(k) + G(k)Q(k)G^T(k), \quad P(0|-1) = P_0 \tag{5.30}$$

$$P(k|k) = P(k|k-1) - K(k)H(k)P(k|k-1) \tag{5.31}$$

初期値 $\widehat{x}_0$, P_0 は $\{x(k)\}$ の初期値の確率分布 $N[\bar{x}_0, \bar{P}_0]$ があらかじめわかっていれば，$\widehat{x}_0 = \bar{x}_0$, $P_0 = \bar{P}_0$ とすればよいが，そうでない場合には適当に設定しなければならない．

(5.30), (5.31) 式より $P(k|k)$ を消去して (5.29) 式を用いると，

$$\begin{aligned}P(k+1|k) = F(k)\big[&P(k|k-1) - P(k|k-1)H^T(k)\\&\times \{H(k)P(k|k-1)H^T(k) + R(k)\}^{-1}H(k)P(k|k-1)\big]F^T(k)\\&+ G(k)Q(k)G^T(k)\end{aligned} \tag{5.32}$$

を得る．この式は**離散時間型リッカチ方程式** (discrete-time Riccati equation) とよばれている．

■ 5.2.2 ■ 直交射影定理による導出

前節では，カルマンゲインを求めるのに際して，推定規範 $\mathcal{E}\{\|x(k) - \widehat{x}(k|k)\|^2\} = \mathrm{tr}\, P(k|k)$ の誤差共分散マトリクス $P(k|k)$ がゲインマトリクスに関する 2 次式になることに着目して求めた．ここでは，幾何学的に求める方法について述べる．問題設定は 5.2.1 項と同じとする．また，推定値 $\widehat{x}(k|k)$ は線形フィルタ (5.12)，すなわち

$$\widehat{x}(k|k) = \widehat{x}(k|k-1) + K(k)\{y(k) - H(k)\widehat{x}(k|k-1)\} \tag{5.12}_{\mathrm{bis}}$$

で生成されるものとする．

ここで準備として，内積空間における直交射影の定理について述べる．X を内積空間とし，$x_1, x_2 \in X$ に対して $\langle x_1, x_2 \rangle$ を内積，また $\langle x, x \rangle^{1/2} = \|x\|$ をノルムとする．

直交射影定理

X を内積空間，Y を X のある部分空間とする．このとき，$x \in X$ に対して

$$\min_{\xi \in Y} \|x - \xi\|^2 = \|x - \widehat{x}\|^2$$

となるのは，

$$\langle x - \widehat{x}, \xi \rangle = 0, \quad \forall \xi \in Y$$

のとき，かつそのときに限る．

$x \in X$ を $\widehat{x} \in Y$ によって

$$x = \widetilde{x} + \widehat{x}$$

と分解するとき，$\widehat{x}$ を x の近似（推定値），$\widetilde{x} = x - \widehat{x}$ をその誤差とみることができる．このとき，$\widehat{x}$ を空間 Y への x の**直交射影** (orthogonal projection) とよぶ（図5.1）．証明は章末に与える．

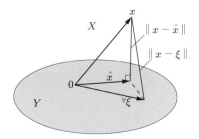

図 5.1　直交射影の説明

さて，ここで推定問題に戻り，上述の X をシステムの状態空間，Y を観測データからなる空間（正確には，ベクトル $y(0), y(1), \cdots, y(k)$ で張られる $(k+1)m$ 次元空間）とし，$\widehat{x}(k|k)$ を Y_k 上のベクトル，すなわち Y_k-可測なベクトルとする．また，内積を

$$\langle x, z \rangle = \mathcal{E}\{x^T z\}$$

とし，ノルムを

$$\|x\| = \left[\mathcal{E}\{x^T x\}\right]^{1/2}$$

とする．

このとき，推定問題は内積 $\langle \widetilde{x}(k), \widetilde{x}(k) \rangle$ ($\widetilde{x}(k) = x(k) - \widehat{x}(k|k)$) が最小となるようにゲインマトリクス $K(k)$ を決定する問題となる．その条件式は直交射影定理より，

$$\langle \widetilde{x}(k), \widehat{x}(k|k) \rangle = \mathcal{E}\{\widetilde{x}^T(k)\widehat{x}(k|k)\} = 0 \tag{5.33}$$

である．これは

$$0 = \mathrm{tr}\,\mathcal{E}\{\widetilde{x}(k)\widehat{x}^T(k|k)\} \tag{5.34}$$

とも書ける．$\widetilde{x}(k)$ はすでに (5.15) 式で求められており，また $\widehat{x}(k|k)$ は (5.12) 式を書き直し，

$$\widehat{x}(k|k) = [\,I - K(k)H(k)\,]\widehat{x}(k|k-1) + K(k)y(k)$$

で与えられ，これに (5.14) 式を代入して $y(k)$ を消去すると（詳細な計算は省く），

$$\mathcal{E}\{\widetilde{x}(k)\widehat{x}^T(k|k)\} = \big[\,P(k|k-1)H^T(k)$$
$$- K(k)\{H(k)P(k|k-1)H^T(k) + R(k)\}\,\big]\,K^T(k)$$

を得る．したがって，

$$\big[\,P(k|k-1)H^T(k) - K(k)\{H(k)P(k|k-1)H^T(k) + R(k)\}\,\big]\,K^T(k) = 0 \quad (5.35)$$

ならば，条件 (5.34) は満たされる．すべての時刻 t_k において $K(k) = 0$ であることはないので，

$$K(k)[\,H(k)P(k|k-1)H^T(k) + R(k)\,] - P(k|k-1)H^T(k) = 0$$

すなわち，これより (5.29) 式が得られる．

■ 5.2.3 ■ 既知入力をうけるシステムの推定

5.2.1 項ではシステムには（雑音を除いて）何ら入力がない場合の推定問題を考察した．では，システムが入力をうける場合にはどのようになるのか．本節ではこのことについて考察する．

システムおよび観測モデルがつぎのように記述されるとする．

$$\begin{cases} x(k+1) = F(k)x(k) + \Gamma(k)u(k) + G(k)w(k), \quad x(0) = x_0 \\ y(k) = H(k)x(k) + v(k) \end{cases} \quad (5.36)$$

ここで，$u(k) \in \mathbf{R}^l$ はシステムへの入力（たとえば制御入力など）で既知量，あるいは Y_k-可測な入力[†1]であるとする．

$x(k)$, $y(k)$, $w(k)$, $v(k)$ などの次元は 5.2.1 項と同じとし，$\{w(k)\}$ と $\{v(k)\}$ とは互いに独立であるとする．システム方程式が線形であるので，重ね合わせ原理が成り立つ．そこで，状態量を入力に依存する部分とそうでない部分，すなわち，

$$\begin{cases} x(k) = x_d(k) + x_s(k) \\ x_d(k+1) = F(k)x_d(k) + \Gamma(k)u(k), \quad x_d(0) = 0 \\ x_s(k+1) = F(k)x_s(k) + G(k)w(k), \quad x_s(0) = x_0 \end{cases} \quad (5.37)$$

のように分ける．$u(k)$ が既知，あるいは Y_k-可測であることから，$x_d(k)$ 過程は既知である．したがって，

---

†1 Y_k-可測な入力とは，観測データ Y_k に基づいて生成される量（たとえば，推定値 $\widehat{x}(k|k)$）の関数として与えられる入力 $u(k)$ のこと．制御システムでは，しばしば $u(k) = \Pi(k)\widehat{x}(k|k)$ が用いられる[B15]．

$$\widehat{x}(k|k) = \mathcal{E}\{x(k) \mid Y_k\}$$
$$= x_d(k) + \widehat{x}_s(k|k) \quad (\widehat{x}_s(k|k) = \mathcal{E}\{x_s(k) \mid Y_k\}) \tag{5.38}$$

となるので，結局 $\widehat{x}_s(k|k)$ を求めればよいことになる．

そこで，
$$y_s(k) := y(k) - H(k)x_d(k) \tag{5.39}$$

を定義すると，これは既知量で，(5.36) 式より，
$$y_s(k) = H(k)x_s(k) + v(k) \tag{5.40}$$

を得る．

ところで，（入力部分を除いた）
$$\begin{cases} x_s(k+1) = F(k)x_s(k) + G(k)w(k) \\ y_s(k) = H(k)x_s(k) + v(k) \end{cases} \tag{5.41}$$

に対しては，5.2.1 項で導出したように推定方程式はつぎのように得られる．
$$\begin{cases} \widehat{x}_s(k+1|k) = F(k)\widehat{x}_s(k|k), \quad \widehat{x}_s(0\,|-1) = \widehat{x}_0 \\ \widehat{x}_s(k|k) = \widehat{x}_s(k|k-1) + K_s(k)\{y_s(k) - H(k)\widehat{x}_s(k|k-1)\} \end{cases} \tag{5.42}$$

ここで，
$$\widehat{x}_s(k|k-1) := \mathcal{E}\{x_s(k) \mid Y_{k-1}\}$$
$$P_s(k|k-1) := \mathcal{E}\left\{[x_s(k) - \widehat{x}_s(k|k-1)][x_s(k) - \widehat{x}_s(k|k-1)]^T\right\}$$
$$K_s(k) = P_s(k|k-1)H^T(k)[H(k)P_s(k|k-1)H^T(k) + R(k)]^{-1}$$

であるが，
$$x_s(k) - \widehat{x}_s(k|k-1) = [x_s(k) + x_d(k)] - [\widehat{x}_s(k|k-1) + x_d(k)]$$
$$= x(k) - \widehat{x}(k|k-1) \tag{5.43}$$

であることから $P_s(k|k-1) \equiv P(k|k-1)$ となり，結局 $K_s(k) \equiv K(k)$ となる．よって，(5.37) 式を用いて，
$$\widehat{x}(k+1|k) = \mathcal{E}\{x(k+1) \mid Y_k\}$$
$$= x_d(k+1) + \widehat{x}_s(k+1|k)$$
$$= [F(k)x_d(k) + \Gamma(k)u(k)] + F(k)\widehat{x}_s(k|k)$$

$$= F(k)\{x_d(k) + \widehat{x}_s(k|k)\} + \Gamma(k)u(k)$$
$$= F(k)\widehat{x}(k|k) + \Gamma(k)u(k) \tag{5.44}$$

を，また，(5.37)，(5.42) 式を用いて，

$$\widehat{x}(k|k) = x_d(k) + \widehat{x}_s(k|k)$$
$$= [\,F(k-1)x_d(k-1) + \Gamma(k-1)u(k-1)\,]$$
$$\quad + [\,\widehat{x}_s(k|k-1) + K_s(k)\{y_s(k) - H(k)\widehat{x}_s(k|k-1)\}\,]$$
$$= [\,F(k-1)\{x_d(k-1) + \widehat{x}_s(k-1|k-1)\} + \Gamma(k-1)u(k-1)\,]$$
$$\quad + K(k)\{y_s(k) - H(k)\widehat{x}_s(k|k-1)\} \quad (K_s(k) \equiv K(k)) \tag{5.45}$$

を得る．ここで，

$$y_s(k) - H(k)\widehat{x}_s(k|k-1) = [\,y(k) - H(k)x_d(k)\,] - H(k)\{\widehat{x}(k|k-1) - x_d(k)\}$$
$$= y(k) - H(k)\widehat{x}(k|k-1)$$

であり，さらに (5.45) 式の最右辺第 1 項は

$$F(k-1)\widehat{x}(k-1|k-1) + \Gamma(k-1)u(k-1)$$

となって，これは (5.44) 式より $\widehat{x}(k|k-1)$ に等しい．したがって，(5.45) 式は

$$\widehat{x}(k|k) = \widehat{x}(k|k-1) + K(k)\{y(k) - H(k)\widehat{x}(k|k-1)\}$$

となる．

以上をまとめると，(5.36) 式に対するカルマンフィルタはつぎのようになる．

$$\begin{cases} \widehat{x}(k+1|k) = F(k)\widehat{x}(k|k) + \Gamma(k)u(k), \quad \widehat{x}(0|-1) = \widehat{x}_0 \\ \widehat{x}(k|k) = \widehat{x}(k|k-1) + K(k)\{y(k) - H(k)\widehat{x}(k|k-1)\} \end{cases} \tag{5.46}$$

カルマンゲイン $K(k)$ および誤差共分散マトリクス $P(k+1|k)$，$P(k|k)$ は (5.29)〜(5.31) 式と同じである．

■ 5.2.4 ■ システム雑音と観測雑音とが相関をもつ場合の推定

線形システム

$$\Sigma_D : \begin{cases} x(k+1) = F(k)x(k) + G(k)w(k) \\ y(k) = H(k)x(k) + v(k) \end{cases} \tag{5.47}$$

において，$\{w(k)\}$ と $\{v(k)\}$ の共分散が

$$\mathcal{E}\left\{\begin{bmatrix} w(k) \\ v(k) \end{bmatrix} [w^T(l) \ v^T(l)]\right\} = \begin{bmatrix} Q(k) & S(k) \\ S^T(k) & R(k) \end{bmatrix} \delta_{kl} \tag{5.48}$$

$(Q(k) \geqq 0, S(k) \geqq 0, R(k) > 0)$ のように与えられるとき，すなわち，$w(k)$ と $v(k)$ とが互いに相関をもつ場合にはカルマンフィルタはどのようになるのか．

そこで，$w(k)$ と $v(k)$ とが相関をもつことから，

$$w(k) = \widetilde{w}(k) + T(k)v(k) \tag{5.49}$$

とおいてみよう．$\widetilde{w}(k)$ は平均零で，$v(k)$ と独立な正規性白色雑音系列であり，$T(k)$ は未定である．それを $\mathcal{E}\{\widetilde{w}(k)v^T(k)\} = 0$ という条件から求めてみる．

$$\begin{aligned} 0 &= \mathcal{E}\{[w(k) - T(k)v(k)]v^T(k)\} \\ &= \mathcal{E}\{w(k)v^T(k)\} - T(k)\mathcal{E}\{v(k)v^T(k)\} \\ &= S(k) - T(k)R(k) \end{aligned}$$

であるから，

$$T(k) = S(k)R^{-1}(k) \quad (R(k) > 0) \tag{5.50}$$

とすれば，$\widetilde{w}(k)$ と $v(k)$ とは独立となる．また，$\widetilde{w}(k) \sim N[0, \widetilde{Q}(k)]$（ただし，$\widetilde{Q} = Q(k) - S(k)R^{-1}(k)S^T(k)$）であることは容易に示せる．

このとき，システム方程式はつぎのようになる．

$$\begin{aligned} x(k+1) &= F(k)x(k) + G(k)\left\{\widetilde{w}(k) + S(k)R^{-1}(k)v(k)\right\} \\ &= F(k)x(k) + G(k)\widetilde{w}(k) + G(k)S(k)R^{-1}(k)\{y(k) - H(k)x(k)\} \\ &= [F(k) - G(k)S(k)R^{-1}(k)H(k)]x(k) \\ &\quad + G(k)S(k)R^{-1}(k)y(k) + G(k)\widetilde{w}(k) \end{aligned}$$

あるいは

$$x(k+1) = F_0(k)x(k) + y_0(k) + G(k)\widetilde{w}(k) \tag{5.51}$$

となる．ここで，

$$\begin{cases} F_0(k) = F(k) - G(k)S(k)R^{-1}(k)H(k) \\ y_0(k) = G(k)S(k)R^{-1}(k)y(k) \end{cases} \tag{5.52}$$

である．$F_0(k), y_0(k)$ はいずれも既知量である．したがって，

$$\begin{cases} x(k+1) = F_0(k)x(k) + y_0(k) + G(k)\widetilde{w}(k) \\ y(k) = H(k)x(k) + v(k) \end{cases} \tag{5.53}$$

に基づいて，5.2.3 項を念頭に，5.2.1 項で述べたようにカルマンフィルタを構成すればよい．

5.3 連続時間システムのカルマンフィルタ

連続時間線形システム

$$\Sigma_C : \begin{cases} \dot{x}(t) = A(t)x(t) + G(t)\gamma(t), \quad x(0) = x_0 \\ y(t) = H(t)x(t) + \eta(t) \end{cases} \tag{5.54}$$

のカルマンフィルタを導出しよう．ただし，$x(t) \in \mathrm{R}^n$, $y(t) \in \mathrm{R}^m$ ($m \leq n$) であり，また $\gamma(t) \in \mathrm{R}^d$ および $\eta(t) \in \mathrm{R}^m$ は，それぞれ平均零で互いに独立な正規性白色雑音（2.6 節）とする．すなわち，

$$\mathcal{E}\left\{ \begin{bmatrix} \gamma(t) \\ \eta(t) \end{bmatrix} \begin{bmatrix} \gamma^T(\tau) & \eta^T(\tau) \end{bmatrix} \right\} = \begin{bmatrix} Q(t) & 0 \\ 0 & R(t) \end{bmatrix} \delta(t-\tau)$$

とする．ここで，$Q(t) \geq 0$, $R(t) > 0$ である．

連続時間システムに対しても推定規範を

$$\mathcal{E}\{\|x(t) - \widehat{x}(t|t)\|^2\} \tag{5.55}$$

とする．この規範を最小にする $\widehat{x}(t|t) = \mathcal{E}\{x(t) \mid Y_t\}$ を求めるに際して，5.2.2 項で述べた直交射影定理の適用はもちろん可能である．$\widehat{x}(t|t)$ が満たされなければならない条件は，(5.34) 式と同じく

$$0 = \mathrm{tr}\, \mathcal{E}\left\{ [x(t) - \widehat{x}(t|t)] \widehat{x}^T(t|t) \right\} \tag{5.56}$$

である．

Kalman と Bucy[A2] は，最適推定値は観測データ $\{y(\tau),\ 0 \leq \tau \leq t\}$ の線形関数で与えられるとして，

$$\widehat{x}(t|t) = \int_0^t W(t,\tau)y(\tau)\, d\tau \tag{5.57}$$

と仮定した[†1]．これを (5.56) 式に用いると，

[†1] これはとりもなおさず，$\widehat{x}(t|t)$ も線形ダイナミクスの解として得られることを想定している．実際，$y(t)$ を入力とする $\dot{\widehat{x}}(t|t) = A_0 \widehat{x}(t|t) + K_0 y(t)$, $\widehat{x}(0|0) = 0$ によって $\widehat{x}(t|t)$ が生成されるとすると，これより $\widehat{x}(t|t) = \int_0^t W(t-\tau)y(\tau)\, d\tau$ ($W(t-\tau) = e^{A_0(t-\tau)}K_0$) が得られる．ここでは，時変システムなので $W(t-\tau)$ は $W(t,\tau)$ と表現されている．

$$0 = \mathrm{tr}\,\mathcal{E}\left\{[x(t)-\widehat{x}(t|t)]\left[\int_0^t W(t,\tau)y(\tau)\,d\tau\right]^T\right\}$$

$$= \mathrm{tr}\left\{\int_0^t \mathcal{E}\left\{[x(t)-\widehat{x}(t|t)]y^T(\tau)\right\}W^T(t,\tau)\,d\tau\right\}$$

となるが，ここで重み関数 $W(t,\tau)$ は任意であるから，これより，

$$\mathcal{E}\left\{[x(t)-\widehat{x}(t|t)]y^T(\tau)\right\} = 0 \quad (0 \leqq \tau < t) \tag{5.58}$$

が得られる．これに (5.57) 式を代入すると次式を得る．

$$\mathcal{E}\{x(t)y^T(\tau)\} = \int_0^t W(t,\sigma)\,\mathcal{E}\{y(\sigma)y^T(\tau)\}\,d\sigma \quad (0 \leqq \tau < t) \tag{5.59}$$

したがって，最適フィルタは，積分方程式 (5.59) を満たす重み関数 $W(t,\tau)$ を求める問題になる．この (5.59) 式は**ウィーナー–ホップ積分方程式** (Wiener-Hopf equation) とよばれる．

Kalman と Bucy は (5.59) 式の条件のもとで連続時間カルマンフィルタを導出しているが，その方法についてはすでに著者の一人が紹介しているので（文献 [B18] の第 7 章参照），ここでは，文献 [B1] に従って，5.2 節で導出した離散時間カルマンフィルタの時間区間 $\Delta t\,(=t_{k+1}-t_k)$ を $\Delta t \to 0$ とすることによって導くことにする．その際，2.6 節で指摘しておいたように，当然，連続時間白色雑音過程と離散時間白色雑音系列モデルとの間の整合性に留意しなければならない．

さて，システム方程式の解は $s \leqq t$ に対して，

$$x(t) = \Phi(t,s)x(s) + \int_s^t \Phi(t,\tau)G(\tau)\gamma(\tau)\,d\tau \tag{5.60}$$

で与えられる（3.3 節の (3.30) 式参照）．ここで，$\Phi(t,s)$ は (3.31) 式で与えられるシステムマトリクス $A(t)$ に対する状態遷移マトリクスである．(5.60) 式において，$s=t_{k-1}$，$t=t_k\,(=t_{k-1}+\Delta t)$ とすると，

$$x(t_k) = \Phi(t_k,t_{k-1})x(t_{k-1}) + \int_{t_{k-1}}^{t_k}\Phi(t_k,\tau)G(\tau)\gamma(\tau)\,d\tau$$

$$= \Phi(t_k,t_{k-1})x(t_{k-1}) + \Phi(t_k,t_{k-1})G(t_{k-1})\gamma(t_{k-1})\,\Delta t + o(\Delta t) \tag{5.61}$$

と近似できる[†1]．

連続時間カルマンフィルタを導出するために，離散時間システムモデル（5.2.1 項の (5.8) および (5.9) 式）の雑音の共分散マトリクス $Q(k)$ および $R(k)$ を，連続時間

[†1] 記号 $o(\Delta t)$ は $o(\Delta t)/\Delta t \to 0\,(\Delta t \to 0)$ を表す．これを E. G. H. Landau (1877-1938) によるランダウの記号という．

モデルにおいてはそれぞれ $Q(k)/\Delta t$, $R(k)/\Delta t$ で置き換えなければならない．このことは，

$$\gamma(t) \sim \frac{w(k)}{\sqrt{\Delta t}}, \quad \eta(t) \sim \frac{v(k)}{\sqrt{\Delta t}}$$

で置換することと等価である．実際，$\tau \in [t_{k-1}, t_k]$ に対して，

$$\mathcal{E}\{\gamma(t)\gamma^T(\tau)\} = \frac{1}{\Delta t}\mathcal{E}\{w(k)w^T(l)\}$$

$$= \frac{1}{\Delta t}Q(k)\,\delta_{kl} \xrightarrow[\Delta t \to 0]{} Q(t)\,\delta(t-\tau)$$

($\lim_{\Delta t \to 0} \delta_{kl}/\Delta t = \delta(t-\tau)$) となることがわかる．そこで，(5.61)式において $\gamma(t_{k-1})$ を $w(k-1)/\sqrt{\Delta t}$ で置き換えると，次式を得る．

$$x(t_k) = \Phi(t_k, t_{k-1})x(t_{k-1}) + D(t_k, t_{k-1})\frac{w(k-1)}{\sqrt{\Delta t}} + o(\Delta t) \tag{5.62}$$

ただし，

$$D(t_k, t_{k-1}) = \Phi(t_k, t_{k-1})G(t_{k-1})\,\Delta t \tag{5.63}$$

である．(5.62)式を(5.8)式と見比べると，

$$F(k-1) = \Phi(t_k, t_{k-1}), \quad G(k-1) = \frac{1}{\sqrt{\Delta t}}D(t_k, t_{k-1}) \tag{5.64}$$

であることがわかるので，(5.30)式より $P(k|k-1)$ はつぎのようになる．

$$P(k|k-1) = F(k-1)P(k-1|k-1)F^T(k-1)$$
$$+ G(k-1)Q(k-1)G^T(k-1)$$
$$= \Phi(t_k, t_{k-1})P(k-1|k-1)\Phi^T(t_k, t_{k-1})$$
$$+ D(t_k, t_{k-1})\frac{Q(k-1)}{\Delta t}D^T(t_k, t_{k-1})$$

(5.63)式を代入して整理すると，

$$P(k|k-1) = \Phi(t_k, t_{k-1})P(k-1|k-1)\Phi^T(t_k, t_{k-1})$$
$$+ \Phi(t_k, t_{k-1})G(t_{k-1})Q(k-1)G^T(t_{k-1})\Phi^T(t_k, t_{k-1})\,\Delta t$$
$$= \Phi(t_k, t_{k-1})\left[P(k-1|k-1) + G(t_{k-1})Q(k-1)G^T(t_{k-1})\,\Delta t\right]$$
$$\times \Phi^T(t_k, t_{k-1}) \tag{5.65}$$

を得る．

ところで，遷移マトリクス $\Phi(t,s)$ は(3.31)式より，

$$\frac{\Phi(t+\Delta t, s) - \Phi(t,s)}{\Delta t} = A(t)\Phi(t,s) + o(\Delta t)$$

と近似できるので，$t = s = t_{k-1}$, $t + \Delta t = t_k$ とすれば，これより $\Phi(t_{k-1}, t_{k-1}) = I$ に留意して，

$$\Phi(t_k, t_{k-1}) = I + A(t_{k-1})\,\Delta t + o(\Delta t) \tag{5.66}$$

が得られる．したがって，(5.65) 式はつぎのようになる．

$$\begin{aligned}
P(k|k-1) &= [\,I + A(t_{k-1})\,\Delta t + o(\Delta t)\,] \\
&\quad \times [\,P(k-1|k-1) + G(t_{k-1})Q(k-1)G^T(t_{k-1})\,\Delta t\,] \\
&\quad \times [\,I + A(t_{k-1})\,\Delta t + o(\Delta t)\,]^T \\
&= P(k-1|k-1) + A(t_{k-1})P(k-1|k-1)\,\Delta t \\
&\quad + P(k-1|k-1)A^T(t_{k-1})\,\Delta t \\
&\quad + G(t_{k-1})Q(k-1)G^T(t_{k-1})\,\Delta t + o(\Delta t)
\end{aligned} \tag{5.67}$$

この最右辺の第 1 項に (5.31) 式を代入すると，

$$\begin{aligned}
P(k|k-1) &= [\,P(k-1|k-2) - K(k-1)H(k-1)P(k-1|k-2)\,] \\
&\quad + [\,A(t_{k-1})P(k-1|k-1) + P(k-1|k-1)A^T(t_{k-1}) \\
&\quad + G(t_{k-1})Q(k-1)G^T(t_{k-1})\,]\,\Delta t + o(\Delta t)
\end{aligned}$$

となり，両辺を Δt で割ると，

$$\begin{aligned}
&\frac{P(k|k-1) - P(k-1|k-2)}{\Delta t} \\
&= A(t_{k-1})P(k-1|k-1) \\
&\quad + P(k-1|k-1)A^T(t_{k-1}) + G(t_{k-1})Q(k-1)G^T(t_{k-1}) \\
&\quad - \frac{1}{\Delta t}K(k-1)H(k-1)P(k-1|k-2) + \frac{o(\Delta t)}{\Delta t}
\end{aligned} \tag{5.68}$$

が得られる．

さて，ここで右辺第 4 項の $(1/\Delta t)K(k-1)$ がどのように与えられているかを見てみよう．ゲインマトリクス $K(k-1)$ は，(5.29) 式より $R(k-1)$ を $R(k-1)/\Delta t$ で置き換えて，

$$\frac{1}{\Delta t}K(k-1) = \frac{1}{\Delta t}P(k-1|k-2)H^T(k-1)$$

$$\times \left[H(k-1)P(k-1|k-2)H^T(k-1) + \frac{R(k-1)}{\Delta t} \right]^{-1}$$

$$= P(k-1|k-2)H^T(k-1)$$

$$\times \left[H(k-1)P(k-1|k-2)H^T(k-1)\,\Delta t + R(k-1) \right]^{-1} \quad (5.69)$$

となることがわかる.

ここで,

$$\lim_{\Delta t \to 0} P(k-1|k-1) = P(t|t), \quad \lim_{\Delta t \to 0} P(k-1|k-2) = P(t|t)$$

となり,また,

$$\lim_{\Delta t \to 0} \frac{P(k|k-1) - P(k-1|k-2)}{\Delta t} = \frac{dP(t|t)}{dt}$$

$$\lim_{\Delta t \to 0} \frac{1}{\Delta t} K(k-1) = P(t|t)H^T(t)R^{-1}(t)$$

となることに留意すると,(5.68) 式から,

$$\frac{dP(t|t)}{dt} = A(t)P(t|t) + P(t|t)A^T(t) + G(t)Q(t)G^T(t)$$

$$- P(t|t)H^T(t)R^{-1}(t)H(t)P(t|t) \quad (5.70)$$

を得る. $P(t|t)$ は推定誤差共分散マトリクス $P(t|t) = \mathcal{E}\{[x(t) - \widehat{x}(t|t)][x(t) - \widehat{x}(t|t)]^T\}$ である.

さらに,(5.27),(5.28) 式より推定値 $\widehat{x}(k|k)$ はつぎのようになる.

$$\widehat{x}(k|k) = \widehat{x}(k|k-1) + K(k)\{y(k) - H(k)\widehat{x}(k|k-1)\}$$

$$= F(k-1)\widehat{x}(k-1|k-1) + K(k)\{y(k) - H(k)F(k-1)\widehat{x}(k-1|k-1)\}$$

$$= \Phi(t_k, t_{k-1})\widehat{x}(k-1|k-1) + K(k)\{y(k) - H(k)\Phi(t_k, t_{k-1})\widehat{x}(k-1|k-1)\}$$

$$= [I + A(t_{k-1})\,\Delta t]\,\widehat{x}(k-1|k-1)$$

$$\quad + K(k)\{y(k) - H(k)[I + A(t_{k-1})\,\Delta t]\,\widehat{x}(k-1|k-1)\} + o(\Delta t)$$

$$= \widehat{x}(k-1|k-1) + A(t_{k-1})\widehat{x}(k-1|k-1)\,\Delta t$$

$$\quad + K(k)\{y(k) - H(k)\widehat{x}(k-1|k-1) - H(k)A(t_{k-1})\widehat{x}(k-1|k-1)\,\Delta t\}$$

$$\quad + o(\Delta t)$$

ここで,$F(k-1) = \Phi(t_k, t_{k-1})$ であることと (5.66) 式を用いた.したがって,これから

$$\frac{\widehat{x}(k|k) - \widehat{x}(k-1|k-1)}{\Delta t}$$
$$= A(t_{k-1})\widehat{x}(k-1|k-1)$$
$$+ \frac{1}{\Delta t} K(k) \{ y(k) - H(k)\widehat{x}(k-1|k-1)$$
$$- H(k)A(t_{k-1})\widehat{x}(k-1|k-1)\,\Delta t \} + \frac{o(\Delta t)}{\Delta t} \tag{5.71}$$

が得られるが，ここで再び (5.69) 式を用いると，

$$\frac{\widehat{x}(k|k) - \widehat{x}(k-1|k-1)}{\Delta t}$$
$$= A(t_{k-1})\widehat{x}(k-1|k-1)$$
$$+ P(k|k-1)H^T(k) \left[H(k)P(k|k-1)H^T(k)\,\Delta t + R(k) \right]^{-1}$$
$$\times \{ y(k) - H(k)\widehat{x}(k-1|k-1) - H(k)A(t_{k-1})\widehat{x}(k-1|k-1)\,\Delta t \}$$
$$+ \frac{o(\Delta t)}{\Delta t} \tag{5.72}$$

が得られるので，$\Delta t \to 0$ とすると，これより，

$$\frac{d\widehat{x}(t|t)}{dt} = \lim_{\Delta \to 0} \frac{\widehat{x}(k|k) - \widehat{x}(k-1|k-1)}{\Delta t}$$
$$= A(t)\widehat{x}(t|t) + P(t|t)H^T(t)R^{-1}(t)\{y(t) - H(t)\widehat{x}(t|t)\} \tag{5.73}$$

を得る．

以上により，連続時間線形システム Σ_C ((5.54) 式) に対するカルマンフィルタはつぎのように与えられる．

$$\begin{cases} \dfrac{d\widehat{x}(t|t)}{dt} = A(t)\widehat{x}(t|t) + P(t|t)H^T(t)R^{-1}(t)\{y(t) - H(t)\widehat{x}(t|t)\} & (5.74) \\ \dfrac{dP(t|t)}{dt} = A(t)P(t|t) + P(t|t)A^T(t) + G(t)Q(t)G^T(t) \\ \qquad\qquad - P(t|t)H^T(t)R^{-1}(t)H(t)P(t|t) & (5.75) \end{cases}$$

(5.75) 式を**マトリクス型リッカチ微分方程式** (matrix Riccati differential equation) とよぶ．これは観測データには依存しないので，オフライン計算が可能である（離散時間リッカチ方程式 (5.32) も同様）．$P(t|t)$ は対称であるので，主対角とその上部の $n(n+1)/2$ 個の要素 $\{P_{ij}(t|t)\}$ からなる連立微分方程式を初期値のもとで（数値的に）解くことによって，解（ただし，$P(t|t) \geqq 0$ となるもの）が得られる．

5.4　連続-離散時間カルマンフィルタ

ダイナミクスがつぎのような連続時間システムを考える.

$$\dot{x}(t) = A(t)x(t) + G(t)\gamma(t) \quad (t \geqq 0) \tag{5.76}$$

ここで, $x(t) \in \mathrm{R}^n$ はシステム状態量, $\gamma(t) \in \mathrm{R}^d$ は平均零で共分散マトリクス $\mathcal{E}\{\gamma(t)\gamma^T(\tau)\} = Q(t)\delta(t-\tau)$ をもつ正規性白色雑音である. このシステムに対して, 離散時刻 $\{t_k\}$ $(k = 0, 1, 2, \cdots; t_0 = 0)$ における状態量 $x(t)$ に関する観測データが

$$y(t_k) = H(t_k)x(t_k) + v(t_k) \tag{5.77}$$

のように取得されるものとする. ただし, $y(t_k) \in \mathrm{R}^m$ $(m \leqq n)$, $\{v(t_k)\}$ は平均零の正規性白色雑音系列 $(v(t_k) \sim N[0, R(t_k)])$ で, $\gamma(t)$ とは互いに独立である.

このとき, 状態推定問題は, 時刻 t_k までに得られた観測データ $Y_k = \{y(t_0), y(t_1), \cdots, y(t_k)\}$ に基づいて $x(t)$ の最適推定値 $\hat{x}(t_k|t_k) = \mathcal{E}\{x(t_k)|Y_k\}$ を求めることである. この問題は, 観測データが離散的に得られることから, 本質的に離散時間フィルタリング問題である.

（i）観測データが得られない区間：時刻 $t = t_k$ ではすでに $\hat{x}(t_k|t_k)$ が求められているとすると, つぎの観測データ $y(t_{k+1})$ を取得するまでの区間 $t_k \leqq t < t_{k+1}$ では, $x(t)$ の推定値は Y_k に基づく予測値になる. まず, そのことに留意しよう.

さて, (5.76) 式の解は, (3.30) 式より区間 $[t_k, t]$ では

$$x(t) = \Phi(t, t_k)\, x(t_k) + \int_{t_k}^{t} \Phi(t, \tau)G(\tau)\gamma(\tau)\, d\tau \tag{5.78}$$

で与えられる. ここで, $\Phi(t, \tau)$ は, (5.76) 式のマトリクス $A(t)$ に対する状態遷移マトリクスで, (3.31) 式の解である. (5.78) 式に対して Y_k の条件付き期待値演算を行うと,

$$\mathcal{E}\{x(t) \mid Y_k\} = \Phi(t, t_k)\hat{x}(t_k|t_k) + \int_{t_k}^{t} \Phi(t, \tau)G(\tau)\,\mathcal{E}\{\gamma(\tau)|Y_k\}\, d\tau$$

$$= \Phi(t, t_k)\,\hat{x}(t_k|t_k) \quad (\mathcal{E}\{\gamma(\tau) \mid Y_k\} = 0)$$

が得られる. そこで, 予測値

$$\hat{x}(t|t_k) = \mathcal{E}\{x(t) \mid Y_k\} \quad (t \geqq t_k) \tag{5.79}$$

を定義すると, 上式より

$$\hat{x}(t|t_k) = \Phi(t, t_k)\,\hat{x}(t_k|t_k) \tag{5.80}$$

が得られる．これは次式を満たす．

$$\frac{d\widehat{x}(t|t_k)}{dt} = A(t)\widehat{x}(t|t_k), \quad \widehat{x}(t|t_k)\big|_{t=t_k} = \widehat{x}(t_k|t_k) \tag{5.81}$$

予測誤差共分散

$$P(t|t_k) = \mathcal{E}\left\{[x(t) - \widehat{x}(t|t_k)][x(t) - \widehat{x}(t|t_k)]^T \mid Y_k\right\} \tag{5.82}$$

は以下のように求められる．

(5.78) および (5.80) 式より $x(t) - \widehat{x}(t|t_k)$ を求め，(5.82) 式に代入して

$$P(t|t_k) = \mathcal{E}\left\{\left[\Phi(t,t_k)\{x(t_k) - \widehat{x}(t_k|t_k)\} + \int_{t_k}^{t}\Phi(t,\tau)G(\tau)\gamma(\tau)\,d\tau\right]\right.$$
$$\left.\times \left[\Phi(t,t_k)\{x(t_k) - \widehat{x}(t_k|t_k)\} + \int_{t_k}^{t}\Phi(t,\sigma)G(\sigma)\gamma(\sigma)\,d\sigma\right]^T \bigg| Y_k\right\}$$
$$= \Phi(t,t_k)\mathcal{E}\left\{[x(t_k) - \widehat{x}(t_k|t_k)][x(t_k) - \widehat{x}(t_k|t_k)]^T \mid Y_k\right\}\Phi^T(t,t_k)$$
$$+ \int_{t_k}^{t}\int_{t_k}^{t}\Phi(t,\tau)G(\tau)\mathcal{E}\{\gamma(\tau)\gamma^T(\sigma) \mid Y_k\}G^T(\sigma)\Phi^T(t,\sigma)\,d\sigma\,d\tau$$

を得る．ここで，$\widehat{x}(t|t_k)|_{t=t_k} = \widehat{x}(t_k|t_k)$ に留意すると，

$$\mathcal{E}\left\{[x(t_k) - \widehat{x}(t_k|t_k)][x(t_k) - \widehat{x}(t_k|t_k)]^T \big| Y_k\right\} = P(t|t_k)\big|_{t=t_k}$$

であり，また $\mathcal{E}\{\gamma(\tau)\gamma^T(\sigma) \mid Y_k\} = \mathcal{E}\{\gamma(\tau)\gamma^T(\sigma)\} = Q(\tau)\delta(\tau-\sigma)$ であるから，

$$\int_{t_k}^{t}\int_{t_k}^{t}\Phi(t,\tau)G(\tau)\mathcal{E}\{\gamma(\tau)\gamma^T(\sigma) \mid Y_k\}G^T(\sigma)\Phi^T(t,\sigma)\,d\sigma\,d\tau$$
$$= \int_{t_k}^{t}\Phi(t,\tau)G(\tau)Q(\tau)G^T(\tau)\Phi^T(t,\tau)\,d\tau$$

となるので，結局 $P(t|t_k)$ は

$$P(t|t_k) = \Phi(t,t_k)P(t_k|t_k)\Phi^T(t,t_k) + \int_{t_k}^{t}\Phi(t,\tau)G(\tau)Q(\tau)G^T(\tau)\Phi^T(t,\tau)\,d\tau \tag{5.83}$$

となる．これはつぎの微分方程式を満たす（演習問題 5.2）．

$$\dot{P}(t|t_k) = A(t)P(t|t_k) + P(t|t_k)A^T(t) + G(t)Q(t)G^T(t),$$
$$P(t|t_k)\big|_{t=t_k} = P(t_k|t_k) \quad (t \geqq t_k) \tag{5.84}$$

（ⅱ）観測データ取得時点：この時点では，離散時間カルマンフィルタ導出で述べたように，推定値 $\widehat{x}(t_k|t_k)$ およびその推定誤差共分散 $P(t_k|t_k)$ は次式のようになる．

$$\widehat{x}(t_k|t_k) = \widehat{x}(t_k|t_{k-1}) + K(t_k)\{y(t_k) - H(t_k)\widehat{x}(t_k|t_{k-1})\} \tag{5.85}$$

$$P(t_k|t_k) = P(t_k|t_{k-1}) - K(t_k)H(t_k)P(t_k|t_{k-1}) \tag{5.86}$$

また，カルマンゲイン $K(t_k)$ は

$$K(t_k) = P(t_k|t_{k-1})H^T(t_k)[H(t_k)P(t_k|t_{k-1})H^T(t_k) + R(t_k)]^{-1} \tag{5.87}$$

である．

以上より，(5.81), (5.84)〜(5.87) 式によって推定値が得られる．

5.5 拡張カルマンフィルタ

システムあるいは観測方程式が非線形性を有するときは，それら非線形関数をテイラー級数などによって展開し，高次項を無視することによって近似的に線形とみなしてカルマンフィルタを構成することが行われる．その最もポピュラーなのが拡張カルマンフィルタである．本節では，この拡張カルマンフィルタについて述べる．

つぎのような離散時間非線形システムに対する推定問題を考えよう．

$$\Sigma_{fD} : \begin{cases} x(k+1) = f[k, x(k)] + G(k)w(k), & x(0) = x_0 \\ y(k) = h[k, x(k)] + v(k) \end{cases} \tag{5.88}$$

ここで，$x(k) \in \mathrm{R}^n$, $y(k) \in \mathrm{R}^m$ ($m \leqq n$) また，$w(k) \in \mathrm{R}^d$ および $v(k) \in \mathrm{R}^m$ は互いに独立な正規性白色雑音系列（$w(k) \sim N[0, Q(k)]$, $v(k) \sim N[0, R(k)]$）である．
$f[k, x(k)]$ および $h[k, x(k)]$ はそれぞれ n 次元および m 次元ベクトル値（$x(k)$ に関する）非線形関数である．それらが $x(k)$ に関して滑らかであると仮定して，それぞれ，$\widehat{x}(k|k)$ および $\widehat{x}(k|k-1)$ のまわりでテイラー展開すると，

$$f[k, x(k)] = f[k, \widehat{x}(k|k)] + \widehat{F}(k)\{x(k) - \widehat{x}(k|k)\} + \cdots$$

$$h[k, x(k)] = h[k, \widehat{x}(k|k-1)] + \widehat{H}(k)\{x(k) - \widehat{x}(k|k-1)\} + \cdots$$

となる．ここで，$\widehat{F}(k) \in \mathrm{R}^{n \times n}$, $\widehat{H}(k) \in \mathrm{R}^{m \times n}$ はヤコビアン・マトリクス (Jacobian matrix) で，

$$\widehat{F}(k) = \left[\frac{\partial f_i(k, x)}{\partial x_j}\right]_{x=\widehat{x}(k|k)}, \quad \widehat{H}(k) = \left[\frac{\partial h_i(k, x)}{\partial x_j}\right]_{x=\widehat{x}(k|k-1)}$$

である．これはつぎのようにも表現できる．

$$\widehat{F}(k) = \left[\frac{\partial}{\partial x} f^T(k,x)\right]^T\bigg|_{x=\widehat{x}(k|k)}, \quad \widehat{H}(k) = \left[\frac{\partial}{\partial x} h^T(k,x)\right]^T\bigg|_{x=\widehat{x}(k|k-1)}$$

2次以上の高次項を無視すると，Σ_{fD} の近似表現として，

$$\begin{cases} x(k+1) = \widehat{F}(k)x(k) + u_f(k) + G(k)w(k), \quad x(0) = x_0 \\ y(k) = \widehat{H}(k)x(k) + u_h(k) + v(k) \end{cases} \tag{5.89}$$

を得る．ここで，

$$u_f(k) = f[k, \widehat{x}(k|k)] - \widehat{F}(k)\widehat{x}(k|k) \tag{5.90}$$

$$u_h(k) = h[k, \widehat{x}(k|k-1)] - \widehat{H}(k)\widehat{x}(k|k-1) \tag{5.91}$$

である．時点 k では $\widehat{x}(k|k)$, $\widehat{x}(k|k-1)$ はいずれも確定した値であるから，$u_f(k)$ および $u_h(k)$ はともに既知量である．そこで，

$$\widetilde{y}(k) := y(k) - u_h(k) \tag{5.92}$$

と定義すると，(5.88) 式はつぎのような（近似）線形システムとして表現される．

$$\begin{cases} x(k+1) = \widehat{F}(k)x(k) + u_f(k) + G(k)w(k) \\ \widetilde{y}(k) = \widehat{H}(k)x(k) + v(k) \end{cases} \tag{5.93}$$

したがって，この (5.93) 式に対して 5.2.3 項のカルマンフィルタを適用することができる．すなわち，

$$\begin{cases} \widehat{x}(k+1|k) = \widehat{F}(k)\widehat{x}(k|k) + u_f(k) \\ \widehat{x}(k|k) = \widehat{x}(k|k-1) + K(k)\{\widetilde{y}(k) - \widehat{H}(k)\widehat{x}(k|k-1)\} \end{cases}$$

を得る．(5.90)〜(5.92) 式を代入して，

$$\widehat{x}(k+1|k) = f[k, \widehat{x}(k|k)] \tag{5.94}$$

$$\widehat{x}(k|k) = \widehat{x}(k|k-1) + K(k)\{y(k) - h[k, \widehat{x}(k|k-1)]\} \tag{5.95}$$

が得られる．

(5.95) 式のマトリクス $K(k)$ および推定誤差共分散マトリクスについては，(5.29)〜(5.31) 式において $F(k)$, $H(k)$ をそれぞれ $\widehat{F}(k)$, $\widehat{H}(k)$ に置き換えて，

$$K(k) = P(k|k-1)\widehat{H}^T(k)\{\widehat{H}(k)P(k|k-1)\widehat{H}^T(k) + R(k)\}^{-1} \tag{5.96}$$

$$P(k+1|k) = \widehat{F}(k)P(k|k)\widehat{F}^T(k) + G(k)Q(k)G^T(k) \tag{5.97}$$

$$P(k|k) = P(k|k-1) - K(k)\widehat{H}(k)P(k|k-1) \tag{5.98}$$

を得る.

連続時間非線形システム

$$\Sigma_{fC}: \begin{cases} \dot{x}(t) = f[t, x(t)] + G(t)\gamma(t) \\ y(t) = h[t, x(t)] + \eta(t) \end{cases} \quad (5.99)$$

に対しても同様に近似フィルタを導出することができる．ここで，$\gamma(t)$ および $\eta(t)$ は互いに独立な平均零の正規性白色雑音（$\mathcal{E}\{\gamma(t)\gamma^T(\tau)\} = Q(t)\delta(t-\tau)$，$\mathcal{E}\{\eta(t)\eta^T(\tau)\} = R(t)\delta(t-\tau)$）である．

非線形関数 $f(t,x)$，$h(t,x)$ をいずれも $x = \hat{x}(t|t)$ のまわりでテイラー展開すると，

$$f(t,x) = f(t,\hat{x}) + \widehat{F}(t)(x-\hat{x}) + \cdots$$
$$h(t,x) = h(t,\hat{x}) + \widehat{H}(t)(x-\hat{x}) + \cdots$$

となる．ただし，ヤコビアン・マトリクス $\widehat{F}(t)$，$\widehat{H}(t)$ は

$$\widehat{F}(t) = \left[\frac{\partial}{\partial x}f^T(t,x)\right]^T\bigg|_{x=\hat{x}(t|t)}, \quad \widehat{H}(t) = \left[\frac{\partial}{\partial x}h^T(t,x)\right]^T\bigg|_{x=\hat{x}(t|t)}$$

である．

離散時間システムの場合と同様に，2次以上の高次項を無視すると，近似線形システムとして，

$$\begin{cases} \dot{x}(t) = \widehat{F}(t)x(t) + u_f(t) + G(t)\gamma(t) \\ \widetilde{y}(t) = \widehat{H}(t)x(t) + \eta(t) \end{cases} \quad (5.100)$$

を得る．ここで，

$$\begin{cases} u_f(t) = f[t, \hat{x}(t|t)] - \widehat{F}(t)\hat{x}(t|t) \\ \widetilde{y}(t) = y(t) - u_h(t), \quad u_h(t) = h[t, \hat{x}(t|t)] - \widehat{H}(t)\hat{x}(t|t) \end{cases} \quad (5.101)$$

である．

(5.100) 式に対するカルマンフィルタは，$u_f(t)$ が Y_t-可測（あるいは時刻 t において既知であると考えてもよい）であるから，(5.74) 式よりつぎのように得られる．

$$\frac{d\hat{x}(t|t)}{dt} = \widehat{F}(t)\hat{x}(t|t) + u_f(t) + P(t|t)\widehat{H}^T(t)R^{-1}(t)\{\widetilde{y}(t) - \widehat{H}(t)\hat{x}(t|t)\}$$

これに (5.101) 式を用いると，

$$\frac{d\hat{x}(t|t)}{dt} = f[t, \hat{x}(t|t)] + P(t|t)\widehat{H}^T(t)R^{-1}(t)\{y(t) - h[t, \hat{x}(t|t)]\} \quad (5.102)$$

となり，推定誤差共分散マトリクスは

$$\dot{P}(t|t) = \widehat{F}(t)P(t|t) + P(t|t)\widehat{F}^T(t) + G(t)Q(t)G^T(t)$$
$$- P(t|t)\widehat{H}^T(t)R^{-1}(t)\widehat{H}(t)P(t|t) \tag{5.103}$$

である.

(5.94)〜(5.98) 式,あるいは (5.102), (5.103) 式で生成される近似フィルタを (それぞれ離散時間あるいは連続時間) **拡張カルマンフィルタ** ([discrete-/continuous-time] extended Kalman filter) とよぶ.

上述の拡張カルマンフィルタは,カルマンフィルタが出現してすぐに,米国の宇宙開発において宇宙船の軌道推定に応用するために考え出された.1970年代においては,非線形システムに対するフィルタ (非線形フィルタ [nonlinear filter] とよばれる) に関するさまざまな研究がなされた.それらの詳細は他書 (たとえば文献 [B3], [B14] など) に譲るが,その一つにつぎのような線形化法が提案されている.$f(t,x)$ を

$$f(t,x) = a(t) + B(t)(x - \widehat{x}) + e(t)$$

と展開して,誤差ベクトルの自乗ノルム $\mathcal{E}\{\|e(t)\|^2\}$ が最小になるように二つの未定係数ベクトル $a(t)$ およびマトリクス $B(t)$ を求める方法である.これをマルコフ等価線形化法 (stochastic linearization in Markovian framework) とよぶ[B2].

5.6 定常カルマンフィルタ

システムおよび観測方程式の係数マトリクスが時間に依存しない場合,すなわち時不変システムに対するカルマンフィルタの誤差共分散マトリクスは定数になり,それは微分方程式でなく,マトリクス代数方程式の解として得られる.

連続時間システム
$$\Sigma_C : \begin{cases} \dot{x}(t) = Ax(t) + G\gamma(t) \\ y(t) = Hx(t) + \eta(t) \end{cases} \tag{5.104}$$

(雑音の分散マトリクスは定数 $Q (\geqq 0)$, $R (> 0)$ とする) に対するカルマンフィルタは (5.74), (5.75) 式で与えられるが,リッカチ微分方程式 (5.75) は条件[†1]

[†1] $\dot{x} = Ax + Bu$ に対して $u = \Pi x$ というフィードバック制御を行ったとき,$A + B\Pi$ が安定マトリクスとなるように Π を決められれば閉ループシステム $\dot{x} = (A + B\Pi)x$ を安定にすることができるから,(A, B) は**可安定** (stabilizable) であるという.また,$\dot{x} = Ax$, $y = Hx$ に対してオブザーバ $\dot{\widehat{x}} = A\widehat{x} + K(y - H\widehat{x})$ を考えたとき,推定誤差 $e = x - \widehat{x}$ は $\dot{e} = (A - KH)e$ を満たす.このことから,$A - KH$ が安定であれば $e(t) \to 0$ $(t \to \infty)$,すなわち $\widehat{x}(t) \to x(t)$ $(t \to \infty)$ となって観測値からシステムの状態量 $x(t)$ の真値が回復できることから,(A, H) は**可検出** (detectable) であるという.

(A.1) $(A, GQ^{1/2})$ が可安定

(A.2) (A, H) が可検出

が満たされるとき，$t \to \infty$ のとき唯一の非負定値解

$$\lim_{t \to \infty} P(t|t) = \widehat{P} \tag{5.105}$$

をもち，それはつぎの**リッカチ代数方程式** (algebraic Riccati equation, ARE) を満足する．

$$A\widehat{P} + \widehat{P}A^T + GQG^T - \widehat{P}H^TR^{-1}H\widehat{P} = 0 \tag{5.106}$$

これは，条件 (A.1) が満たされるとき，少なくとも一つの非負定値解をもち，$(A - \widehat{P}H^TR^{-1}H)$ は漸近安定となる．さらに，加えて条件 (A.2) が満たされるならば，(5.105) 式は唯一の非負定値解をもつ（証明は文献 [E6] の 8.6 節を参照）．

したがって，カルマンフィルタは

$$\begin{cases} \dfrac{d\widehat{x}(t|t)}{dt} = A\widehat{x}(t|t) + \widehat{K}\{y(t) - H\widehat{x}(t|t)\} \\ \widehat{K} = \widehat{P}H^TR^{-1} \end{cases} \tag{5.107}$$

と (5.106) 式によって構成される．

さて，リッカチ代数方程式 (5.106) はどのようにして解けばよいのか．それには（連続時間）マトリクス型リッカチ微分方程式 (5.75) の $t \to \infty$ に対する定常解として求める方法や，ARE の解を $\widehat{P}_\nu$ ($\nu = 1, 2, \cdots$) と繰り返して逐次的に解く方法などがあるが，以下では，固有値問題として解く方法について述べる．

定係数に対するリッカチ微分方程式 (5.75) を考える．

$$\dot{P}(t|t) = AP(t|t) + P(t|t)A^T + GQG^T - P(t|t)H^TR^{-1}HP(t|t) \tag{5.108}$$

この方程式の解 $P(t|t)$ を

$$P(t|t) = Z(t)Y^{-1}(t) \quad (Y(t) > 0) \tag{5.109}$$

と仮定すると，$dY^{-1}(t)/dt = -Y^{-1}(t)\dot{Y}(t)Y^{-1}(t)$（付録 A の (A.10) 式）から，

$$\dot{P}(t|t) = \dot{Z}(t)Y^{-1}(t) - Z(t)Y^{-1}(t)\dot{Y}(t)Y^{-1}(t)$$

であるので，(5.108) 式より

$$\begin{aligned} 0 &= (\dot{Z}Y^{-1} - ZY^{-1}\dot{Y}Y^{-1}) \\ &\quad - (AZY^{-1} + ZY^{-1}A^T + GQG^T - ZY^{-1}H^TR^{-1}HZY^{-1}) \\ &= (\dot{Z} - AZ - GQG^TY)Y^{-1} - ZY^{-1}(\dot{Y} + A^TY - H^TR^{-1}HZ)Y^{-1} \end{aligned}$$

となる．よって，$Y(t)$, $Z(t)$ がつぎのマトリクス連立方程式の解であれば，解 $P(t|t)$ は (5.109) 式で与えられる．

$$\begin{cases} \dot{Y}(t) = -A^T Y(t) + H^T R^{-1} H Z(t) \\ \dot{Z}(t) = A Z(t) + G Q G^T Y(t) \end{cases} \quad (5.110)$$

$t \to \infty$ では $\dot{P}(t|t) \to 0$ で $P(t|t) \to \widehat{P}$ (const.) であり，また同様に，$\dot{Y}(t) \to 0$, $\dot{Z}(t) \to 0$ で $Y(t) \to \widehat{Y}$, $Z(t) \to \widehat{Z}$ とすると，(5.110) 式より

$$\begin{bmatrix} 0 \\ 0 \end{bmatrix} = \begin{bmatrix} -A^T & H^T R^{-1} H \\ G Q G^T & A \end{bmatrix} \begin{bmatrix} \widehat{Y} \\ \widehat{Z} \end{bmatrix}$$

あるいは

$$\begin{bmatrix} A^T & -H^T R^{-1} H \\ -G Q G^T & -A \end{bmatrix} \begin{bmatrix} \widehat{Y} \\ \widehat{Z} \end{bmatrix} = 0 \quad (5.111)$$

が得られる．ここで，係数マトリクスよりなる

$$\begin{bmatrix} A^T & -H^T R^{-1} H \\ -G Q G^T & -A \end{bmatrix} =: M \quad (5.112)$$

は**ハミルトン・マトリクス** (Hamilton matrix) とよばれる．

このハミルトン・マトリクス $M \in \mathbf{R}^{2n \times 2n}$ に対する固有値問題を考える．固有値は $2n$ 個あるが，それらは複素平面上で虚軸に関して右半面と左半面に対称に分布するから[†1]，$2n$ 個の固有値の中で実部が負である固有値を $\{\lambda_1, \lambda_2, \cdots, \lambda_n\}$ とし，λ_i に対応する固有ベクトルを $w_i = [\widehat{y}_i^T, \widehat{z}_i^T]^T$ とすると，固有値問題

$$M w_i = \lambda_i w_i \quad (i = 1, 2, \cdots, n) \quad (5.113)$$

を得る．これを解くことによって，リッカチ代数方程式 (5.106) の解は

$$\widehat{P} = \widehat{Z} \widehat{Y}^{-1} = [\widehat{z}_1 \ \widehat{z}_2 \ \cdots \ \widehat{z}_n][\widehat{y}_1 \ \widehat{y}_2 \ \cdots \ \widehat{y}_n]^{-1} \quad (5.114)$$

で与えられる．

$W = [w_1, \cdots, w_n] = [\widehat{Y}^T, \widehat{Z}^T]^T \in \mathbf{R}^{2n \times n}$ とすると，(5.113) 式より，

$$MW = W\Lambda, \quad \Lambda = \mathrm{diag}\{\lambda_1, \cdots, \lambda_n\}$$

すなわち，

[†1] μ が $|\lambda I_{2n} - M| = 0$ を満たすならば，$|\mu I_{2n} - M| = -|(-\mu)I_{2n} - M| = 0$ となるので，$-\mu$ は $|\lambda I_{2n} - M| = 0$ を満たす．また，M は実マトリクスであることから，$-\mu$ の複素共役 $-\mu^*$ も $|\lambda I_{2n} - M| = 0$ を満たす．

$$\begin{bmatrix} A^T & -H^T R^{-1} H \\ -GQG^T & -A \end{bmatrix} \begin{bmatrix} \widehat{Y} \\ \widehat{Z} \end{bmatrix} = \begin{bmatrix} \widehat{Y} \\ \widehat{Z} \end{bmatrix} \Lambda$$

を得る．これより，

$$\begin{cases} A^T \widehat{Y} - H^T R^{-1} H \widehat{Z} = \widehat{Y} \Lambda \\ -GQG^T \widehat{Y} - A \widehat{Z} = \widehat{Z} \Lambda \end{cases} \tag{5.115}$$

が得られる．この第 1 式に右側から $\widehat{Y}^{-1}$ をかけると，

$$A^T - H^T R^{-1} H \widehat{P} = \widehat{Y} \Lambda \widehat{Y}^{-1} \tag{5.116}$$

の表現が得られるが，これは左辺のマトリクスと Λ とが相似 (similar) であることを示している．すなわち，左辺のマトリクス（の転置）

$$A - \widehat{P} H^T R^{-1} H (= A - \widehat{K} H)$$

の固有値は Λ と同じ固有値（実部は負）をもつ．すなわち，(A, H) が可検出であることが保証されている．

例題 5.1 2 次元システムに対する ARE (5.106) 式を解いてみよう．

$$A = \begin{bmatrix} 0 & 1 \\ -1 & 2 \end{bmatrix}, \quad H = [0\ 1], \quad R = 1, \quad G = Q = \begin{bmatrix} 1 & 0 \\ 0 & 1 \end{bmatrix}$$

とする．

（ⅰ）ハミルトン・マトリクスの固有値問題を解いて求める方法：ハミルトン・マトリクス M は

$$M = \begin{bmatrix} A^T & -H^T R^{-1} H \\ -GQG^T & -A \end{bmatrix} = \begin{bmatrix} 0 & -1 & 0 & 0 \\ 1 & 2 & 0 & -1 \\ -1 & 0 & 0 & -1 \\ 0 & -1 & 1 & -2 \end{bmatrix}$$

となるから，

$$0 = |\lambda I_4 - M| = \begin{vmatrix} \lambda & 1 & 0 & 0 \\ -1 & \lambda - 2 & 0 & 1 \\ 1 & 0 & \lambda & 1 \\ 0 & 1 & -1 & \lambda + 2 \end{vmatrix}$$

$$= \lambda \begin{vmatrix} \lambda - 2 & 0 & 1 \\ 0 & \lambda & 1 \\ 1 & -1 & \lambda + 2 \end{vmatrix} - 1 \begin{vmatrix} -1 & 0 & 1 \\ 1 & \lambda & 1 \\ 0 & -1 & \lambda + 2 \end{vmatrix}$$

$$= \lambda^4 - 3\lambda^2 + 2 = (\lambda^2 - 1)(\lambda^2 - 2)$$

より，M の固有値

$$\lambda_1 = -1, \quad \lambda_2 = -\sqrt{2}, \quad \lambda_3 = 1, \quad \lambda_4 = \sqrt{2}$$

が得られる．したがって，実部が負である $\lambda_1 = -1, \lambda_2 = -\sqrt{2}$ に対応する固有ベクトル w_1, w_2 を求める．

まず，$\lambda_1 = -1$ に対しては $(\lambda_1 I_4 - M)w_1 = 0$，すなわち

$$\begin{bmatrix} -1 & 1 & 0 & 0 \\ -1 & -3 & 0 & 1 \\ 1 & 0 & -1 & 1 \\ 0 & 1 & -1 & 1 \end{bmatrix} \begin{bmatrix} \widehat{y}_{11} \\ \widehat{y}_{12} \\ \widehat{z}_{11} \\ \widehat{z}_{12} \end{bmatrix} = 0$$

であるから，これより順次 $\widehat{y}_{12} = \widehat{y}_{11}$, $\widehat{z}_{12} = 4\widehat{y}_{11}$, $\widehat{z}_{11} = 5\widehat{y}_{11}$ が得られ，$w_1 = [\widehat{y}_{11}, \widehat{y}_{11}, 5\widehat{y}_{11}, 4\widehat{y}_{11}]^T = \widehat{y}_{11}[1,1,5,4]^T$ を得る．$\widehat{y}_{11}$ は任意なので $\widehat{y}_{11} = 1$ とおいて，

$$w_1 = \begin{bmatrix} \widehat{y}_{11} \\ \widehat{y}_{12} \\ \widehat{z}_{11} \\ \widehat{z}_{12} \end{bmatrix} = \begin{bmatrix} 1 \\ 1 \\ 5 \\ 4 \end{bmatrix}$$

を得る．同様にして，$\lambda_2 = -\sqrt{2}$ に対しては $(\lambda_2 I_4 - M)w_2 = 0$ より，

$$\begin{bmatrix} -\sqrt{2} & 1 & 0 & 0 \\ -1 & -2-\sqrt{2} & 0 & 1 \\ 1 & 0 & -\sqrt{2} & 1 \\ 0 & 1 & -1 & 2-\sqrt{2} \end{bmatrix} \begin{bmatrix} \widehat{y}_{21} \\ \widehat{y}_{22} \\ \widehat{z}_{21} \\ \widehat{z}_{22} \end{bmatrix} = 0$$

であるから（$\widehat{y}_{21} = 1$ として），

$$w_2 = \begin{bmatrix} 1 \\ \sqrt{2} \\ 2 + 2\sqrt{2} \\ 3 + 2\sqrt{2} \end{bmatrix}$$

を得る．したがって，(5.114) 式より，

$$\widehat{P} = \begin{bmatrix} \widehat{z}_{11} & \widehat{z}_{21} \\ \widehat{z}_{12} & \widehat{z}_{22} \end{bmatrix} \begin{bmatrix} \widehat{y}_{11} & \widehat{y}_{21} \\ \widehat{y}_{12} & \widehat{y}_{22} \end{bmatrix}^{-1}$$

$$= \begin{bmatrix} 5 & 2+2\sqrt{2} \\ 4 & 3+2\sqrt{2} \end{bmatrix} \begin{bmatrix} 1 & 1 \\ 1 & \sqrt{2} \end{bmatrix}^{-1} = \begin{bmatrix} 4+\sqrt{2} & 1-\sqrt{2} \\ 1-\sqrt{2} & 3+\sqrt{2} \end{bmatrix}$$

を得る．マトリクスの正定性に関するシルヴェスターの判定法（付録 A.6）を適用すれば，$\widehat{P} > 0$ となることがわかる．

ここに求められた解が ARE (5.106) 式を満足することは，得られた $\widehat{P}$ を代入することによって確認できる．

(ⅱ) ARE を直接解くことによって解を求める方法：

$$\widehat{P} = \begin{bmatrix} \widehat{p}_1 & \widehat{p}_2 \\ \widehat{p}_2 & \widehat{p}_3 \end{bmatrix}$$

とすると，

$$0 = A\widehat{P} + \widehat{P}A^T + GQG^T - \widehat{P}H^TR^{-1}H\widehat{P}$$

$$= \begin{bmatrix} 0 & 1 \\ -1 & 2 \end{bmatrix} \begin{bmatrix} \widehat{p}_1 & \widehat{p}_2 \\ \widehat{p}_2 & \widehat{p}_3 \end{bmatrix} + \begin{bmatrix} \widehat{p}_1 & \widehat{p}_2 \\ \widehat{p}_2 & \widehat{p}_3 \end{bmatrix} \begin{bmatrix} 0 & -1 \\ 1 & 2 \end{bmatrix} + \begin{bmatrix} 1 & 0 \\ 0 & 1 \end{bmatrix}$$

$$- \begin{bmatrix} \widehat{p}_1 & \widehat{p}_2 \\ \widehat{p}_2 & \widehat{p}_3 \end{bmatrix} \begin{bmatrix} 0 \\ 1 \end{bmatrix} \cdot 1 \cdot \begin{bmatrix} 0 & 1 \end{bmatrix} \begin{bmatrix} \widehat{p}_1 & \widehat{p}_2 \\ \widehat{p}_2 & \widehat{p}_3 \end{bmatrix}$$

$$= \begin{bmatrix} 2\widehat{p}_2 + 1 - \widehat{p}_2^2 & \widehat{p}_3 - \widehat{p}_1 + 2\widehat{p}_2 - \widehat{p}_2\widehat{p}_3 \\ \widehat{p}_3 - \widehat{p}_1 + 2\widehat{p}_2 - \widehat{p}_2\widehat{p}_3 & -2\widehat{p}_2 + 4\widehat{p}_3 + 1 - \widehat{p}_3^2 \end{bmatrix}$$

となる．これより $\widehat{p}_1, \widehat{p}_2, \widehat{p}_3$ に関する連立方程式

$$2\widehat{p}_2 + 1 - \widehat{p}_2^2 = 0, \quad \widehat{p}_3 - \widehat{p}_1 + 2\widehat{p}_2 - \widehat{p}_2\widehat{p}_3 = 0, \quad -2\widehat{p}_2 + 4\widehat{p}_3 + 1 - \widehat{p}_3^2 = 0$$

が得られ，これを解くことによって，

$$\widehat{P} = \begin{bmatrix} 4 \pm \sqrt{2} & 1 \mp \sqrt{2} \\ 1 \mp \sqrt{2} & 3 \pm \sqrt{2} \end{bmatrix}, \quad \begin{bmatrix} \pm\sqrt{2} & 1 \pm \sqrt{2} \\ 1 \pm \sqrt{2} & 1 \pm \sqrt{2} \end{bmatrix}$$

（いずれも複号同順）の四つの解が得られるが，このうち

$$\widehat{P} = \begin{bmatrix} 4 + \sqrt{2} & 1 - \sqrt{2} \\ 1 - \sqrt{2} & 3 + \sqrt{2} \end{bmatrix}$$

のみが正定となる．

離散時間リッカチ代数方程式 の解法については以下のようになる．
(5.32) 式において $\lim_{k \to \infty} P(k|k-1) = \widehat{P}$ とすると，

$$\widehat{P} = F[\widehat{P} - \widehat{P}H^T(H\widehat{P}H^T + R)^{-1}H\widehat{P}]F^T + GQG^T$$

すなわち，

$$\widehat{P} - F\widehat{P}F^T + F\widehat{P}H^T(H\widehat{P}H^T + R)^{-1}H\widehat{P}F^T - GQG^T = 0 \quad (5.117)$$

という $\widehat{P}$ に関する代数方程式を得る．これに対して，

$$M_D = \begin{bmatrix} F^T + H^TR^{-1}HF^{-1}GQG^T & -H^TR^{-1}HF^{-1} \\ -F^{-1}GQG^T & F^{-1} \end{bmatrix} \quad (5.118)$$

の固有値問題を考えることによって $\widehat{P}$ を求める方法が提案されている[B4]．ここで，

$$K_0 = F^T - H^TR^{-1}HF^{-1}(\widehat{P} - GQG^T)$$

と定義し，$J = \widehat{Y}^{-1}K_0\widehat{Y}$ をジョルダン標準形とすれば，

$$M_D \begin{bmatrix} \widehat{Y} \\ \widehat{Z} \end{bmatrix} = \begin{bmatrix} \widehat{Y} \\ \widehat{Z} \end{bmatrix} J$$

を解くことによって，(5.117) 式の解 $\widehat{P}$ は

$$\widehat{P} = \widehat{Z}\widehat{Y}^{-1}$$

で与えられる．詳細は文献 [B4], [B12], [B13] に譲る．

数値計算ソフトウェアの MATLAB にはカルマンフィルタの設計やリッカチ方程式を解くための関数が種々用意されており，

- `care` 連続時間型リッカチ方程式の解法
- `dare` 離散時間 ARE の解法
- `kalman` カルマンフィルタ
- `kalmd` 連続時間システムに対する離散時間カルマンフィルタ
- `kalmdemo` カルマンフィルタの設計とシミュレーション

などがある．

5.7 カルマンフィルタに関するコメントと背景

5.7.1 システムモデルについて

連続時間システムのモデル（5.3 節 (5.54) 式）

$$(*) \quad \dot{x}(t) = A(t)x(t) + G(t)\gamma(t), \quad x(0) = x_0$$

は，線形（確定）システム $\dot{x}(t) = A(t)x(t)$ に"単純に"正規性白色雑音 $\gamma(t)$ がシステム雑音として加法的に加えられている．このようなモデルは**ランジュヴァン方程**

式 (Langevin equation)[†1] とよばれている．よく考えるとこれは奇妙な式に見える．$\gamma(t)$ は不規則過程であるから，それによって駆動される"微分"方程式の解過程 $x(t)$ も当然不規則な変動をする．したがって，その微分値 $\dot{x}(t)$ は存在しないので，この式は数学的にはまったく意味をもたない．しかも，（非物理的ともいうべき）白色雑音 $\gamma(t)$ を用い，しかもその共分散はディラックのデルタ関数によって，

$$\mathcal{E}\{\gamma(t)\gamma^T(\tau)\} = Q(t)\delta(t-\tau)$$

と表されることから，モデルとしては厳密でない．Kalman と Bucy はその点が気になっていて，

> The representation of white noise in the form (∗) is not rigorous, because of the use of delta "functions."

と論文 [A2] の中で述べている．しかし，実質的には，デルタ関数は積分演算下のみに現れ，演算が非常に簡単になる利点がある．

1961 年をさかのぼる 10 年前にすでに (∗) に代わって数学的に厳密に表現するモデルが提案されていた．それは確率微分方程式とよばれている．時間増分に対して，

$$\mathcal{E}\{dw(t)\} = 0, \quad \mathcal{E}\{dw(t)[dw(t)]^T\} = Q(t)\,dt$$

である正規性確率過程 $\{w(t)\}$ を**ウィーナー過程** (Wiener process)（あるいはブラウン運動過程）とよび，この過程と上述の $\gamma(t)$ との関係 $w(t) = \int_0^t \gamma(\tau)\,d\tau$，あるいは $dw(t) = \gamma(t)\,dt$（ただし，微分形 $dw(t)/dt = \gamma(t)$ は存在しない）を用いると，

$$dx(t) = A(t)x(t)\,dt + G(t)\,dw(t), \quad x(0) = x_0$$

という $x(t)$ に関する（時間）増分表現を得る．この式の両辺を積分すると，

$$x(t) = x(0) + \int_0^t A(\tau)x(\tau)\,d\tau + \int_0^t G(\tau)\,dw(\tau)$$

を得るが，この右辺第 3 項の表現が数学的に厳密に定義できれば，時間増分方程式の表現が意味をもつ．伊藤清博士[†2] は，より一般的な積分 $\int_0^t \Phi(\tau, x(\tau))\,dw(\tau)$ を 1942 年

[†1] Paul Langevin, 1872-1946. フランスの物理学者で，ノーベル物理学賞を受賞したピエール・キュリーの弟子．物質の磁性について研究した．

[†2] 伊藤清，1915-2008．数学者．東京帝国大学卒業後，内閣統計局，名古屋帝国大学，京都大学，米国コーネル大学，京都大学数理解析研究所の教授など歴任．確率微分方程式という考えを思いついたのは 1940 年頃で，第 2 次世界大戦の最中の 1942 年に発表されたが，当時興味をもったのは 2，3 人だったという（伊藤清『確率論と私』岩波書店，2010）．戦後 1951 年米国数学会のメモワールとして出版されたが，研究者に注目されるまでに 10 年を要した．現在では，数学，理論物理学，生物学，システム制御，金融工学（数理ファイナンス）などあらゆる分野でなくてはならない数学モデルとして用いられている．確率微分方程式の研究により，日本学士院賞恩賜賞 (1978)，ウォルフ賞（イスラエル政府，1987），京都賞 (1998)，第 1 回ガウス賞（世界数学者会議，2006）など受賞．2008 年文化勲章受章．

に定義した．これを伊藤確率積分 (Itô stochastic integral) とよび，上述の時間増分方程式表現を**伊藤確率微分方程式** (Itô stochastic differential equation) という．この確率微分方程式を用いたシステムモデル

$$(**) \quad \begin{cases} dx(t) = A(t)x(t)\,dt + G(t)\,dw(t) \\ dy_S(t) = H(t)x(t)\,dt + dv(t) \end{cases}$$

に基づいたカルマンフィルタは

$$(***) \quad d\widehat{x}(t|t) = A(t)\widehat{x}(t|t)\,dt + P(t|t)H^T(t)R^{-1}(t)\{dy_S(t) - H(t)\widehat{x}(t|t)\,dt\}$$

で与えられる．推定誤差共分散マトリクス $P(t|t)$ は (5.75) 式と同じである．ここで，観測過程は時間増分 $dy_S(t)$ として与えられているが，$dv(t) = \eta(t)dt$ と考えると，(形式的に) $\dot{y}_S(t) = H(t)x(t) + \eta(t)$ の表現を得るので，この $\dot{y}_S(t)$ を $y(t)$ と考えれば Σ_C のモデル (5.54) 式との整合性が得られる．確率微分方程式によるモデルに興味のある読者は，たとえば文献 [B3]，[B15] に進まれたい．

離散時間システムについても同様に，確定システムに加法的に白色雑音を加えたモデルを採用しているが，そのことに対して Kalman は後に

> I simply defined a stochastic signal source consisting of a linear system and discrete white noise, thereby "postponing" the thorny problem of how to bring in real data to validate such an abstract model. ... My signal source was almost deterministic, a concrete system with its physical parameters given a priori; stochastics entered into the picture only as the white noise in the environment of the system.[C5]

と述懐している．要するに，「そのようなモデルが実情に合うかどうかというやっかいな問題は"後回し"にして用いた．現実のシステムのパラメータはあらかじめ既知であり，不確定性はシステムのおかれた環境において白色雑音としてのみ現れるのだ」と述べている．

■5.7.2 ■ カルマンフィルタの性質と構造について

（1）**推定値の性質**　カルマンフィルタは (5.74)，(5.75) 式に見られるように基本的に，推定値（1次モーメント）$\widehat{x}(t|t)$ と誤差共分散（2次モーメント）を与える2本の式で構成されている．それは

(ⅰ) システムおよび観測機構のいずれもが線形 (linear) であり，雑音がいずれも加法的に加えられている．

(ⅱ) 推定規範が推定誤差の自乗形 (quadratic form) で与えられている．

(ⅲ) システムおよび観測雑音がいずれも正規性 (Gaussian) 白色雑音である．

という仮定による．これは **LQG** (Linear-Quadratic-Gaussian) **仮定**とよばれることがある．

カルマンフィルタによって生成される最適推定値 $\hat{x}(t|t)$ (離散時間システムの $\hat{x}(k|k)$ についても同じ) は，推定誤差分散規範 (5.55) 式を最小にすることから**最小分散推定値** (minimum variance estimate) でもある．さらに，

$$\mathcal{E}\{x(t) - \hat{x}(t|t)\} = \mathcal{E}\{\mathcal{E}\{x(t) - \hat{x}(t|t) \mid Y_t\}\}$$
$$= \mathcal{E}\{\mathcal{E}\{x(t) \mid Y_t\}\} - \mathcal{E}\{\hat{x}(t|t)\} = 0$$

より，

$$\mathcal{E}\{x(t)\} = \mathcal{E}\{\hat{x}(t|t)\} \tag{5.119}$$

を得る．これは $\hat{x}(t|t)$ 過程の平均値と $x(t)$ のそれとが等しい，すなわち，$\hat{x}(t|t)$ は偏りのない推定値を与えていることを示している．このことから，$\hat{x}(t|t)$ は**不偏推定値** (unbiased estimate) の性質をもっている．

（2）カルマンフィルタの構造　カルマンフィルタは (5.28) 式あるいは (5.74) 式のように，現在時刻で得られた新しい観測データ ($y(k)$ あるいは $y(t)$) によって推定値を修正しようとする構造をもっている．その重み（カルマンゲイン）がどのように与えられているかを見てみよう．

連続時間システムでは (5.74) 式のように，それは

$$K_C(t) := P(t|t)H^T(t)R^{-1}(t)$$

で与えられている．これより，

$$K_C(t) \propto P(t|t), \quad K_C(t) \propto H^T(t)R^{-1}(t)$$

とみると，推定が精度よく行われているとき（すなわち $P(t|t)$ が小さいとき）は修正をあまり加える必要がないので小さく，反対に推定精度がよくないときには修正を大きく加えなければならないので大きくなる．また，$H^T(t)R^{-1}(t)$ は観測機構に対するS-N比（信号対雑音比）に相当することから，$R(t)$ が大きくなれば観測雑音の比率が大きくなって観測データの価値がなくなるので，ゲイン $K_C(t)$ は小さく，また $R(t)$ が小さくなればその分観測データの信頼性が高くなることにより，$K_C(t)$ を大きくする，という自然の理にかなった構造になっている．

このことは離散時間カルマンフィルタについてもまったく同様である．すなわち，カルマンゲインは (5.29) 式で与えられるが，それは逆マトリクス補題（付録 A.3）を用いることによって，$P(k|k)$ を用いて

$$K(k) = P(k|k)H^T(k)R^{-1}(k)$$

のように与えられることからも同じことがいえる（この証明は 7.2 節の命題 7.2 と同じなので，ここでは省略する）．

なお，離散時間カルマンフィルタ（5.2.1 項）においては，(5.29) 式からもわかるように，$P(k|k-1)$ が零とならない限り，$R(k) \equiv 0$ でもカルマンゲインは存在する．すなわち，観測雑音 $v(k)$ がない場合（ただし，システム雑音については $Q(k) \neq 0$）でもカルマンフィルタは作動する．実際，論文 [A1] において，Kalman は観測モデルを $y(k) = H(k)x(k)$ としてフィルタを導出している．

（3）イノベーション過程　離散時間カルマンフィルタ (5.28) 式を見ると，その構造は (5.12) 式で与えたように，その時点までの 1 ステップ予測値 $\hat{x}(k|k-1)$ に基づいた観測誤差 $\{y(k) - H(k)\hat{x}(k|k-1)\}$ によって修正を加えるという形になっている．その修正具合を決定するのがゲインマトリクス（カルマンゲイン）$K(k)$ である．

この修正項としてはたらく $\{y(k) - H(k)\hat{x}(k|k-1)\}$ の性質がどのようなものであるかを調べてみよう．そこで，

$$\nu(k) := y(k) - H(k)\hat{x}(k|k-1) \tag{5.120a}$$

と定義すると，これは

$$\nu(k) = H(k)\tilde{x}(k|k-1) + v(k) \tag{5.120b}$$

とも表現できる．ここで，$\tilde{x}(k|k-1) := x(k) - \hat{x}(k|k-1)$ である．その平均は

$$\mathcal{E}\{\nu(k)\} = H(k)\mathcal{E}\{\tilde{x}(k|k-1)\} + \mathcal{E}\{v(k)\}$$
$$= H(k)\mathcal{E}\{\mathcal{E}\{\tilde{x}(k|k-1) \mid Y_{k-1}\}\} = 0$$

となり，また共分散は

$$\mathcal{E}\{\nu(k)\nu^T(k)\} = \mathcal{E}\{[H(k)\tilde{x}(k|k-1) + v(k)][H(k)\tilde{x}(k|k-1) + v(k)]^T\}$$
$$= H(k)\mathcal{E}\{\tilde{x}(k|k-1)\tilde{x}^T(k|k-1)\}H^T(k) + R(k)$$
$$= H(k)P(k|k-1)H^T(k) + R(k)$$

となる．$\nu(k) \perp \nu(l)$ $(l \neq k)$ は明らかであろう．したがって，$\nu(k)$ 過程は

$$\nu(k) \sim N[0, H(k)P(k|k-1)H^T(k) + R(k)]$$

の正規性白色雑音の性質をもち，いわば"雑音"と同じ性格をもつ．しかし，この

"雑音"は情報としての価値をもち，これを**イノベーション過程（系列）**(innovation process, innovation sequence) とよぶ．

（4）イノベーション表現 離散時間時不変システム表現

$$\Sigma_I : \begin{cases} x(k+1) = Fx(k) + \Gamma u(k) + Ke(k) \\ y(k) = Hx(k) + De(k) \end{cases} \tag{5.121}$$

($\Gamma u(k) \equiv 0$ でもよい) は，D が正則（すなわち D^{-1} が存在する）ならば**イノベーション表現** (innovation representation) とよばれる[B10]．ここで，$\{e(k)\}$ は正規性白色雑音系列である．なぜ Σ_I はそのようによばれるのか．

Σ_I は線形回帰モデルの一つである ARMAX モデル (Auto-Regressive Moving-Average with eXogenous variables model)

$$\begin{aligned} y(k) &+ a_1 y(k-1) + a_2 y(k-2) + \cdots + a_n y(k-n) \\ &= b_1 u(k-1) + \cdots + b_n u(k-n) \\ &\quad + e(k) + c_1 e(k-1) + \cdots + c_n e(k-n) \end{aligned} \tag{5.122}$$

の出力 $y(k)$ に対する状態空間表現として得られたものである．ただし，ここでは簡単のために，$y(k)$ はスカラ出力，$u(k)$ はスカラ既知入力，$e(k)$ は平均零のスカラ正規性白色雑音系列であり，また各係数 $\{a_i\}$, $\{b_i\}$, $\{c_i\}$ は既知の定数である．

ここで，

$$\begin{aligned} Y(l) &= a_1 y(l-1) + \cdots + a_n y(l-n) \\ U(l) &= b_1 u(l-1) + \cdots + b_n u(l-n) \\ E(l) &= c_1 e(l-1) + \cdots + c_n e(l-n) \end{aligned}$$

とすると，(5.122) 式は

$$y(k) = -\{Y(k) - U(k) - E(k)\} + e(k) \tag{5.123}$$

と表現できる．ところで，$l \leqq k$ に対して入力 $\{u(\cdot)\}$ およびそれに対する出力 $\{y(\cdot)\}$ は既知であるから（ただし，$y(-1), \cdots, y(-n), u(-1), \cdots, u(-n), e(-1), \cdots, e(-n)$ は初期値として与える），それらの差である $\{e(\cdot)\}$ もまた既知量になる．すなわち，$Y_{k-1} = \{y(k-1), \cdots, y(k-n)\}$, $U_{k-1} = \{u(k-1), \cdots, u(k-n)\}$ が与えられると，$E_{k-1} = \{e(k-1), \cdots, e(k-n)\}$ も既知になる．したがって，Y_{k-1}, U_{k-1} の条件のもとで (5.123) 式の条件付き期待値をとると，

$$\widehat{y}(k|k-1) = \mathcal{E}\{y(k) \mid Y_{k-1}, U_{k-1}\}$$
$$= -\{Y(k) - U(k) - E(k)\} + \mathcal{E}\{e(k) \mid Y_{k-1}, U_{k-1}\}$$
$$= -\{Y(k) - U(k) - E(k)\}$$

となるから，(5.123) 式は

$$y(k) = \widehat{y}(k|k-1) + e(k) \tag{5.124}$$

と表現でき，これより，

$$e(k) = y(k) - \widehat{y}(k|k-1) \tag{5.125}$$

を得る．これは，$e(k)$ が出力 $y(k)$ からその 1 ステップ予測値を差し引いたものであることを示している．このことから，$e(k)$ は出力データ $y(k)$ とは独立した不規則雑音にもかかわらず"それは時刻 k の出力データの本質的な情報を含んでいる"といえる．(5.125) 式のように表現された $e(k)$ は**イノベーション系列**とよばれる．(5.120a) 式の $\nu(k)$ もまったく同じである．

さて，ARMAX (5.122) 式はつぎの可観測標準形（3.5.1 項）に変形できる．

$$\begin{bmatrix} x_1(k+1) \\ x_2(k+1) \\ \vdots \\ x_{n-1}(k+1) \\ x_n(k+1) \end{bmatrix} = \begin{bmatrix} 0 & 0 & \cdots & 0 & -a_n \\ 1 & 0 & & 0 & -a_{n-1} \\ 0 & 1 & \ddots & \vdots & \vdots \\ 0 & 0 & \ddots & 0 & -a_2 \\ 0 & 0 & \cdots & 1 & -a_1 \end{bmatrix} \begin{bmatrix} x_1(k) \\ x_2(k) \\ \vdots \\ x_{n-1}(k) \\ x_n(k) \end{bmatrix}$$
$$+ \begin{bmatrix} b_n \\ b_{n-1} \\ \vdots \\ b_2 \\ b_1 \end{bmatrix} u(k) + \begin{bmatrix} c_n - a_n \\ c_{n-1} - a_{n-1} \\ \vdots \\ c_2 - a_2 \\ c_1 - a_1 \end{bmatrix} e(k) \tag{5.126}$$

$$y(k) = [0 \ 0 \ \cdots \ 0 \ 1] \begin{bmatrix} x_1(k) \\ x_2(k) \\ \vdots \\ x_{n-1}(k) \\ x_n(k) \end{bmatrix} + e(k) \tag{5.127}$$

($y(k-i) = x_n(k-i) + e(k-i)$, $(i = 0, 1, 2, \cdots, n)$ になっている)．すなわち，(5.121) 式と同じようにシステムと観測方程式に同じイノベーション系列 $\{e(k)\}$ をも

つモデルが得られる．上式は 1 入力 1 出力システムであるが，多入力多出力システムの表現も同様にして得られる．このことから，Σ_I 表現はイノベーション表現とよばれる．

(5.121) 式の Σ_I で $e(k) = [\,w^T(k), v^T(k)\,]^T$，$K = [\,K_1\ K_2\,]$，$D = [\,D_1\ D_2\,]$ とすると，

$$\begin{cases} x(k+1) = Fx(k) + \Gamma u(k) + [\,K_1\ K_2\,]\begin{bmatrix} w(k) \\ v(k) \end{bmatrix} \\ y(k) = Hx(k) + [\,D_1\ D_2\,]\begin{bmatrix} w(k) \\ v(k) \end{bmatrix} \end{cases}$$

となるが，$K_1 = G$，$K_2 = 0$，$D_1 = 0$，$D_2 = I$ とすれば，

$$\Sigma_0 : \begin{cases} x(k+1) = Fx(k) + \Gamma u(k) + Gw(k) \\ y(k) = Hx(k) + v(k) \end{cases} \quad (5.128)$$

が容易に得られる．すなわち，イノベーション表現 (5.121) は一般性をもったモデルということができる．イノベーション表現は，雑音が $e(k)$ のみでよく，システム雑音と観測方程式に対する二つの雑音を用いないので冗長性がないということから用いられることがある．

つぎに，イノベーション表現 (5.121) とカルマンフィルタとの関連について考察してみよう．

(5.128) 式の Σ_0 に対する（定常）カルマンフィルタは

$$\widehat{x}(k+1|k) = F\widehat{x}(k|k-1) + \Gamma u(k) + \widehat{K}\{y(k) - H\widehat{x}(k|k-1)\}$$

($\widehat{K}$ は定常カルマンゲイン）で与えられるが，ここで，

$$\nu(k) = y(k) - H\widehat{x}(k|k-1)$$

とすると，この 2 式より，

$$\begin{cases} \widehat{x}(k+1|k) = F\widehat{x}(k|k-1) + \Gamma u(k) + \widehat{K}\nu(k) \\ y(k) = H\widehat{x}(k|k-1) + \nu(k) \end{cases} \quad (5.129)$$

が得られる．(5.129) 式と (5.128) 式のモデルを比べると，状態量と雑音とが異なっているが，出力 $y(k)$ は同じであるので両者は等価なモデルであるといえる．

(5.121) 式で（形式的ではあるが）$De(k) = \nu(k)$ と考えると，Σ_I は

$$\begin{cases} x(k+1) = Fx(k) + \Gamma u(k) + KD^{-1}\nu(k) \\ y(k) = Hx(k) + \nu(k) \end{cases} \quad (5.130)$$

となる．$KD^{-1} = \widehat{K}$ と考えれば，これは (5.129) 式とまったく同じ形になる．

（5）オブザーバとの関連　連続時間時不変システム Σ_C（(4.9) 式）に対する同一次元オブザーバは (4.20b) 式，すなわち

$$\dot{\widehat{x}}(t) = A\widehat{x}(t) + Bu(t) + K\{y(t) - H\widehat{x}(t)\}$$

で与えられる．これは，同システムに対する（既知入力 $Bu(t)$ を加えた）定常カルマンフィルタ (5.107) と同じ構造をもっていることに注目されたい．同一次元オブザーバが論文として発表されたのは，カルマンフィルタ出現後の 1964 年である．このことからも，オブザーバはカルマンフィルタの構造を意識して考案されたのは間違いのない事実であろう．カルマンフィルタのゲインマトリクスは時々刻々推定誤差が最小になるように一意に決定されるが，オブザーバのそれは $(A - KH)$ が安定マトリクスでありさえすれば $t \to \infty$ で推定値 $\widehat{x}(t)$ が真値 $x(t)$ に収束するので，任意に決められる．オブザーバ理論では持続的に介入する不規則雑音に対する対策は何らとられていないが，オブザーバの次元を低減することができるなどの利点がある．

■ 5.7.3 ■ R. E. Kalman とカルマンフィルタの発見

第二次世界大戦中，サイバネティクスの提唱者として知られる米国の Norbert Wiener（ノーバート・ウィーナー，1894-1964）は高射砲による敵機の砲撃に関する研究を行い，1942 年 1 冊のレポートを提出した．それは黄色の表紙で中味は複雑な数式で埋まっていたので，工学者達の間では "黄禍"（Yellow Peril）とよばれることになった．これは航空機の未来の位置を予測する問題を扱ったもので，後に "Extrapolation, Interpolation, and Smoothing of Stationary Time Series with Engineering Applications"（1949）として出版された[C7]．その表題にもあるように，加法雑音の性質は定常であるという仮定のもとで定式化されている．

彼は，$s(t)$ を信号とし，$t + \alpha$ $(\alpha \geqq 0)$ 時刻での予測値を

$$\widehat{s}(t) = \int_{-\infty}^{t} h(t - \tau) y(\tau)\, d\tau$$

のように観測データ $\{y(\tau)\}$ の線形出力とし，

$$J = \lim_{T \to \infty} \frac{1}{2T} \int_{-T}^{T} \left| s(t + \alpha) - \int_{0}^{\infty} h(\tau) y(t - \tau)\, d\tau \right|^2 dt$$

を関数 $h(\cdot)$ を決定するための規範と考えた．これは時間平均によって表現されているが，エルゴード性の仮説のもとでは $\mathcal{E}\{|s(t + \alpha) - \widehat{s}(t)|^2\}$ と等価である．この関係から，彼はウィーナー-ホップ積分方程式（5.3 節）を導いた．

ウィーナーの理論では，信号と雑音はいずれも定常スカラ過程で，かつエルゴード性が成り立ち，観測データは $-\infty < \tau \leqq t$ で得られると仮定している．相関関数のフーリエ変換はスペクトル密度関数になる（2.5節）ことから，Wiener はウィーナー–ホップ積分方程式にフーリエ変換を用いて，$S_{yy}(\lambda) = \mathcal{F}[\psi_{yy}(\tau)]$ が

$$S_{yy}(\lambda) = S_y(\lambda) S_y^*(\lambda)$$

のように分解できると仮定して解を求めた．このようなスペクトル分解が可能であるということは，それに対応する相関関数 $\psi_{yy}(\tau)$ が指数関数で与えられることを示唆している．実際，信号 $s(t) = x(t)$ は $\dot{x}(t) = ax(t) + b\gamma(t)$ $(a < 0)$ のような線形システムの出力であり，$\gamma(t)$ が平均零で自己相関関数（分散）が $\mathcal{E}\{\gamma(t)\gamma(\tau)\} = \delta(t-\tau)$ の正規性白色雑音であると考えると，$\psi_{yy}(\tau)$ は $\psi_{yy}(\tau) = (b^2/2a)\, e^{a|\tau|}$ のように指数関数で与えられる．この事実は信号が線形ダイナミクスの出力として考えることが可能であることを暗示している．事実，Kalman は線形ダイナミカルシステムの状態量を信号とみて，ウィーナー–ホップ積分方程式に対する解を推定値が満足するダイナミクスとして求めることに成功した（5.3 節の脚注をも参照されたい）．

Kalman は現在までのところ自伝を出版していなかったので，あちこちに断片的に語られている文献をもとにしか知ることができないが，以下に Kalman とカルマンフィルタの発見などの背景について述べてみよう．

Rudolf Emil Kalman（ルドルフ・エミル・カルマン，1930-2016）はハンガリー国ブダペストで生れた．ニックネームは Rudy である．米国フロリダ大学とスイス連邦大学 (ETH) の教授を勤めた[†1]．母国ハンガリーでは Kálmán Rudolf Emil（ハンガリーでは日本と同じく姓・名の順．"カールマーン"（á は長音）と発音する）である．第二次世界大戦中の 1943 年に一家でブダペストを離れ，トルコ，アフリカを経由して 1944 年米国に移住した．マサチューセッツ工科大学 (MIT) で学士と修士の学位を，コロンビア大学で博士の学位を得た (1957)．学位を指導した John Ragazzini はウィーナーフィルタの研究者でもあり，そのことが Kalman にも大きな影響を与えたものと推測される．同指導教授によれば，Kalman はスポーツ車アルファ・ロメオでスピンターンを披露するような学生であったが，研究では指導教授のはるか先を行っていたという．IBM 社ではたらいた後，ボルチモアの高等研究所 (Research Institute for Advanced Studies, RIAS) で研究を続けた．カルマンフィルタの着想は，RIAS に勤めて間もない 1958 年 11 月末に得たという．プリンストン大学訪問からボルチモアに戻る汽車が夜 11 時頃に駅の近くで 1 時間ほど停車した．その汽車の

[†1] 本書の校正中に訃報に接した（2016 年 7 月 2 日没）．

中で「なぜウィーナーフィルタ問題に状態変数の考えを適用しないのか？」という考えが浮かんだ．その時は，夜も遅く，疲れて頭痛もしたのでそれ以上考えることはやめた，という．こうしてカルマンフィルタの研究が始まったのである．

カルマンフィルタは 1960 年に最初の論文 [A1]—離散時間システムに対するフィルタ（5.2.1 項）—が米国機械学会の論文誌に発表された．当初同僚たちから懐疑の目で見られたので，あえて（電気工学ではなく）分野の違う機械学会誌に投稿したのだという．Kalman はこのことについて，「確固たる信念があっても，神聖な地に足を踏み入れるのが心配なときには，そこを少し外すのが 1 番よい」[†1] といっている．

二つ目の R. S. Bucy（ビューシー）と連名の論文 [A2]—連続時間カルマンフィルタ（5.3 節）—については，査読者の一人から「多分間違っている」とのことで一度論文を拒否されているが，ねばり強く出版にまでこぎつけている．「当初これらの論文に興味を示す人はほとんどいなかった」と Bucy は後に回想している[C13]．しかし，間もなく米国の宇宙開発機関である NASA（米国宇宙局）関連の科学者たち（S. F. Schmidt, R. H. Battin, T. L. Gunckel, II など[C8-C11,C17]）は，カルマンフィルタは宇宙船の軌道決定問題解決の有力な手段になると気づき，それは急速に宇宙工学の基幹の技術として 1960 年代の月や火星の探査機のレインジャー，マリナーやアポロ計画において利用された．当然宇宙船の軌道は非線形性をもっているので，ノーミナル（基準）軌道をベースに近似された．今日でいう拡張カルマンフィルタ（5.5 節）である．月面に人類が初めて着陸したアポロ 11 号の月着陸船「イーグル」にもカルマンフィルタが搭載された．月面降下時にオーバーロードで何度もプログラム・アラームの警告音を発したが，それを無視して月面着陸を強行したという．そのコンピュータは 16 ビットで，地上でそのプログラムの最終チェックが完了したのがなんと打上げの前日だったという．

宇宙船あるいは探査機の位置や速度をドップラー・データから決定する際に，大気層や電離層あるいは受信機雑音などによって，受信されたデータにはほとんど信号は見えないといわれている．その雑音をコンピュータソフトで取り除くのがカルマンフィルタである．コンピュータが発達しだしたのが 1950 年代後半であることを思えば，まさに時機を得た理論であったといえよう．ちなみに，日本でも「すいせい」，「さきがけ」，「はやぶさ」などハレー彗星や小惑星の探査が行われた．たとえば，「さきがけ」では，およそ 1 億 5000 万キロメートルかなたからの電波を受信するのに 8～9 分かかる．探査機の送信機の出力はわずか 5 ワットで家庭のステレオの出力よりも小さく，それが飛んでくる間に弱められ，大型アンテナでうける信号のパワーは

[†1] "When you fear stepping on hallowed ground with entrenched interests, it is best to go sideways."[C16]

10^{-14} ミリワットという微小な電力である[†1].

　現在では，カルマンフィルタの技術はあらゆる分野で用いられており，1990年代はじめには Bucy でさえ「実際，それはもう乱用気味だと思うときがある」といっている．次章でその応用例をいくつか述べるが，著者らはこれからもますますカルマンフィルタ技術の有用性が認められ，その利用があらゆる分野で展開されるものと信じている．米国の数学者 B. A. Cipra はカルマンフィルタの記事の終わりにこう記述している[C13]:「もし歴史が何かの教訓を与えるとすれば，それはたった1編か2編の新しい論文の出現でもってすべてのものが変わり得るということだ」(If history teaches any lesson, it's that everything could change with the appearance of one or two new papers.)

　もう少し Kalman について触れておきたい．彼の業績はカルマンフィルタのみにとどまらない．3.5 節で紹介した可観測性とシステムが本当に制御できるのかどうかという可制御性 (controllability) の数学的条件とそれら相互の双対性 (duality) が成り立つこと，システムの状態空間表現による安定性（リャプノフの安定性），制御システムの一般構造などの研究によって，1985年第1回京都賞（先端技術部門）を受賞している（第8章で述べる情報理論を確立した C. E. Shannon も同年同賞（基礎部門）を受賞している）．現代システム制御理論の枠組みはカルマンによってなされたといっても過言ではない．

　"ハンガリー人は地球を征服するために火星からやってきた" といわれるほど彼らは優秀な民族であり，流体力学で有名なフォン・カルマン (T. von Kármán, 1881-1963) や原子核物理学者でノーベル賞を受賞したユージン・ウィグナー (Eugene Wigner, 1902-1995)（信号処理分野の時間 – 周波数分布で知られるウィグナー分布は彼の名に由来する），ホログラフィーの発明でノーベル賞を受賞し，またウェーブレットでも知られるデーネシュ・ガーボル (Dennis Gábor) やコンピュータの生みの親とされるフォン・ノイマン (John von Neumann, 1903-1957) などもハンガリー生まれの米国人やイギリス人である．残念なことは，ノイマンもウィグナーも，またレオ・ジラード (Leo Szilard)，エドワード・テラー (Edward Teller) などもハンガリー人で原爆製造のマンハッタン計画に携わったことである．Kalman は彼らとは一世代後の生まれであり，多分にそのことを意識して，

> "System theory tends to exclude (and excluded by) physics, not for genetic reasons but because theoretical physics has become less and less successful. They made the bomb but they didn't land on the Moon." (1976)

と述べている[C1].

　[†1] 西村敏充著『ボエジャーと共に生きる』光芒社, 1999. なお，西村博士は米国 NASA で宇宙開発に携わった研究者であり，カルマンフィルタやリッカチ方程式の研究者で [B12] の著者である.

5.8 柔軟構造物の物理パラメータの同定への適用

ここで，本章で導出したカルマンフィルタを 1.3 節の例 1.3 で述べた柔軟構造物の物理パラメータ同定問題に適用してみよう[H2-H7]．

A. 柔軟構造物の数学モデル ここでは，長さ l，材質密度 ρ，断面積 S，断面 2 次モーメント I，ヤング率（modulus of elasticity，曲げ剛性）E の一様な片持ちはり（cantilevered beam）を考える．固定端を原点として軸方向に座標 x $(0 \leq x \leq l)$ をとり，x におけるはりの静止状態（平衡状態，equilibrium state）からの振動変位を $u(t,x)$ とすると，その数学モデルはつぎのような（1 次元）偏微分方程式によって記述される[B18]．

$$\rho S \frac{\partial^2 u(t,x)}{\partial t^2} + c_A \frac{\partial u(t,x)}{\partial t} + c_D I \frac{\partial^5 u(t,x)}{\partial x^4 \partial t}$$
$$+ EI \frac{\partial^4 u(t,x)}{\partial x^4} = g\gamma(t,x) \quad (0 < x < l) \tag{5.131}$$

$$\text{B.C.}: u(t,0) = \frac{\partial u(t,0)}{\partial x} = 0, \quad \frac{\partial^2 u(t,l)}{\partial x^2} = \frac{\partial^3 u(t,l)}{\partial x^3} = 0 \tag{5.132}$$

ここで，c_A, c_D はそれぞれ空気減衰および内部減衰係数である．ρ, S, I ははりの材質や形状によって決定されるが，ヤング率 E は材質の経年変化などによって工学便覧に記載されている数値から変化していることが多く，c_A, c_D とともに未知である．(5.131) 式の $\gamma(t,x)$ は，はりがうける（風などの）不規則外乱であり，平均零で共分散が $\mathcal{E}\{\gamma(t,x)\gamma(\tau,\xi)\} = q(x,\xi)\delta(t-\tau)$ $(q(x,\xi) \geqq 0)$ である正規性白色雑音である．g は既知定数パラメータである．

この構造物の変位をレーザー・センサなどによって非接触・非破壊的に計測し，これらの未知パラメータを同定するにはどうすればよいのか．

そこで，三つの未知パラメータ c_A, c_D および E を $\theta_1 = c_A$, $\theta_2 = c_D$, $\theta_3 = E$ と置き直し，未知パラメータベクトル $\theta = [\theta_1, \theta_2, \theta_3]^T$ を定義すると，(5.131) 式の $u(t,x)$ は当然 θ に依存するので，これを $u(t,x;\theta)$ と表記することにする．

はり上の M 箇所の測定点 $\{x_m\}$ での変位計測データを $\{y_m(t)\}$ とすると，これらは

$$y_m(t) = u(t,x_m;\theta) + \eta_m(t) \quad (m = 1, 2, \cdots, M) \tag{5.133}$$

で表される．$\eta_m(t)$ は計測時に介入する観測雑音であり，$\eta_m(t)$ と $\eta_n(t)$ $(n \neq m)$ とは独立で，平均零で共分散が $\mathcal{E}\{\eta_m(t)\eta_m(\tau)\} = r_m \delta(t-\tau)$ $(r_m > 0)$ である正規性白色雑音とする．

B. 同定規範 (5.131) 式の解過程 $u(t,x;\theta)$ は確率過程となるので，未知パラメータベクトル θ を決定するに際して，(5.133) 式に基づいてつぎの平均自乗誤差規範を導入しよう．

$$J(\theta) = \mathcal{E}\left\{\int_{T_i}^{T_f} \sum_{m=1}^{M} |y_m(t) - u(t,x_m;\theta)|^2 \, dt\right\} \tag{5.134}$$

ここで，$[T_i, T_f]$ は計測時間区間であり，同定問題はこの $J(\theta)$ を最小にする θ を求める問題になる．

$Y_t = \{y_m(s), T_i \leq s \leq t; m = 1, 2, \cdots, M\}$ を時間区間 $[T_i, t]$ で取得された測定データの集積とすると，条件付き期待値演算の性質 $\mathcal{E}\{*\} = \mathcal{E}\{\mathcal{E}\{*|Y_t\}\}$ (5.1 節 (5.4) 式) より，(5.134) 式はつぎのように変形される．

$$J(\theta) = \mathcal{E}\left\{\int_{T_i}^{T_f} \sum_{m=1}^{M} \mathcal{E}\left\{|y_m(t) - u(t,x_m;\theta)|^2 \,\big|\, Y_t\right\} dt\right\} \tag{5.135}$$

ここで，$\widehat{u}(t,\cdot;\theta) = \mathcal{E}\{u(t,\cdot;\theta) \mid Y_t\}$ を $u(t,\cdot;\theta)$ の Y_t に関する条件付き期待値とすると，

$$\begin{aligned}
&\mathcal{E}\left\{|y_m(t) - u(t,x_m;\theta)|^2 \,\big|\, Y_t\right\} \\
&= \mathcal{E}\left\{|[y_m(t) - \widehat{u}(t,x_m;\theta)] + [\widehat{u}(t,x_m;\theta) - u(t,x_m;\theta)]|^2 \,\big|\, Y_t\right\} \\
&= \mathcal{E}\left\{|y_m(t) - \widehat{u}(t,x_m;\theta)|^2 \,\big|\, Y_t\right\} \\
&\quad + 2\mathcal{E}\left\{[y_m(t) - \widehat{u}(t,x_m;\theta)][\widehat{u}(t,x_m;\theta) - u(t,x_m;\theta)] \,\big|\, Y_t\right\} \\
&\quad + \mathcal{E}\left\{|u(t,x_m;\theta) - \widehat{u}(t,x_m;\theta)|^2 \,\big|\, Y_t\right\}
\end{aligned}$$

となるが，最右辺第 2 項については $y_m(t)$, $\widehat{u}(t,x_m;\theta)$ ともに Y_t-可測であるから，

$$\begin{aligned}
&\mathcal{E}\left\{[y_m(t) - \widehat{u}(t,x_m;\theta)][\widehat{u}(t,x_m;\theta) - u(t,x_m;\theta)] \,\big|\, Y_t\right\} \\
&= [y_m(t) - \widehat{u}(t,x_m;\theta)] \mathcal{E}\left\{\widehat{u}(t,x_m;\theta) - u(t,x_m;\theta) \,\big|\, Y_t\right\} = 0
\end{aligned}$$

となるので，(5.135) 式は (再び $\mathcal{E}\{\mathcal{E}\{*|Y_t\}\} = \mathcal{E}\{*\}$ を用いると) 結局

$$\begin{aligned}
J(\theta) &= \mathcal{E}\left\{\sum_{m=1}^{M} \int_{T_i}^{T_f} |y_m(t) - \widehat{u}(t,x_m;\theta)|^2 \, dt\right\} \\
&\quad + \sum_{m=1}^{M} \int_{T_i}^{T_f} \mathcal{E}\left\{|u(t,x_m;\theta) - \widehat{u}(t,x_m;\theta)|^2\right\} dt
\end{aligned} \tag{5.136}$$

のように 2 項に分割できる．この式の右辺第 2 項は (パラメータ θ を固定したとき

の）状態量 $u(t,\cdot\,;\theta)$ の最適推定問題に対する規範であり，また第 1 項は（推定問題で得られる）最適推定値と観測データとの差を小さくするパラメータ θ を求めるための自乗誤差規範とみることができる．したがって，(5.136) 式の $J(\theta)$ を最小にする θ を求める問題は

（ⅰ）まず，パラメータ θ を適当に固定して，(5.131)～(5.133) 式によって記述される状態推定問題を解き，

（ⅱ）ついで，その推定値 $\hat{u}(t,\cdot\,;\theta)$ を用いて，(5.136) 式右辺第 1 項をパラメータ θ に関して最小にする

という 2 段階によって解決できる．

C. 同定アルゴリズム ダイナミクス (5.131) は線形偏微分方程式であるので，その解は $u(t,x;\cdot) = u(t,\cdot)\phi(x)$ のように時間関数 $u(t,\cdot)$ と空間関数 $\phi(x)$ に変数分離できる．関数 $\phi(x)$ は，微分作用素 $\mathcal{A}_\theta = (EI/\rho S)\,d^4/dx^4 = (\theta_3 I/\rho S)\,d^4/dx^4$ を定義すると，この作用素に対する固有値問題：

$$\begin{cases} \mathcal{A}_\theta \phi(x) = \lambda \phi(x) \quad (0 < x < l) \\ \phi(0) = \dfrac{d\phi(0)}{dx} = 0, \quad \dfrac{d^2\phi(l)}{dx^2} = \dfrac{d^3\phi(l)}{dx^3} = 0 \end{cases} \tag{5.137}$$

を解くことによって得られる．この固有値問題に対しては，可算無限個の固有値，固有関数の組 $\{\lambda_i, \phi_i(x)\}_{i=1,2,\cdots}$（すなわち，$\mathcal{A}_\theta \phi_i(x) = \lambda_i \phi_i(x)$, $0 < \lambda_1 \leqq \lambda_2 \leqq \cdots$, $\lim_{i\to\infty} \lambda_i = \infty$）が存在する．したがって，境界条件 (5.132) 式をもつ解 $u(t,x;\theta)$ は無限個の固有関数によって展開されるが，項数を N 個で打ち切って有限近似すると，つぎのように表される．

$$u(t,x;\theta) \cong \sum_{i=1}^{N} u_i(t;\theta)\phi_i(x) \tag{5.138}$$

ここで，固有関数 $\{\phi_i(x)\}$ を正規直交系，すなわち $\int_0^l \phi_i(x)\phi_j(x)dx = \delta_{ij}$ ととると，(5.138) 式の $u_i(t;\theta)$ は常微分方程式

$$\ddot{u}_i(t;\theta) + \left(\frac{\theta_1}{\rho S} + \frac{\theta_2}{\theta_3}\lambda_i\right)\dot{u}_i(t;\theta) + \lambda_i u_i(t;\theta) = \frac{g}{\rho S}\gamma_i(t) \tag{5.139}$$

の解であり，$\gamma_i(t) = \int_0^l \gamma(t,x)\phi_i(x)\,dx$ である．

本来 (5.138) 式の項数は無限個であるが，十分大きな i に対して λ_i は十分に大きくなり，これが 2 階微分方程式 (5.139) の左辺第 2 項の減衰係数に含まれていることから，$u_i(t;\theta)$ は急速に零になるので，工学的見地からは有限個 N の近似で

十分である．この意味で偏微分方程式で記述されるシステムを**無限次元システム** (infinite-dimensional system)，それを有限個で近似したシステム (5.139) を**有限次元システム** (finite-dimensional system) とよぶ．ここで用いた偏微分方程式の固有値問題と固有関数展開法については，たとえばテキスト [B18] の第 5 章を参照されたい．

さて，状態量ベクトルとして $v(t;\theta) = [\, u_1(t;\theta), \cdots, u_N(t;\theta), \dot{u}_1(t;\theta), \cdots, \dot{u}_N(t;\theta)\,]^T \in \mathrm{R}^{2N}$ を導入すると，(5.139) 式に対してつぎの状態空間表現を得る．

$$\dot{v}(t;\theta) = A_\theta v(t;\theta) + G\gamma_0(t) \tag{5.140}$$

ここで，$\gamma_0(t) = [\,\gamma_1(t), \cdots, \gamma_N(t)\,]^T$，

$$A_\theta = \begin{bmatrix} O_N & I_N \\ -\Lambda_N & -\dfrac{\theta_1}{\rho S}I_N - \dfrac{\theta_2}{\theta_3}\Lambda_N \end{bmatrix} \in \mathrm{R}^{2N\times 2N}, \quad G = \begin{bmatrix} O_N \\ \dfrac{g}{\rho S}I_N \end{bmatrix} \in \mathrm{R}^{2N\times N}$$

である．なお，$\Lambda_N = \mathrm{diag}\{\lambda_1, \cdots, \lambda_N\}$ である．

また，$H(x_m) = [\,\phi_1(x_m), \cdots, \phi_N(x_m), 0, \cdots, 0\,] \in \mathrm{R}^{1\times 2N}$ とすると，

$$\begin{cases} u(t, x_m; \theta) \cong H(x_m) v(t;\theta) \\ \widehat{u}(t, x_m; \theta) \cong H(x_m) \widehat{v}(t;\theta) \end{cases} \tag{5.141}$$

となる．ただし，$\widehat{u}(t, x_m; \theta) = \mathcal{E}\{u(t, x_m;\theta) \mid Y_t\}$，$\widehat{v}(t;\theta) = \mathcal{E}\{v(t;\theta) \mid Y_t\}$ である．(5.141) 式の表現を用いると，規範 (5.136) はつぎのように有限近似される．

$$\begin{aligned}
J(\theta) &\cong \mathcal{E}\left\{ \sum_{m=1}^{M} \int_{T_i}^{T_f} |\,y_m(t) - H(x_m)\widehat{v}(t;\theta)\,|^2 \, dt \right\} \\
&\quad + \sum_{m=1}^{M} \int_{T_i}^{T_f} \mathcal{E}\left\{ |\,H(x_m)[\,v(t;\theta) - \widehat{v}(t;\theta)\,]\,|^2 \right\} dt \\
&\leqq \mathcal{E}\left\{ \sum_{m=1}^{M} \int_{T_i}^{T_f} |\,y_m(t) - H(x_m)\widehat{v}(t;\theta)\,|^2 \, dt \right\} \\
&\quad + \sum_{m=1}^{M} \|\,H(x_m)\,\|^2 \int_{T_i}^{T_f} \mathcal{E}\left\{ \|\,v(t;\theta) - \widehat{v}(t;\theta)\,\|^2 \right\} dt \tag{5.142}
\end{aligned}$$

ここで，不等式はシュヴァルツの不等式 $|\,x^T y\,| \leqq \|x\|^2 \|y\|^2$ を用いた．そこで，

$$J_1(\widehat{v};\theta) = \int_{T_i}^{T_f} \mathcal{E}\left\{ \|\,v(t;\theta) - \widehat{v}(t;\theta)\,\|^2 \right\} dt \tag{5.143}$$

$$J_2(\theta) = \mathcal{E}\left\{ \sum_{m=1}^{M} \int_{T_i}^{T_f} |\,y_m(t) - H(x_m)\widehat{v}(t;\theta)\,|^2 \, dt \right\} \tag{5.144}$$

とおくと，B 項で述べたように，汎関数 J_1, J_2 をそれぞれ最小にする問題になる．(5.143) 式は（θ を固定したときの）最適推定値 $\widehat{v}(t;\theta)$ を求めるための規範であり，また (5.144) 式は（$\widehat{v}(t;\theta)$ を得たあとの）パラメータ θ を求めるための規範となる．

D. 状態推定 規範 J_1 は（θ を固定して）$\widehat{v}(t;\theta)$ をカルマンフィルタによって求めることで最小化される．観測量ベクトルとして $y(t) = [\, y_1(t), \cdots, y_M(t) \,]^T$ を定義すると，これはつぎのようにベクトル表現される．

$$y(t) = H_M v(t;\theta) + \eta(t) \tag{5.145}$$

ここで，$H_M = [\, H^T(x_1), \cdots, H^T(x_M) \,]^T \in \mathrm{R}^{M \times 2N}$, $\eta(t) = [\, \eta_1(t), \cdots, \eta_M(t) \,]^T$ である．したがって，$\widehat{v}(t;\theta)$ を求めるには，(5.140) 式と (5.145) 式によって設定される推定問題にカルマンフィルタを構成すればよいことになる．パラメータ θ_ν $(\nu = 1, 2, 3)$ の存在範囲があらかじめ Θ_ν 内にあるとして，$\widehat{v}(t;\theta)$ ($\theta \in \Theta_1 \times \Theta_2 \times \Theta_3$) を求めることになる．

定常カルマンフィルタを用いるとすれば，それは 5.6 節より

$$\begin{cases} \dfrac{d\widehat{v}(t;\theta)}{dt} = A_\theta \widehat{v}(t;\theta) + P H_M^T R^{-1} \{ y(t) - H_M \widehat{v}(t;\theta) \} \\ A_\theta P + P A_\theta^T + G Q G^T - P H_M^T R^{-1} H_M P = 0 \end{cases} \tag{5.146}$$

となる．ここで，$[Q]_{ij} = \displaystyle\int_0^l \int_0^l q(x,\xi) \phi_i(x) \phi_j(\xi)\, dx d\xi$, $R = \mathrm{diag}\{r_1, \cdots, r_M\}$ である．

E. パラメータ同定 カルマンフィルタによって，いったん $\widehat{v}(t;\theta)$ が全時間区間 $[T_i, T_f]$ で求められると，$y(t)$, $\widehat{v}(t, \cdot)$ はいずれも実現値であるので，(5.144) 式の期待値演算の外に出る．さらに，$\mathcal{E}\{1\} = \displaystyle\int_{-\infty}^\infty 1 \cdot p(t, u) du = 1$ に留意すると，(5.144) 式の期待値演算は形式的に不要となるので，非線形最小化法などのアルゴリズムによって θ を求めることができる．たとえば，ガウス–ニュートン法では，$\widehat{\theta}^{(k)}$ を k 回目の反復計算によって得られる θ の同定値とすると，つぎのアルゴリズムを得る．

$$\begin{cases} \widehat{\theta}^{(k+1)} = \widehat{\theta}^{(k)} + \delta \widehat{\theta}^{(k)} \quad (k = 0, 1, 2, \cdots) \\ \delta \widehat{\theta}^{(k)} = W^{-1}(\widehat{\theta}^{(k)}) \\ \qquad \times \left[\displaystyle\int_{T_i}^{T_f} \sum_{m=1}^M X_m(t; \widehat{\theta}^{(k)}) \{ y_m(t) - H(x_m) \widehat{v}(t; \widehat{\theta}^{(k)}) \} dt \right] \end{cases} \tag{5.147}$$

ここで，

$$X_m(t;\widehat{\theta}^{(k)}) = \left[H(x_m)\frac{\partial \widehat{v}(t;\theta)}{\partial \theta_1}, H(x_m)\frac{\partial \widehat{v}(t;\theta)}{\partial \theta_2}, H(x_m)\frac{\partial \widehat{v}(t;\theta)}{\partial \theta_3} \right]_{\theta=\widehat{\theta}^{(k)}}$$

また，$W(\widehat{\theta}^{(k)}) = \displaystyle\int_{T_i}^{T_f} \sum_{m=1}^{M} X_m(t;\widehat{\theta}^{(k)}) X_m^T(t;\widehat{\theta}^{(k)})\, dt$ である．

F. 同定実験 $l = 0.5$ m，$\rho = 7.860 \times 10^3$ kg·m^{-1}，長方形断面積 $S = (4.0388 \times 10^{-2}) \times (5.03 \times 10^{-4})$ m^2，断面2次モーメント $I = 4.2824 \times 10^{-13}$ m^4 の鋼製のはりを用いて実験を行った．はりの境界条件 (5.132) は一端固定他端自由 (clamped-free) になっているので，固有関数は

$$\phi_i(x) = c_i \left[\sqrt{2} \sin\left\{ a_i x - \frac{\pi}{4} + (-1)^i \frac{1}{2} \mu_i \right\} - \cos i\pi\, e^{a_i x} \sin \frac{1}{2}\mu_i + e^{-a_i x} \cos \frac{1}{2}\mu_i \right]$$

を用いた[H1]．$\{c_i\}$ は正規化定数，a_i，μ_i も定数である．また，有限近似項数を $N=5$ とした．実験実施にあたっては事前に十分なシミュレーションを行い同定アルゴリズムが有効であることを確認している．紙幅の都合で詳細は文献 [H6]，[H7] に譲るが，測定にはレーザー変位計とアンプユニット（キーエンス社製 LB-300，LB-1200）を用い，測定点は $x_1 = l/2$，$x_2 = 3l/4$，$x_3 = l$ の3点とした．

この動的同定問題では，はりのヤング率 ($\theta_3 = E$) が振動周期に大きく影響し，これが正確に同定されなければ（ほかのパラメータを含めて）同定アルゴリズムはうまく作動しない．そこで，$\theta_1 = \theta_2 = 0$ として，まず θ_3 の大雑把な同定を行い，ついでほかのパラメータをも含めた同定を行うという2段階の方法によった．図5.2は2段階目で得られた同定の様子である．

図5.3は収束した同定値 $(\widehat{\theta}_1^{(77)}, \widehat{\theta}_2^{(77)}, \widehat{\theta}_3^{(77)})$ を用いて再現されたはりの各計測点における振動の様子を示したものである．これらの結果より，同定アルゴリズムは発散せずによく機能していることがわかる．

はりの形状が一様でなく，各係数も位置 x に依存する場合も同様な考え方で同定が行える[H3-H5]．

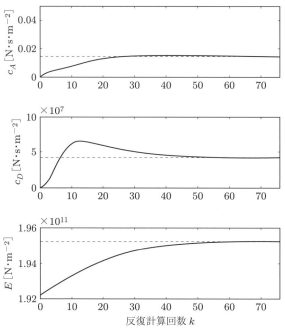

図 5.2 パラメータ同定値 $\widehat{\theta}_1^{(k)}(=c_A)$, $\widehat{\theta}_2^{(k)}(=c_D)$ および $\widehat{\theta}_3^{(k)}(=E)$ の収束の様子（破線は収束値を表す）（中野，大住，芳田，2001）[H6]

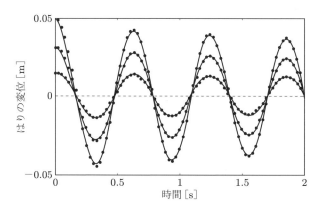

図 5.3 同定された値を用いて再現されたはりの振動（黒点は実測値）（中野，大住，芳田，2001）[H6]

章末付録　直交射影定理（5.2.2 項）の証明

（ⅰ）十分性：任意の $\xi \in Y$ $(\xi \neq 0)$ に対して，$\langle x - \widehat{x}, \xi \rangle = 0$ が成り立つとすると，

$$\langle x - \widehat{x} + \xi, x - \widehat{x} + \xi \rangle = \langle x - \widehat{x}, x - \widehat{x} \rangle + 2\langle x - \widehat{x}, \xi \rangle + \langle \xi, \xi \rangle$$
$$= \langle x - \widehat{x}, x - \widehat{x} \rangle + \langle \xi, \xi \rangle$$
$$> \langle x - \widehat{x}, x - \widehat{x} \rangle = \| x - \widehat{x} \|^2$$

となる．

（ⅱ）必要性：$\langle x - \widehat{x}, \xi \rangle = \alpha \neq 0$ となる $\xi \in Y$ が存在すると仮定する．このとき，任意のスカラ量 λ に対して，

$$\langle x - \widehat{x} + \lambda\xi, x - \widehat{x} + \lambda\xi \rangle = \langle x - \widehat{x}, x - \widehat{x} \rangle + 2\lambda\langle x - \widehat{x}, \xi \rangle + \lambda^2 \langle \xi, \xi \rangle$$
$$= \| x - \widehat{x} \|^2 + 2\lambda\alpha + \lambda^2 \|\xi\|^2$$

であるから，ここで，$\lambda = -\alpha/\|\xi\|^2$ と選ぶと，

$$\| x - \widehat{x} + \lambda\xi \|^2 = \| x - \widehat{x} \|^2 - \frac{2\alpha^2}{\|\xi\|^2} + \frac{\alpha^2}{\|\xi\|^2}$$
$$= \| x - \widehat{x} \|^2 - \frac{\alpha^2}{\|\xi\|^2} < \| x - \widehat{x} \|^2$$

となって，$\| x - \widehat{x} \|^2$ は最小とならない．これは $\| x - \widehat{x} \|^2$ が最小であることに矛盾する．したがって，$\forall \xi \in Y$ に対して $\langle x - \widehat{x}, \xi \rangle = 0$ でなければならない． **(Q.E.D.)**

演習問題

5.1 推定規範 $\mathcal{E}\{\| x(k) - \widehat{x}(k|k) \|^2\}$ は (5.20) 式のように $\mathrm{tr}\, P(k|k)$ で与えられる．ただし，$P(k|k)$ は (5.21) 式のように

$$P(k|k) = P(k|k-1) - K(k)H(k)P(k|k-1)$$
$$- P(k|k-1)H^T(k)K^T(k) + K(k)\Sigma(k)\Sigma^T(k)K^T(k)$$

で与えられる．$\mathrm{tr}\, P(k|k)$ を $K(k)$ で微分することによって，$0 = \partial\, \mathrm{tr}\, P(k|k)/\partial K(k)$ より最適ゲインを求めよ．

5.2 (5.83) 式の

$$P(t|t_k) = \Phi(t, t_k) P(t_k|t_k) \Phi^T(t, t_k) + \int_{t_k}^{t} \Phi(t, \tau) G(\tau) Q(\tau) G^T(\tau) \Phi^T(t, \tau)\, d\tau$$

が，(5.84) 式，すなわち

$$\dot{P}(t|t_k) = A(t)P(t|t_k) + P(t|t_k)A^T(t) + G(t)Q(t)G^T(t), \quad P(t|t_k)\big|_{t=t_k} = P(t_k|t_k)$$

を満たすことを示せ．ただし，$\Phi(t,\tau)$ は $A(t)$ の状態遷移マトリクスである．

第6章
擬似観測量を導入したカルマンフィルタ

Can one hear the shape of a drum?　　— Mark Kac, 1966[†1]

　第4, 5章では，システムの状態量を推定するオブザーバとカルマンフィルタについて述べた．本章では，動的システムのモデルに含まれる未知パラメータや未知入力を取得された観測データから同定する逆問題について考察する．本章で述べる主要なアプローチは，直接には観測できないパラメータをあたかも観測しているかのような状況を人為的につくり，それに対してカルマンフィルタあるいはオブザーバを利用しようという擬似観測アプローチである．

6.1　動的システムの未知パラメータの同定

　動的システムが未知パラメータ θ を含む場合には，システムの状態量の推定とその未知パラメータの同定をどのように行えばよいのか．
　つぎのようなシステムを考える．

$$\begin{cases} \dot{x}(t) = A(\theta)x(t) + B(\theta)u(t) + G\gamma(t) \\ y(t) = H(\theta)x(t) + \eta(t) \end{cases} \tag{6.1}$$

ここで，$x(t) \in \mathrm{R}^n$, $y(t) \in \mathrm{R}^m$ であり，$u(t) \in \mathrm{R}^l$ は既知の入力，$\gamma(t), \eta(t)$ は互いに独立な正規性白色雑音 ($\gamma(t) \sim N[0,Q]$, $\eta(t) \sim N[0,R]$) であり，$\theta \in \mathrm{R}^p$ は未知パラメータベクトルである．

　θ が定数であることがあらかじめわかっていれば，それを $\theta = \theta(t)$ と表記すると $\dot{\theta}(t) = 0$ であるが，不確定性を加味して，

$$\dot{\theta}(t) = \gamma_\theta(t), \quad \theta(0) = \theta_0 \tag{6.2}$$

[†1]　「人は太鼓の形を聞くことができるか？」ミスタイプでも誤訳でもない．確率過程論で有名なファインマン-カッツ公式に名を残す米国の確率論研究者 Mark Kac (1914-1984) の論文 (American Math. Monthly, vol. 73 (Part II), 1966) のタイトルである．このような provocative なタイトルで逆問題に対して数学的に考察がなされている．この古典的に有名な論文に対して，R. T. Prosser は論文 "Can one see the shape of a surface?" (American Math. Monthly, 1977) において，「たとえ太鼓の形を聞くことができなかったとしても見ることはできる」と結論づけている．

と表現できる．ここで，$\gamma_\theta(t)$ は平均零で，適当な共分散マトリクス Q_θ をもつ正規性白色雑音としてモデル化する．初期値 θ_0 は当然未知である．この未知ベクトル $\theta(t)$ を状態変数とみて，$x(t)$ に付加し，

$$z(t) = \begin{bmatrix} x(t) \\ \theta(t) \end{bmatrix} \in \mathrm{R}^{n+p} \tag{6.3}$$

を拡大したシステム状態量ベクトル (augmented state vector) とみると，

$$\begin{cases} \dot{z}(t) = f[\,z(t), u(t)\,] + G_0\gamma_0(t) \\ y(t) = h[\,z(t)\,] + \eta(t) \end{cases} \tag{6.4}$$

という拡大システム (augmented system) 表現を得る．ここで，

$$f[\,z(t), u(t)\,] = \begin{bmatrix} A[\theta(t)]\,x(t) + B[\theta(t)]\,u(t) \\ 0 \end{bmatrix}, \quad h[\,z(t)\,] = H[\theta(t)]\,x(t)$$

$$G_0 = \begin{bmatrix} G & 0 \\ 0 & I_p \end{bmatrix}, \quad \gamma_0(t) = \begin{bmatrix} \gamma(t) \\ \gamma_\theta(t) \end{bmatrix}$$

である．

(6.4) 式は非線形システム表現であるので，未知パラメータ θ の同定値は，(6.4) 式に対する拡張カルマンフィルタを構成することによって，状態量 $x(t)$ の推定値と同時に得られる．しかし，多くの文献によっても指摘されているように，この方法ではよい同定値が得られるという保証はなく[†1]，未知パラメータに関する何らかの付加的な情報が必要であろう．

未知パラメータに関する情報が直接的に得られなければ，何らかの方法で間接的にでも得ようとするのが，本章で導入する擬似観測量というアイデアである．

ここで，つぎの簡単な例を考えてみよう．

$$\begin{cases} \dot{x}_1(t) = x_1(t) + x_2(t) + \{\text{noise}\} \\ \dot{x}_2(t) = x_2(t) + \theta + \{\text{noise}\} \\ y(t) = x_1(t) + hx_2(t) + \{\text{noise}\} \end{cases}$$

h は既知係数であるが，θ は未知の (スカラ定数) 入力である．θ を同定するためにそれを $\theta(t)$ と表記し，$\dot{\theta}(t) = 0$ に留意して，拡大システム

[†1] たとえば，[B9] の p.284 では "Although this extended Kalman filter approach appears perfectly straightforward, experience has shown that with the usual state space model, it does not work well in practice." と指摘されている．

$$\begin{cases} \dot{x}_1(t) = x_1(t) + x_2(t) + \{\text{noise}\} \\ \dot{x}_2(t) = x_2(t) + \theta(t) + \{\text{noise}\} \\ \dot{\theta}(t) = 0 \\ y(t) = x_1(t) + hx_2(t) + \{\text{noise}\} \end{cases}$$

に対するカルマンフィルタを構成すれば，θ の同定値 $\hat{\theta}(t|t)$ が得られる．しかし，はたしてその同定精度は十分であろうか．

そこで，この拡大システムの可観測性を見てみよう．拡大システムをベクトル表示すると，

$$\begin{cases} \dot{z}(t) = A_0 z(t) + \{\text{noise}\} \\ y(t) = H_0 z(t) + \{\text{noise}\} \end{cases}$$

となる．ここで，$z(t) = [\,x_1(t), x_2(t), \theta(t)\,]^T$ であり，

$$A_0 = \begin{bmatrix} 1 & 1 & 0 \\ 0 & 1 & 1 \\ 0 & 0 & 0 \end{bmatrix}, \quad H_0 = [\,1 \ h \ 0\,]$$

である．可観測性マトリクスは

$$\begin{bmatrix} H_0 \\ H_0 A_0 \\ H_0 A_0^2 \end{bmatrix} = \begin{bmatrix} 1 & h & 0 \\ 1 & 1+h & h \\ 1 & 2+h & 1+h \end{bmatrix}$$

となり，正方マトリクスなのでその行列式を計算すると，それは $1-h$ となる．したがって，$h=1$ なら，拡大システムは不可観測であるので，θ に関する情報は観測データ $\{y(t)\}$ には反映されない．よって，カルマンフィルタを構成しても十分な精度のある同定値 $\hat{\theta}(t|t)$ は得られないのは明らかであろう．

ではどうすればよいのか．未知パラメータに関する何らかの付加的な情報が必要であろう．そこで，θ は直接観測できないが何らかの方法で（具体的には以下の種々の同定問題で示す）未知パラメータ θ と計算可能な既知量との関係を求め，$y_p(t) = c\theta(t)(+\{\text{noise}\})$ のように記述できたとすれば，この左辺の既知量 $y_p(t)$ を擬似的に観測データとみなして観測過程に付加する．すなわち，

$$\begin{cases} y(t) = x_1(t) + hx_2(t) + \{\text{noise}\} \\ y_p(t) = c\theta(t) + \{\text{noise}\} \end{cases}$$

である．ただし，$c(\neq 0)$ は既知であり，$y_p(t)$ に $\{\text{noise}\}$ を付加したのはカルマンフィルタを構成することを念頭においたためである．$y_0(t) = [\,y(t), y_p(t)\,]^T$ とすると，

$$y_0(t) = H_p z(t) + \{\text{noise}\}, \quad H_p = \begin{bmatrix} 1 & h & 0 \\ 0 & 0 & c \end{bmatrix}$$

であるので，この場合の可観測性マトリクスは

$$\begin{bmatrix} H_p \\ H_p A_0 \\ H_p A_0^2 \end{bmatrix} = \begin{bmatrix} 1 & h & 0 \\ 0 & 0 & c \\ 1 & 1+h & h \\ 0 & 0 & 0 \\ 1 & 2+h & 1+h \\ 0 & 0 & 0 \end{bmatrix}$$

となる．$h=1$ の場合，そのランクを求めると，行の順序を変えてもランクは変わらないので，

$$\text{rank} \begin{bmatrix} 1 & 1 & 0 \\ 0 & 0 & c \\ 1 & 2 & 1 \\ 0 & 0 & 0 \\ 1 & 3 & 2 \\ 0 & 0 & 0 \end{bmatrix} = \text{rank} \begin{bmatrix} 1 & 1 & 0 \\ 1 & 2 & 1 \\ 1 & 3 & 2 \\ 0 & 0 & c \\ 0 & 0 & 0 \\ 0 & 0 & 0 \end{bmatrix} = 3$$

となる $(c \neq 0)$．よって，$z(t)$ は3次元なので，たとえ $h=1$ の場合でも可観測になる．したがって，擬似的な観測量 $y_p(t)$ を導入すれば，未知パラメータ θ の情報が得られており，カルマンフィルタによって精度のよい同定値が期待できる．

ここで，第1章と第4章の冒頭に引用した Heisenberg の講演の続きを思い出したい．

> Einstein had pointed out to me that it is really dangerous to say that one should only speak about observable quantities. Because every reasonable theory will, besides all things which one can immediately observe, also give the possibility of observing other things more indirectly. （アインシュタインは，観測可能な量についてのみ語るべきだという考え方は非常に危険だと私に指摘しました．なぜなら，まともな理論はどのようなものでも，直接的に観測できるもののほかに，もっと間接的な方法でほかのものを観測する可能性も与えるからです．）[Werner Heisenberg, *ibid., op.cit.*]

つぎの二つの節において，擬似的な観測量を導入するという立場から二つのシステム同定問題を考えよう．一つは1.3節の例1.2で述べた河川の汚染負荷量と不法投棄地点の同定問題であり，もう一つは例1.1の船舶のトラッキング問題である．

6.2 河川の汚染負荷量とその流入地点の同定

A. 河川の水質モデル[I1-I4]　1.3 節の例 1.2 で述べたように，河川の水質の汚染と自然浄化の状態を測る尺度として，通常 BOD（biochemical oxygen demand，生物化学的酸素要求量）と DO（dissolved oxygen，溶存酸素量）の二つが用いられる．これら二つの量に対する数理モデルとしてストリータ–フェルプスモデルがよく知られている．彼らは河川水中の DO の飽和値からの不足量と BOD の二つを水質の指標とする数理モデルを得た．しかし，このモデルはゆったりと流れる大陸の大きな河川には適しているが，わが国のような時間的にも空間的にも変化に富む河川に適用された例はないといわれており，今日では古典的な水質モデルといわれている．

河川の水質モデルに対しては，流下方向の距離に比べて川幅や水深は小さいので，流下方向の 1 次元と考えて構築すればよく，水中の任意の物質の濃度 $C(t,x)$ の流下地点 $x\,(>0)$ における時間変化は一般的には次式によって記述される[†1]．

$$\frac{\partial (SC)}{\partial t} = \frac{\partial}{\partial x}\left(S\varepsilon \frac{\partial C}{\partial x}\right) - \frac{\partial (SUC)}{\partial x} + q + Sf \tag{6.5}$$

ここで，S は河川の断面積，ε は拡散係数，U は流速，q は負荷量，f は物質の変換速度である．

$L(x)$ [mg/L] を BOD の量，$D(x)$ [mg/L] を DO の飽和値 DO_{sat} からの不足量（$D(x) = DO_{sat} - DO$ 値）とすると，それらは河川断面積が一定で流水が等速（$U = \mathrm{const.}$）で定常状態にある（すなわち，$\partial C(t,x)/\partial t \equiv 0$）という仮定のもとで，$L(x)$，$D(x)$ いずれについても 2 階線形微分方程式を得るが，それぞれの特性方程式はいずれも負と正の二つの実根をもつことから，それらの解は $x \to \infty$ で発散する．しかし，現実にはそのような現象は河川では起こっていないことから，自然境界条件を考慮して不安定根を捨て去って得られたのがつぎの水質方程式である[I1,I2]：

$$\frac{dL(x)}{dx} = J_1 L(x) - \frac{1}{k_0} J_1 \, p(x) - \frac{1}{k_0} J_1 g_1 \, \gamma_1(x), \quad L(0) = L_0 \tag{6.6}$$

$$\begin{aligned}
\frac{dD(x)}{dx} &= J_2 D(x) + \frac{k_1}{k_2 - k_0}(J_1 - J_2)L(x) + \frac{1}{k_2} J_2 \, a \\
&\quad - \frac{k_1}{k_2 - k_0}\left(\frac{1}{k_0}J_1 - \frac{1}{k_2}J_2\right) p(x) \\
&\quad - \frac{k_1}{k_2 - k_0}\left(\frac{1}{k_0}J_1 - \frac{1}{k_2}J_2\right) g_1 \, \gamma_1(x) \\
&\quad - \frac{1}{k_2} J_2 \, g_2 \, \gamma_2(x), \quad D(0) = D_0
\end{aligned} \tag{6.7}$$

---

†1　たとえば，宗宮功（編）：自然の浄化機構，技報堂，1990．

ここで, $p(x)$ は河川に流入する汚染物質（負荷）の量であり, $\gamma_1(x)$, $\gamma_2(x)$ は BOD, 不足 DO に対する不確定要因でそれぞれ正規性白色雑音である. k_1, k_2, k_3 $(k_0 = k_1 + k_3)$ はそれぞれ脱酸素係数 [1/day], 再曝気係数および沈降や吸着などによる BOD 除去係数 [1/day], a は水中の藻や植物の光合成による酸素増加量 [mg/L/day] であり, g_1, g_2 は定数係数である. また, J_1, J_2 はそれぞれ上述の特性方程式の負根（安定根）で,

$$J_1 = \frac{U}{2\varepsilon}\left\{1 - \sqrt{1 + \frac{4\varepsilon k_0}{U^2}}\right\}, \quad J_2 = \frac{U}{2\varepsilon}\left\{1 - \sqrt{1 + \frac{4\varepsilon k_2}{U^2}}\right\}$$

で与えられる負の定数である. $\varepsilon(>0)$ は流れに関する移流拡散係数 [km^2/day] である.

なお, (6.6), (6.7) 式で雑音項と拡散項を無視し ($g_1 = g_2 = 0$, $\varepsilon = 0$), さらに $a = 0$, $k_3 = 0$ とすれば, ロピタルの定理により $\varepsilon \to 0$ のとき $J_1 \to -k_1/U$, $J_2 \to -k_2/U$ となることに留意すれば, 例 1.2 で示した古典的なストリータ–フェルプスモデルに帰着することがわかる.

B. 汚染負荷のモデル 負荷 $p(x)$ についてはつぎの二つのモデルが考えられる. 不測の水質事故などの発生によりほとんど 1 点とみなせる場所において負荷をうける場合（ポイント負荷）と農業廃水などのようにある程度の流域幅に沿ってうける場合（ノンポイント負荷）の二つである. 前者の場合には, 地点 x_in において一定の（未知の）大きさ p_0 (const.) の負荷とすると,

$$p(x) = p_0 \, \delta(x - x_\text{in}) \tag{6.8}$$

と表現できる. ここで, $\delta(\cdot)$ はディラックのデルタ関数である（2.6 節の脚注参照）. また, 後者の場合には, 区間 $[x_\text{in}, x_\text{out}]$ において一定の負荷 p_0 をうけるとすると,

$$p(x) = p_0 \{u_S(x - x_\text{in}) - u_S(x - x_\text{out})\} \tag{6.9}$$

と表現できる. 区間は未知であることが多い. ここで, $u_S(\cdot)$ は単位階段関数である（1.3 節の脚注参照）.

C. 状態空間モデル 流速を一定としていることから, $x \sim t$ ($x = Ut$) であることを考慮して, (6.6), (6.7) 式を (6.8) あるいは (6.9) 式のような負荷をうける河川の水質の状態を表すダイナミクスとみなす. そこで, 状態量ベクトルを $z(x) = [L(x), D(x)]^T$ と定義すると, 水質方程式の状態空間表現はつぎのようになる.

$$\frac{dz(x)}{dx} = Az(x) + b_1 + b_2\, p(x) + G\gamma(x) \tag{6.10}$$

ここで，$z(0) = [L_0, D_0]^T (= z_0)$，$\gamma(x) = [\gamma_1(x), \gamma_2(x)]^T$ $(\gamma(x) \sim N[0, Q])$ であり，また

$$A = \begin{bmatrix} J_1 & 0 \\ \dfrac{k_1}{k_2 - k_0}(J_1 - J_2) & J_2 \end{bmatrix}$$

$$b_1 = \begin{bmatrix} 0 \\ \dfrac{1}{k_2} J_2 a \end{bmatrix}, \quad b_2 = \begin{bmatrix} -\dfrac{1}{k_0} J_1 \\ -\dfrac{k_1}{k_2 - k_0}\left(\dfrac{1}{k_0} J_1 - \dfrac{1}{k_2} J_2\right) \end{bmatrix}$$

$$G = \begin{bmatrix} -\dfrac{1}{k_0} J_1 g_1 & 0 \\ -\dfrac{k_1}{k_2 - k_0}\left(\dfrac{1}{k_0} J_1 - \dfrac{1}{k_2} J_2\right) g_1 & -\dfrac{1}{k_2} J_2 g_2 \end{bmatrix}$$

である．

(6.10) 式は $L(x)$ と $D(x)$ が流下方向 x に連続的にどのように変化しているのかを表現する式ではあるが，われわれは必ずしも流域全体にわたって観測データを得ているわけではないので，それらの実際の様子はわからない．そこで，流下地点 $0 \equiv x_0 < x_1 < x_2 < \cdots$ において，BOD と不足 DO に関するデータ $y_L(x_k)$, $y_D(x_k)$ を得るものとして，$y(\cdot) = [y_L(\cdot), y_D(\cdot)]^T$ を 2 次元観測量ベクトルとすると，それは

$$y(x_k) = Hz(x_k) + v(x_k) \quad (k = 0, 1, 2, \cdots) \tag{6.11}$$

と表現される．ここで，$H = \begin{bmatrix} h_1 & 0 \\ 0 & h_2 \end{bmatrix}$ $(h_1, h_2: \text{const.})$ であり，$\{v(x_k)\}$ は 2 次元観測雑音で平均零の正規性白色雑音系列 $(v(\cdot) \sim N[0, R])$ とする．

もし汚染負荷量 $p(x)$ が既知であるなら，(6.11) 式で得られる観測データ $\{y(x_k)\}_{k=1,2,\ldots}$ から流下方向全域にわたる $L(x)$ と $D(x)$ の推定値は (6.10)，(6.11) 式によって構成されるカルマンフィルタによって容易に得られるが，実際には $p(x)$ が既知でないことからそれは不可能である．さて，どうするか．

D. 汚染負荷流入の検知と地点の特定 まず汚染負荷が流入しているかどうかを検知し，さらにそれがどの地点（区間）かを特定しなければならない．汚染負荷の検知については，(6.10) 式より明らかなように負荷入力 $p(x)$ があるかないかで判定できる．(6.10) 式で $p(x) \equiv 0$ とおいたときの状態量ベクトルを $z_f(x)$ と表記し，それに対する (6.10)，(6.11) 式で構成されるカルマンフィルタによる推定値を $\hat{z}_f(\cdot)$ とすれば，負荷の検知は，$z_f(x)$ 過程に対するイノベーション系列

$$\nu(x_k) = y(x_k) - H\widehat{z}_f(x_k) \tag{6.12}$$

があらかじめ設定したしきい値 (threshold) を超えるかどうかで判定できる．この右辺第 2 項は，負荷の流入がないと仮定したときの状態量 $z_f(x_k)$ の推定値であるから，もし実際に負荷があるとすればその推定値 $\widehat{z}_f(x_k)$ は真値 $z(x_k)$ から大きくずれ，$\nu(x_k) = H\{z(x_k) - \widehat{z}_f(x_k)\} + v(x_k)$ の右辺第 1 項は大きくなり，したがって $\nu(x_k)$ も大きくなる．このノルム $\|\nu(x_k)\|$ の変化を注視することによって，負荷の流入と同時にその地点の特定が可能になる．

E. 負荷量 p_0 の同定と水質の推定[I3,I4]　つぎに，観測データから未知入力の大きさ p_0 を求める逆問題について考える．負荷の流入とその地点はわかったが，未知入力の大きさ p_0 そのものが直接に観測されるわけではなく，$L(x)$（あるいは $D(x)$）を通してしかそれに関する情報は得られない．したがって，このままの状況では，未知パラメータの同定は不可能である．

一つのアイデアは，この未知パラメータを（$L(x)$ や $D(x)$ と同じように）一つの状態量と考え，これをあたかも観測して得たかのようなデータとみなせるように，観測データ $\{y(x_k)\}$ から人為的に生成しようというものである．

以下では，(6.8) 式のように 1 点で負荷をうける場合について述べる．負荷の大きさ p_0 は一定と仮定していることから，これを $p_0(x)$ と表記すれば（(6.2) 式と同様に），

$$\frac{dp_0(x)}{dx} = g_3\gamma_p(x) \quad (x > 0) \tag{6.13}$$

と表現できる．この右辺は本来零とすべきであるが，不確定要素を含んでいると考えるのが自然であることと，未知パラメータを不規則雑音によって変動を与えるほうが同定しやすいことから，このようなモデルを用いる．そこで拡大状態量ベクトル $z_0(x) = [\, z^T(x), p_0(x)\,]^T\ (= [\, L(x), D(x), p_0(x)\,]^T)$ を定義し，(6.10)，(6.13) 式よりつぎの拡大システムを構成する．

$$\frac{dz_0(x)}{dx} = A_{0\delta}\, z_0(x) + b_0 + G_0\, \gamma_0(x) \tag{6.14}$$

ここで，$\gamma_0(x) = [\,\gamma^T(x), \gamma_p(x)\,]^T$,

$$A_{0\delta} = \begin{bmatrix} A & b_2\,\delta(x - \widehat{x}_{\mathrm{in}}) \\ 0 & 0 \end{bmatrix}, \quad b_0 = \begin{bmatrix} b_1 \\ 0 \end{bmatrix}, \quad G_0 = \begin{bmatrix} G & 0 \\ 0 & g_3 \end{bmatrix}$$

であり，$\widehat{x}_{\mathrm{in}}$ は D 項で特定した x_{in} の推定値である．デルタ関数 $\delta(x - \widehat{x}_{\mathrm{in}})$ は十分小さな $\Delta x\ (> 0)$ によって，

$$\delta(x - \widehat{x}_{\mathrm{in}}) \cong \frac{1}{\Delta x}\left\{u_S(x - \widehat{x}_{\mathrm{in}}) - u_S(x - \widehat{x}_{\mathrm{in}} - \Delta x)\right\} \tag{6.15}$$

で近似する.

さて，p_0 に関する情報はそれが一定値であるということ以外何もない．ただ，われわれが知り得る情報としては，(6.6) 式あるいは (6.7) 式に示されているように p_0 が $L(x)$ や $D(x)$ の変化分，すなわち $dL(x)/dx$ あるいは $dD(x)/dx$ に寄与するということだけである．そこで，この事実を有効に利用することにしよう．

実は，p_0 の寄与は，例 1.2 で述べた（古典的な）モデルからもわかるように，$D(x)$ よりも $L(x)$ のほうが大きい．そこで，(6.6) 式を用いることにする．(6.8) 式の $p(x)$ を代入すると，その解は

$$L(x) = L(x_0)\,e^{J_1(x-x_0)} - \frac{1}{k_0} J_1\, p_0\, e^{J_1(x-x_{\rm in})} u_S(x-x_{\rm in}) + \{{\rm noise}\} \tag{6.16}$$

と与えられる[†1]．項 {noise} は (6.6) 式の雑音に対応する項である．これより，$x \geqq x_{\rm in}$ に対して，

$$p_0 = \frac{k_0}{J_1}\left\{ L(x_0)\,e^{J_1(x_{\rm in}-x_0)} - L(x)\,e^{-J_1(x-x_{\rm in})} \right\} + \{{\rm noise}\} \tag{6.17}$$

の関係式を得る．もしこの式の右辺の $L(\cdot)$ と $x_{\rm in}$ とがわかれば，p_0 は（雑音分は除外して）原理的に得られることになる．そこで，$x \geqq \widehat{x}_{\rm in}$ である観測地点 x_k における $L(x)$ に関する観測データ $y_L(x_k)$ と $y_L(x_0)$ を用いて，(6.17) 式において $L(x_k) \sim (1/h_1) y_L(x_k)$ と置き換え，

$$p_0(x_k) = \frac{1}{h_1}\frac{k_0}{J_1} e^{J_1(\widehat{x}_{\rm in}-x_0)}\left\{ y_L(x_0) - e^{-J_1(x_k-x_0)} y_L(x_k) \right\}$$
$$\quad + \{{\rm noise}\} \quad (x_0 < \widehat{x}_{\rm in} \leqq x_k) \tag{6.18}$$

と表現する．このようにすると，この右辺第 1 項は既知量であるのでそれを

$$y_p(x_k) := \frac{1}{h_1}\frac{k_0}{J_1} e^{J_1(\widehat{x}_{\rm in}-x_0)}\left\{ y_L(x_0) - e^{-J_1(x_k-x_0)} y_L(x_k) \right\} \tag{6.19}$$

として，(6.18) 式を書き直すと，$x_k \geqq \widehat{x}_{\rm in}$ に対して，

$$y_p(x_k) = p_0(x_k) + v_p(x_k) \tag{6.20}$$

[†1] (6.6) 式の解は，$x \geqq x_{\rm in}\ (> x_0)$ に対して ((6.8) 式に留意して)，

$$L(x) = L(x_0)\,e^{J_1(x-x_0)} - \frac{1}{k_0} J_1 \int_{x_0}^{x} e^{J_1(x-\xi)} p_0\, \delta(\xi - x_{\rm in})\, d\xi + \{{\rm noise}\}$$

で与えられる．この右辺第 2 項は

$$-\frac{1}{k_0} J_1 p_0 \int_{x_0}^{x} e^{J_1(x-\xi)} \delta(\xi - x_{\rm in})\, d\xi = -\frac{1}{k_0} J_1 p_0\, e^{J_1(x-\xi)}\Big|_{\xi=x_{\rm in}} = -\frac{1}{k_0} J_1 p_0\, e^{J_1(x-x_{\rm in})}$$

となる．(6.16) 式は $x < x_{\rm in}$ の場合も含めて表現している．

の表現を得る．$v_p(x_k)$ は (6.18) 式の {noise} 項とは関係なく表記したものである．(6.20) 式は，"$v_p(\cdot)$ を観測雑音とみると，$y_p(\cdot)$ があたかも未知量 $p_0(\cdot)$ を観測して得たデータであるかのような表現"になっている．そこで，この $\{y_p(x_k)\}$ を擬似的な観測値とみなし，拡大観測量ベクトル $y_0(x_k) = [\,y^T(x_k), y_p(x_k)\,]^T (= [y_L(x_k), y_D(x_k), y_p(x_k)]^T)$ を定義すると，(6.11) 式に代わって，

$$y_0(x_k) = H_0\, z_0(x_k) + v_0(x_k) \tag{6.21}$$

を得る．ここで，$H_0 = \begin{bmatrix} H & 0 \\ 0 & 1 \end{bmatrix}$ であり，$v_0(x_k) \in \mathrm{R}^3$ は平均零の正規性白色雑音系列である．

上述の議論により，(6.19) 式を用いた (6.20) 式は $x_k \geq \widehat{x}_\mathrm{in}$ に対してのみ定義されるから，$0 < x_k < \widehat{x}_\mathrm{in}$ に対しても同様な擬似的な観測値を導入しておけば，状態方程式 (6.14) と観測方程式 (6.21) に対するカルマンフィルタが全区間にわたって構成できることになる．そこで，負荷流入量が検知されるまでの区間 $0 < x_k < \widehat{x}_\mathrm{in}$ に対しては，(6.19) 式に代わって，

$$y_p(x_k) = \frac{1}{h_1} \frac{k_0}{J_1} e^{J_1(x_k - x_{k-\mu})} \left\{ y_L(x_{k-\mu}) - e^{-J_1(x_k - x_{k-\mu})} y_L(x_k) \right\} \tag{6.22}$$

として定義する．ここで，μ は正整数である．これと (6.19) 式との違いは，(6.19) 式の $\widehat{x}_\mathrm{in}$ を x_k で置き換え，さらに x_0 を x_k より μ 個前の観測地点 $x_{k-\mu}$ で置き換えた点である．区間 $0 < x_k < \widehat{x}_\mathrm{in}$ では負荷はいまだ特定されていないから，流入地点 x_in が現地点 x_k ではないかと一つずつチェックしながら擬似的な観測データをつくり出していることに相当する．

したがって，全区間 $(0 < x)$ において，(3 次元) カルマンフィルタは 5.4 節よりつぎのように構成される．

（ⅰ）観測データ取得地点 $(x = x_k)$ での推定値：

$$\begin{cases} \widehat{z}_0(x_k|x_k) = \widehat{z}_0(x_k|x_{k-1}) + K(x_k)\{y_0(x_k) - H_0\,\widehat{z}_0(x_k|x_{k-1})\} \\ K(x_k) = P(x_k|x_{k-1})H_0^T\,[\,H_0 P(x_k|x_{k-1})H_0^T + R_0\,]^{-1} \\ P(x_k|x_k) = P(x_k|x_{k-1}) - K(x_k)H_0 P(x_k|x_{k-1}) \end{cases} \tag{6.23}$$

（ⅱ）それ以外の地点 $(x_k < x < x_{k+1})$ での推定値：

$$\begin{cases} \dfrac{d\widehat{z}_0(x|x_k)}{dx} = A_{0\delta}\,\widehat{z}_0(x|x_k) + b_0, \quad \widehat{z}_0(x|x_k)\big|_{x=x_k} = \widehat{z}_0(x_k|x_k) \\ \dfrac{dP(x|x_k)}{dx} = A_{0\delta}\,P(x|x_k) + P(x|x_k)A_{0\delta}^T + G_0 Q_0 G_0^T, \\ \qquad P(x|x_k)\big|_{x=x_k} = P(x_k|x_k) \end{cases} \tag{6.24}$$

ここで，システム雑音 $\gamma_0(\cdot)$ および観測雑音 $v_0(\cdot)$ の共分散マトリクス Q_0, R_0 はそれぞれ $Q_0 = \text{block diag}\{Q, \sigma_3^2\}$, $R_0 = \text{block diag}\{R, \sigma_{v3}^2\}$ とする．Q, R についてはそれぞれ何らかの事前情報を用いて設定することになるが，σ_3^2, σ_{v3}^2 についてはそれらの情報はないのでシミュレーションなどによって適当な値に設定する．シミュレーションでは $x_0 = 0$ とした．

F. シミュレーション例　図 6.1〜6.3 がシミュレーションの 1 例である．シミュレーションでは全長 120 km 程度の河川を想定し，流速は $U = 43.2$ km/day としている．$x_{\text{in}} = 29.5$ km において大きさ $p_0 = 100$ mg/L の負荷をうけるとし，負荷のありそうな区域を $[25, 40]$ km と予想して，その間では観測データを 1 km おきに，それ以外では 10 km おきとした（ほかのパラメータについては論文[I3], [I4] を参照されたい）．

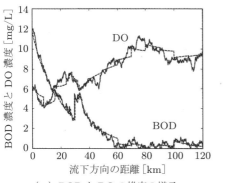
(a) BOD と DO の推定の様子

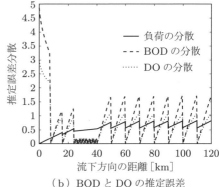
(b) BOD と DO の推定誤差

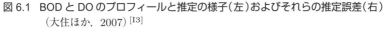
図 6.1　BOD と DO のプロフィールと推定の様子（左）およびそれらの推定誤差（右）
（大住ほか，2007）[I3]

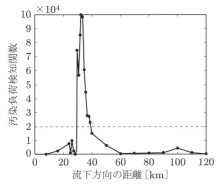

図 6.2　負荷流入地点の特定（破線はしきい値）
（大住ほか，2007）[I3]

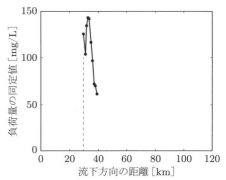
図 6.3　負荷量 p_0 の同定結果
（大住ほか，2007）[I3]

図 6.1 は BOD $L(x)$ と DO $(= \mathrm{DO}_{\mathrm{sat}} - D(x))$ の推定の様子(破線,実線は真値)(左図)とその推定誤差(右図)を示したものである.観測が密な区間では推定誤差は小さく,観測していない区間ではそれらが発散する傾向が見てとれる.図 6.2 は (6.12) 式で表される $\nu(x_k)$ を用いて,

$$r(x_k) = \|\nu(x_k)\|^2 \tag{6.25}$$

で定義される負荷検知関数 (pollution-load detector) の振舞いを示したものであり,$x = 30$ km あたりで急激に大きな値をとり,たとえばしきい値を $r_{\mathrm{threshold}} = 2 \times 10^4$ と設定すれば,負荷流入地点は $\widehat{x}_{\mathrm{in}} = 29.3$ km と特定される.図 6.3 は未知負荷量 p_0 の同定の様子を示したもので,雑音の影響によってばらつきが見られるが,それらを平均すれば $\widehat{p}_0 = 106.6$ mg/L であり,p_0 の真値に近い値を与えているといえよう.

6.3 不規則に航行する船舶のトラッキング

1.3 節の例 1.1 で述べた海上を航行する船舶(ターゲット)のトラッキング(追尾)問題を考えよう[J5-J7].

A. ターゲットのダイナミクス　海上を不規則に航行する(不審船のような)船舶と(固定された)観測基地(レーダーサイト)との間の相互連絡はないとの状況のもとで,レーダーで得られる情報はターゲットまでの距離 $r(t)$ と方位角 $\beta(t)$(北から時計回り)のみであるとする(1.3 節,図 1.2 参照).

ターゲットは緩やかに針路や速度を変更するとは限らず,その位置や速度,あるいは加速度,進行方向などの急激な変化にも対処できるようにトラッキングしなければならない.

図 1.2 のように,レーダーサイトの位置を 2 次元直交座標の原点とし,東および北方向をそれぞれ x,y 軸の正方向とする.ターゲットのダイナミクスを得るために,その状態量ベクトルをつぎのように定義する.

$$x(t) = [r_x(t) \ r_y(t) \ v_x(t) \ v_y(t) \ a_x(t) \ a_y(t) \ j_x(t) \ j_y(t)]^T \tag{6.26}$$

ここで,$r_*(t)$,$v_*(t)$,$a_*(t)$,$j_*(t)$ はそれぞれ位置,速度,加速度 (acceleration) および加加速度 (jerk) の x,y 方向成分である.ターゲットの位置および速度を知るには状態ベクトルは $r_*(t)$,$v_*(t)$ のみでよいが,ターゲットの不規則変化にも対応するために状態量ベクトルを加加速度まで考慮し,そのダイナミクスとしてつぎのようなモデルを考える.

$$\begin{cases} \dot{j}_x(t) = -\alpha j_x(t) + \gamma_x(t) \\ \dot{j}_y(t) = -\alpha j_y(t) + \gamma_y(t) \end{cases} \tag{6.27}$$

ここで,$\alpha\ (>0)$ は運動の緩やかさを表すパラメータであり,$\gamma(t) = [\gamma_x(t), \gamma_y(t)]^T$ は平均零で,つぎのような共分散マトリクスをもつ正規性白色雑音とする.

$$\mathcal{E}\{\gamma(t)\gamma^T(\tau)\} = 2\alpha\sigma^2 I_2\, \delta(t-\tau) \tag{6.28}$$

σ^2 はパラメータである.文献 [J1] では加速度成分に対してこのような 1 階微分方程式(1 次遅れ)モデルを導入しているが,ここでは加加速度に対して (6.27) 式のようなモデルを用いることにする.したがって,これらからターゲットの状態方程式はつぎのように表される.

$$\begin{bmatrix} \dot{r}_x(t) \\ \dot{r}_y(t) \\ \dot{v}_x(t) \\ \dot{v}_y(t) \\ \dot{a}_x(t) \\ \dot{a}_y(t) \\ \dot{j}_x(t) \\ \dot{j}_y(t) \end{bmatrix} = \begin{bmatrix} v_x(t) \\ v_y(t) \\ a_x(t) \\ a_y(t) \\ j_x(t) \\ j_y(t) \\ -\alpha j_x(t) \\ -\alpha j_y(t) \end{bmatrix} + \begin{bmatrix} 0 \\ 0 \\ 0 \\ 0 \\ 0 \\ 0 \\ \gamma_x(t) \\ \gamma_y(t) \end{bmatrix} \tag{6.29}$$

あるいは,ベクトル表示により

$$\dot{x}(t) = Ax(t) + G\gamma(t) \tag{6.30}$$

と表される.ただし,

$$A = \begin{bmatrix} O_2 & I_2 & O_2 & O_2 \\ O_2 & O_2 & I_2 & O_2 \\ O_2 & O_2 & O_2 & I_2 \\ O_2 & O_2 & O_2 & -\alpha I_2 \end{bmatrix}, \quad G = \begin{bmatrix} O_2 \\ O_2 \\ O_2 \\ I_2 \end{bmatrix}$$

である.

t_k をレーダーの k 回転目でターゲットを(画面上で)認識する時刻とし,$\Delta t_k = t_{k+1} - t_k$ をつぎの認識時刻までの時間間隔とすると,時刻 $t = t_k$ に対する離散時間モデルは (6.30) 式よりつぎのようになる(3.4 節参照).

$$x(k+1) = F(k)x(k) + u(k) \tag{6.31}$$

ここで,$x(k) := x(t_k)\ (k = 0, 1, 2, \cdots)$ であり,

$$F(k) = e^{A \Delta t_k}$$

$$= \begin{bmatrix} I_2 & \Delta t_k I_2 & \frac{1}{2}\Delta t_k^2 I_2 & \frac{1}{2\alpha^3}(2 - 2\alpha \Delta t_k + \alpha^2 \Delta t_k^2 - 2e^{-\alpha \Delta t_k}) I_2 \\ O_2 & I_2 & \Delta t_k I_2 & \frac{1}{\alpha^2}(-1 + \alpha \Delta t_k + e^{-\alpha \Delta t_k}) I_2 \\ O_2 & O_2 & I_2 & \frac{1}{\alpha}(1 - e^{-\alpha \Delta t_k}) I_2 \\ O_2 & O_2 & O_2 & (e^{-\alpha \Delta t_k}) I_2 \end{bmatrix} \tag{6.32}$$

$$u(k) = \int_{t_k}^{t_{k+1}} e^{A(t_{k+1}-\tau)} G \gamma(\tau) \, d\tau \tag{6.33}$$

である．$u(k)$ は平均零，共分散 $Q(k)$ の正規性白色雑音系列である（$Q(k)$ の詳細については文献 [J7] を参照されたい）．

観測データは，$r(t_k)(=r(k))$ と $\beta(t_k)(=\beta(k))$ が加法的な雑音に乱されて得られるものとすると，

$$\begin{bmatrix} y_\beta(k) \\ y_r(k) \end{bmatrix} = \begin{bmatrix} \beta(k) \\ r(k) \end{bmatrix} + \begin{bmatrix} \eta_\beta(k) \\ \eta_r(k) \end{bmatrix} = \begin{bmatrix} \tan^{-1}[r_x(k)/r_y(k)] \\ [r_x^2(k) + r_y^2(k)]^{1/2} \end{bmatrix} + \begin{bmatrix} \eta_\beta(k) \\ \eta_r(k) \end{bmatrix} \tag{6.34}$$

のように非線形観測式が得られる．ここで，$\eta_\beta(k)$, $\eta_r(k)$ は平均零の正規性白色雑音系列とする．

B. 擬似的な観測量の導入　さて，ターゲットのダイナミクス (6.31) とその観測モデル (6.34) が得られたので，これらの設定のもとで離散時間システムに対する拡張カルマンフィルタを用いれば，ターゲットの位置と速度，加速度などの推定値が一応得られる．しかし，その精度はターゲットが等速度直線運動するときでさえあまりよくない．ましてターゲットが任意に速度や針路を変えるような場合には対処できない．そこで，速度，加速度および針路方向の変化に対する角速度，角加速度がすべて時間的な不確定性をもつと考えることにする．このようにすることによって，ターゲットの突発的な変化に対処することが可能となる．

$v(t)$, $\theta_v(t)$ をそれぞれターゲットの進行方向速度および進行方位角（図 6.4），また $a(t)$, $\theta_a(t)$ を加速度，その方向に対する角度とし，それらがすべて不確定性をもっているとして表現するとつぎのようになる．

$$\begin{cases} \dfrac{d}{dt} v^2(t) = \mu_v(t), & \dot{\theta}_v(t) = \mu_{\theta v}(t) \\ \dfrac{d}{dt} a^2(t) = \mu_a(t), & \dot{\theta}_a(t) = \mu_{\theta a}(t) \end{cases} \tag{6.35}$$

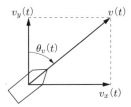

図 6.4 ターゲットの進行速度および方位角

ここで，$\mu_*(t)$ はすべて平均零の正規性白色雑音とする．幾何学的関係より

$$\begin{cases} v^2(t) = v_x^2(t) + v_y^2(t), \quad a^2(t) = a_x^2(t) + a_y^2(t) \\ \theta_v(t) = \tan^{-1}\dfrac{v_x(t)}{v_y(t)}, \quad \theta_a(t) = \tan^{-1}\dfrac{a_x(t)}{a_y(t)} \end{cases} \quad (6.36)$$

が成り立つから，(6.35) 式の上段の 2 式について

$$\begin{cases} \dfrac{dv^2(t)}{dt} = 2v_x(t)a_x(t) + 2v_y(t)a_y(t) = \mu_v(t) \\ \dfrac{d\theta_v(t)}{dt} = \dfrac{d}{dt}\left\{\tan^{-1}\dfrac{v_x(t)}{v_y(t)}\right\} = \dfrac{v_y(t)a_x(t) - v_x(t)a_y(t)}{v_x^2(t) + v_y^2(t)} = \mu_{\theta v}(t) \end{cases}$$

が得られるので，これらをつぎのように書き換える．

$$0 = [v_x(k)a_x(k) + v_y(k)a_y(k)] - \frac{1}{2}\mu_v(k)$$
$$\equiv c_v[x(k)] + \eta_v(k) =: y_v(k) \quad (6.37)$$

$$0 = \left[\frac{v_y(k)a_x(k) - v_x(k)a_y(k)}{v_x^2(k) + v_y^2(k)}\right] - \mu_{\theta v}(k)$$
$$\equiv c_{\theta v}[x(k)] + \eta_{\theta v}(k) =: y_{\theta v}(k) \quad (6.38)$$

同様にして，(6.35) 式の下段の 2 式について次式を得る．

$$0 = [a_x(k)j_x(k) + a_y(k)j_y(k)] - \frac{1}{2}\mu_a(k)$$
$$\equiv c_a[x(k)] + \eta_a(k) =: y_a(k) \quad (6.39)$$

$$0 = \left[\frac{a_y(k)j_x(k) - a_x(k)j_y(k)}{a_x^2(k) + a_y^2(k)}\right] - \mu_{\theta a}(k)$$
$$\equiv c_{\theta a}[x(k)] + \eta_{\theta a}(k) =: y_{\theta a}(k) \quad (6.40)$$

ただし，(6.37)〜(6.40) 式において，$\eta_*(k)$ はいずれも $\mu_*(k)$ に関する雑音項である．このようにして得られた条件式 (6.37)〜(6.40) を便宜的に観測値とみなして[J2-J7]，

それらを観測方程式 (6.35) に組み込むと,

$$\begin{bmatrix} y_\beta(k) \\ y_r(k) \\ y_v(k) \\ y_{\theta v}(k) \\ y_a(k) \\ y_{\theta a}(k) \end{bmatrix} \equiv \begin{bmatrix} y_\beta(k) \\ y_r(k) \\ 0 \\ 0 \\ 0 \\ 0 \end{bmatrix} = \begin{bmatrix} h_\beta[x(k)] \\ h_r[x(k)] \\ c_v[x(k)] \\ c_{\theta v}[x(k)] \\ c_a[x(k)] \\ c_{\theta a}[x(k)] \end{bmatrix} + \begin{bmatrix} \eta_\beta(k) \\ \eta_r(k) \\ \eta_v(k) \\ \eta_{\theta v}(k) \\ \eta_a(k) \\ \eta_{\theta a}(k) \end{bmatrix} \quad (6.41)$$

となる ($h_\beta[x(k)]$ および $h_r[x(k)]$ の定義は (6.34) 式より明らか). これをベクトル表示して

$$y(k) = h[x(k)] + \eta(k) \quad (6.42)$$

が得られる ($y(k) \in \mathrm{R}^6$). 白色雑音系列 $\eta(k)$ の共分散は, $\eta_*(k)$ の分散を s_* として, つぎのように仮定する.

$$\mathcal{E}\left\{\eta(k)\eta^T(l)\right\} = S\,\delta_{kl}, \quad S = \mathrm{diag}\,\{s_\beta, s_r, s_v, s_{\theta v}, s_a, s_{\theta a}\}$$

C. ターゲットのトラッキング 離散時刻 t_k における推定値 $\hat{x}(k|k) = \mathcal{E}\{x(k)|Y_k\} \in \mathrm{R}^8$ は, ターゲットのダイナミクス (6.31) 式とターゲットの運動に対する拘束条件式 (6.37)〜(6.40) を擬似的に観測値とみなして組み込んだ非線形観測方程式 (6.42) から, 以下の拡張カルマンフィルタ (5.5 節) を用いて得られる. Y_k は $t = t_k$ に至るまでの観測データの集積, すなわち $Y_k = \{y_\beta(i), y_r(i), 0 \leq i \leq k\}$ である (あるいは $Y_k = \{y(i), 0 \leq i \leq k\}$ と考えてもよい).

$$\begin{cases} \hat{x}(k+1|k) = F(k)\hat{x}(k|k) \\ \hat{x}(k|k) = \hat{x}(k|k-1) + K(k)\{y(k) - h[\hat{x}(k|k-1)]\} \\ K(k) = P(k|k-1)\widehat{H}^T(k)\,[\,\widehat{H}(k)P(k|k-1)\widehat{H}^T(k) + S(k)\,]^{-1} \\ P(k+1|k) = F(k)P(k|k)F^T(k) + Q(k) \\ P(k|k) = P(k|k-1) - K(k)\widehat{H}(k)P(k|k-1) \end{cases} \quad (6.43)$$

ここで, $\widehat{H}(k) = \left[\partial h^T[x(k)]/\partial x(k)\right]^T|_{x(k)=\hat{x}(k|k-1)}$ である.

(6.43) 式のアルゴリズムをトラッキング用コンピュータに搭載すれば, ターゲットの位置, 速度などの情報が把握できる. その詳細は文献 [J7] を参照されたい.

D. シミュレーションと実データへの適用例 図 6.5, 6.6 はシミュレーション例である. シミュレーションでは $\alpha = 1/\sqrt{5}$, $\sigma = 0.8$ とした.

ターゲットは図 6.5(a) に示したような航跡をとり, その速度は図 6.5(b) のように与

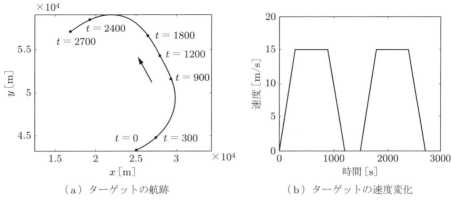

(a) ターゲットの航跡　　　　　　　(b) ターゲットの速度変化

図 6.5　ターゲットの航跡と速度変化（大住ほか，2001）[J7]

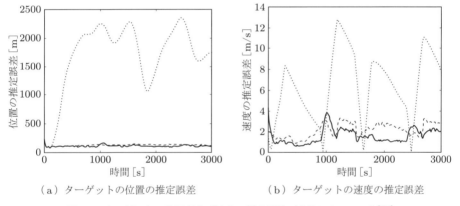

(a) ターゲットの位置の推定誤差　　　(b) ターゲットの速度の推定誤差

図 6.6　ターゲットの位置および速度の推定誤差（大住ほか，2001）[J7]

えている．拡張カルマンフィルタの初期値を適当に設定し，推定を行った．図 6.6(a)，(b) が位置と速度のそれぞれの推定誤差の様子を示したもので，実線が本書で述べた方法による推定結果である．なお，提案したアルゴリズムの有効性を示すために別の方法で行ったシミュレーション結果も合わせて示している．その一つは，加加速度を導入せず加速度成分に

$$\dot{a}_x(t) = -\alpha a_x(t) + \gamma_x(t), \quad \dot{a}_y(t) = -\alpha a_y(t) + \gamma_y(t)$$

を仮定し，(6.35) 式の上段の 2 式より導出した擬似的な観測式 (6.37)，(6.38) を (6.34) 式に組み込んだ観測方程式を用いたアルゴリズムである（図中点線）．もう一つは状態方程式は加加速度モデルを用いた (6.31) 式であるが，観測方程式は (6.37) 式のような拘束条件を考慮しない (6.34) 式のままのアルゴリズムである（破線）．

シミュレーション結果から，(i) ダイナミクスに加加速度を考慮しないと，擬似的な観測量を導入しても突発的な速度変化には対応しきれない（点線）が，加加速度モデルを導入すれば（実線および破線），たとえ擬似的な観測量を導入しなかったとしても十分な推定精度を発揮していることが，また，(ii) 加加速度モデルを採用した二つの場合（実線と破線）を比較すると，急激な速度変化に対してはやはり擬似観測値を導入したアルゴリズムのほうが精度が保証されていることがわかる．

提案したアルゴリズムを実データに適用してみた．図 6.7(a) がレーダーにより得られた距離と方位角の実データをプロットしたものである．ターゲットは最初低速で進み，急転回して中速，その後大きく回転して高速で進んでいることがこの生データからわかる．図 6.7(b)，(c) はそれぞれターゲットの位置および速度を推定した結果である．この結果より，位置推定は良好に行われており，また速度変化の様子も的確にとらえられていることがわかる．

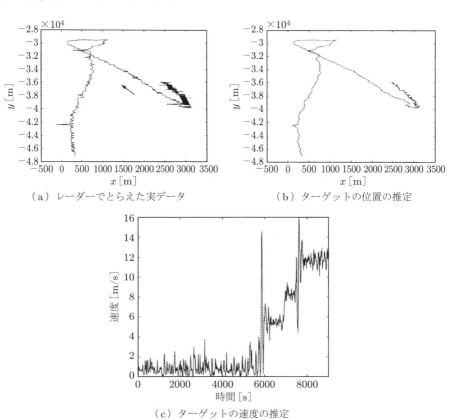

(a) レーダーでとらえた実データ

(b) ターゲットの位置の推定

(c) ターゲットの速度の推定

図 6.7 レーダーでとらえた実データとターゲットの位置および速度の推定
（大住ほか，2001）[J7]

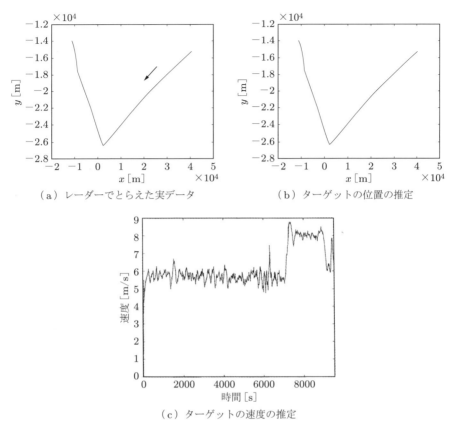

図 6.8 レーダーでとらえた実データとターゲットの位置および速度の推定
（大住ほか，2001）[J7]

図 6.8 は別の実データに対する結果を示したものである．ターゲットの位置に関してはほとんど不規則性は見られないデータであるが，急激な方向変化（$t = 7100$ sec 付近）にもよく追尾し，速度の変化も明確にとらえている．

6.4 擬似観測量

6.2, 6.3 節で述べた二つのシステム同定の例では，補助的なダイナミクスをシステム方程式に加味したり，あるいは未知の負荷の大きさやダイナミクスに対する拘束条件などをあたかも観測しているかのような状況を人為的につくり出し，それを（擬似的な）観測量とみなしたりしてカルマンフィルタを構成した．このような人為的につくり出した観測量を**擬似観測量**（pseudomeasurement）とよぶことにする．以下，この擬似観測量について考察してみよう[K1]．

一般に，動的システムの推定における問題点として，

(i) 非線形システムの推定においては，単に非線形関数の近似度を上げるだけでは必ずしも満足できる推定精度は得られない．
(ii) 線形システムであっても，たとえば未知入力なども同時に同定する場合にはその同定の速応性は十分ではない．

などが見出される．これらの問題点を解消する一つの方法として，擬似観測量のアイデアを導入する．

つぎのような推定問題を考えてみよう．

$$\begin{cases} \dot{x}(t) = f[t, x(t), \theta] + \{\text{system noise}\} \\ y(t) = h[t, x(t)] + \{\text{observation noise}\} \end{cases} \tag{6.44}$$

θ は未知パラメータベクトルである．状態量 $x(t)$ と θ とを同時に推定/同定するには，(6.44) 式に対してフィルタを構成するだけでは，未知パラメータを精度よく同定することはできない．そこで，たとえば，θ が一定値であるということがわかっているとすると，それを一つの状態量とみて $\theta(t)$ と記述し，$\dot{\theta}(t) = 0$ をシステム方程式に組み入れ，拡大システム方程式

$$\begin{cases} \dot{x}(t) = f[t, x(t), \theta(t)] + \{\text{system noise}\} \\ \dot{\theta}(t) = \{\text{noise}\} \end{cases} \tag{6.45}$$

と観測方程式とで（拡張）カルマンフィルタを構成すれば，一応 θ の同定値も得られる．しかし，その同定精度は期待できないであろう．その理由は，$\theta(t)$ の情報は $x(t)$ という状態変数を通してしか観測データ $\{y(t)\}$ に反映されないからである，ということは容易に想像がつく．

そこで，もっと積極的に θ に関する情報を（状態量 $x(t)$ に絡んでいてもよいから）得る方法は何かないかを考えてみる．

6.2 節の河川の汚染負荷量の同定例では，(6.17) 式で得たように未知量と状態変数との関係より（その状態量を観測データで近似して），(6.20) 式のように既知量 $y_p(\cdot)$ を使って未知量 $p_0(x)$ をあたかも観測しているかのような状況をつくり出した．また，6.3 節の例では，ターゲットの突発的な運動変化に対応するために，（通常なら考慮しない）加加速度まで考慮し，さらにターゲットの運動に対する拘束条件ともいうべき (6.35) 式を用いて，(6.37)～(6.40) 式のように $y_v(k) = 0$, $y_{\theta_v}(k) = 0$ などの拘束条件があたかも"当然成り立っている"ものとして，"その事実を観測している"とみなしている．これを数式で表現すれば，

$$c[x(t)] = 0$$

に対して,

$$y_p(t) \equiv 0 = c[x(t)] \, (+\{\text{noise}\}) \tag{6.46}$$

を常に観測しているとみなして,観測モデルに付加している.

$$\begin{cases} y(t) = h[t, x(t)] + \{\text{observation noise}\} \\ y_p(t) \equiv 0 = c[x(t)] + \{\text{noise}\} \end{cases} \tag{6.47}$$

　以上,擬似観測量をどのようにつくり出すかについて 6.2,6.3 節の二つの例に従って述べたが,もとよりその定義の仕方は実際の問題に則して考えるべきで,一般的なやり方や決まった方法があるわけではない.ここが個々人の知恵の絞りどころであり,力量を問われるところであろう.図 6.9 に擬似観測量を用いたシステムの推定・同定の概念を示す.

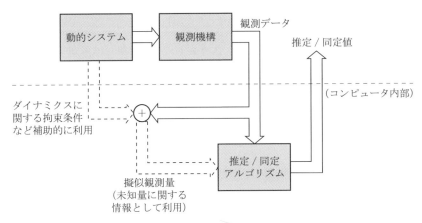

図 6.9　擬似観測量を利用したシステムの推定・同定の概念図

6.5　未知外生入力をうけるシステムの同定

　6.2 節では,大きさ未知の負荷を入力とする河川の推定・同定問題を擬似観測量の導入によって解決する方法を述べた.本節では,より一般的な観点からそのような未知の外生入力 (exogenous input) の同定とシステムの状態量の推定とを同時に行う問題について考える[K2,K3,K5,K8].

　A. 未知外生入力の同定問題　システムおよび観測方程式をつぎのようにする.

$$\begin{cases} \dot{x}(t) = Ax(t) + B\xi(t) + Cu(t) + G\gamma(t), \quad x(0) = x_0 \\ y(t) = Hx(t) + R\eta(t) \end{cases} \tag{6.48}$$

ここで，$x(t) \in \mathrm{R}^n$，$y(t) \in \mathrm{R}^m$ $(m \leqq n)$，$u(t) \in \mathrm{R}^l$ は既知入力，$\gamma(t) \in \mathrm{R}^{d_1}$，$\eta(t) \in \mathrm{R}^{d_2}$ は互いに独立な平均零，共分散マトリクス Q，I_{d_2} をもつ正規性白色雑音であり，$\xi(t) \in \mathrm{R}^m$ は未知の外生入力である．問題は入出力データ $\{u(t), y(t)\}$ からシステム状態量 $x(t)$ と同時に未知入力 $\xi(t)$ を同定することである．以下，システムマトリクス A は安定で，対 (A, H) は可観測，すなわち $\mathrm{rank} \begin{bmatrix} H \\ sI_n - A \end{bmatrix} = n$ $(s \in \mathrm{C})$ と仮定する（3.5.1 項 (3.58) 式）．

外生入力 $\xi(t)$ がある時刻 $t_0 \, (> 0)$ においてステップ状あるいはデルタ関数状に介入することがあらかじめわかっているとすると，それらは

$$\xi(t) = \theta \, u_S(t - t_0) \tag{6.49}$$

あるいは

$$\xi(t) = \theta \, \delta(t - t_0) \tag{6.50}$$

のようにモデル化できる．ただし，大きさ $\theta \in \mathrm{R}^m$（一定値）は未知である．(6.50) 式のようなモデルは 6.2 節において用いた．

未知外生入力の姿に対して何ら情報がなければ，適当な p 個の（スカラ）関数 $\{\phi_i(t)\}$ を用いて

$$\xi(t) = \left[\sum_{i=1}^{p} \theta_i \, \phi_i(t) \right] u_S(t - t_0) \tag{6.51}$$

のように考えることにする．ただし，項数 p は任意であるが，$\theta_i \in \mathrm{R}^m$ は未知ベクトルである．

(6.51) 式のモデルは $\theta = [\theta_1^T, \theta_2^T, \cdots, \theta_p^T]^T \in \mathrm{R}^{pm}$ とすると

$$\xi(t) = \Phi(t) \, \theta \, u_S(t - t_0) \tag{6.52}$$

と表現できる．ここで，

$$\begin{aligned} \Phi(t) &= [\phi_1(t) I_m \; \cdots \; \phi_p(t) I_m] \in \mathrm{R}^{m \times pm} \\ &= \phi^T(t) \otimes I_m \quad (\phi(t) = [\phi_1(t) \; \cdots \; \phi_p(t)]^T) \end{aligned} \tag{6.53}$$

である．$\otimes$ はクロネッカー積（付録 A.5 参照）である．

B. ステップ状入力同定のための擬似観測量の生成　(6.49) 式のような未知のステップ状入力が時刻 $t_0 \, (> 0)$ において，システムに介入する場合のその大きさの同定問

題を考える．

$$\begin{cases} \dot{x}(t) = Ax(t) + B\theta u_S(t - t_0) + Cu(t) + G\gamma(t), \quad x(0) = x_0 \\ y(t) = Hx(t) + R\eta(t) \end{cases} \quad (6.54)$$

さて，$\theta \in \mathrm{R}^m$ は定数と仮定しているので，これを $\theta(t)$ と記述すると，$\dot{\theta}(t) = 0$ であるが，ここでは，

$$\dot{\theta}(t) = G_\theta \gamma_\theta(t), \quad \theta(0) = \theta_0 \quad (\text{unknown}) \quad (6.55)$$

というモデルを設定する．$\gamma_\theta(t)$ としては正規性白色雑音 $(\gamma_\theta(t) \sim N[0, Q_\theta])$ を仮定する．もちろん $G_\theta = 0$ であってもかまわない．$z(t) = [x^T(t), \theta^T(t)]^T \in \mathrm{R}^{n+m}$ を拡大状態量ベクトルとすると，(6.54)，(6.55) 式より，

$$\begin{cases} \dot{z}(t) = A_0 z(t) + B_0 z(t) u_S(t - t_0) + C_0 u(t) + G_0 \gamma_0(t) \\ y(t) = H_\theta z(t) + R\eta(t) \end{cases} \quad (6.56)$$

を得る．ここで，$\gamma_0(t) = [\gamma^T(t), \gamma_\theta^T(t)]^T$，

$$A_0 = \begin{bmatrix} A & 0 \\ 0 & 0 \end{bmatrix}, \quad B_0 = \begin{bmatrix} 0 & B \\ 0 & 0 \end{bmatrix}, \quad C_0 = \begin{bmatrix} C \\ 0 \end{bmatrix}, \quad G_0 = \begin{bmatrix} G & 0 \\ 0 & G_\theta \end{bmatrix}$$

$$H_\theta = [H \quad 0] \in \mathrm{R}^{m \times (n+m)}$$

である．(6.56) 式に対してカルマンフィルタを構成すれば，未知ベクトル θ も状態量 $x(t)$ の推定と同時に同定できるが，その精度は悪い．

そこで，未知ベクトル $\theta(=\theta(t))$ に対する擬似観測量を生成しよう．θ はシステム方程式を通して状態量 $x(t)$ の変動に影響を与えるということしか情報はない．そこで，$t \geq t_0$ に対する (6.54) 式の解 $x(t)$ を求めると，それは

$$x(t) = e^{A(t-t_0)} x(t_0) + \left[\int_{t_0}^{t} e^{A(t-\tau)} B \, d\tau \right] \theta$$
$$+ \int_{t_0}^{t} e^{A(t-\tau)} Cu(\tau) \, d\tau + \int_{t_0}^{t} e^{A(t-\tau)} G\gamma(\tau) \, d\tau \quad (6.57)$$

である．ここで，観測方程式より $Hx(t) \sim y(t)$ $(Hx(t) = y(t) + \{\text{noise}\})$ の関係があるので，(6.57) 式の両辺に左側から H をかけてこの関係式を用いると次式を得る．

$$y(t) \sim He^{A(t-t_0)} x(t_0) + \left[\int_{t_0}^{t} He^{A(t-\tau)} B \, d\tau \right] \theta$$
$$+ \int_{t_0}^{t} He^{A(t-\tau)} Cu(\tau) \, d\tau + \{\text{noise}\}$$

ここで，既知の量を

$$y_p(t) = y(t) - \int_{t_0}^{t} He^{A(t-\tau)}Cu(\tau)\,d\tau \tag{6.58}$$

とおくと，上式より

$$y_p(t) = H_p(t)\theta + \{\text{noise}\} \tag{6.59}$$

という表現を得る．ただし，

$$H_p(t) = \int_{t_0}^{t} He^{A(t-\tau)}B\,d\tau \quad (\in \mathrm{R}^{m \times m}) \tag{6.60}$$

であり，未知項 $He^{A(t-t_0)}x(t_0)$ は A が安定マトリクスであることから $t \to \infty$ で消滅してしまうので，これも $\{\text{noise}\}$ 項に含めている．(6.59) 式を見ると，$y_p(t)$ はあたかも未知パラメータベクトル θ を観測しているかのような姿をしている．そこで，(6.59) 式を改めて

$$y_p(t) = H_p(t)\theta(t) + \eta_p(t) \quad (t \geqq t_0) \tag{6.61a}$$

と表現する．$\eta_p(t) \in \mathrm{R}^m$ は平均零，共分散マトリクス R_p の正規性白色雑音としてモデル化する．この $y_p(t)$ を未知パラメータベクトルに対する擬似観測量とする．

ここで強調しておかなければならないのは，擬似観測量は未知外生入力のために新しく観測装置を導入して得たものではなく，すでに (6.54) 式で得ている観測データ $\{y(t)\}$ と既知入力 $\{u(t)\}$ のみによって生成されているということであり，図 6.9 に示しているように，まったくコンピュータ（推定アルゴリズム）上だけのものであるという点である．

(6.61a) 式は $t \geqq t_0$ のもとで導出したが，全時間区間で推定アルゴリズムが適用できるように，$0 < t < t_0$ では，

$$y_p(t) = \eta_p(t) \quad (0 < t < t_0) \tag{6.61b}$$

を想定するが，擬似観測量そのものは $y_p(t) \equiv 0$ とする[†1]．

この擬似観測量 (6.61a, b) 式を本来の観測過程に付加する．そこで，$y_0(t) = [y^T(t), y_p^T(t)]^T$，$\eta_0(t) = [\eta^T(t), \eta_p^T(t)]^T$ とすると，

[†1] これは一見奇異に思われる読者もあるかも知れない．システム制御理論では，観測モデルとして，

$$y(t) = Hx(t) + Rv(t)$$

のように記述される．この左辺は実際観測により得られるデータであるが右辺は信号（メッセージ）$Hx(t)$，雑音 $Rv(t)$ いずれも未知の量である．したがって，既知量 = 未知量 という等式になっている．これは不合理である．そこで，これをつぎのように解釈する．得られた観測データはどのようにして得られたのかは，信号と雑音とが加法的に合わさってそれが実際に取得されたのであると想定（仮定）する．ここでの $(y_p(t) =) 0 = \eta_p(t)$ は "（平均零の）雑音を常に観測している" と解釈してもよい．

$$y_0(t) = H_0(t)z(t) + R_0\eta_0(t) \tag{6.62}$$

となる．ここで，

$$H_0(t) = \begin{bmatrix} H & 0 \\ 0 & \chi H_p(t) \end{bmatrix} \in \mathrm{R}^{2m \times (n+m)}, \quad R_0 = \begin{bmatrix} R & 0 \\ 0 & R_p \end{bmatrix}$$

である．χ は $0 < t < t_0$ では $\chi = 0$，$t \geqq t_0$ では $\chi = 1$ をとるパラメータである．

なお，外生入力の介入時刻 (onset time) t_0 が未知ならば，それの検知については 6.2 節 D 項で述べた方法を用いればよい．

拡大システムと擬似観測量を導入した観測モデル

$$\begin{cases} \dot{z}(t) = A_0 z(t) + B_0 z(t) u_S(t-t_0) + C_0 u(t) + G_0 \gamma_0(t) \\ y_0(t) = H_0(t) z(t) + R_0 \eta_0(t) \end{cases} \tag{6.63}$$

に基づいて以下のカルマンフィルタを構成することによって，つぎのように，システムの状態量 $x(t)$ の推定値と未知外生入力の大きさ θ の同定を同時に行うことができる（$\hat{z}(t|t) \in \mathrm{R}^{n+m}$，$P(t|t) \in \mathrm{R}^{(n+m) \times (n+m)}$）．

$$\begin{aligned} \frac{d\hat{z}(t|t)}{dt} &= A_\chi \hat{z}(t|t) + C_0 u(t) \\ &\quad + P(t|t) H_0^T(t)(R_0 R_0^T)^{-1}\{y_0(t) - H_0(t)\hat{z}(t|t)\} \end{aligned} \tag{6.64}$$

$$\begin{aligned} \dot{P}(t|t) &= A_\chi P(t|t) + P(t|t) A_\chi^T + G_0 Q_0 G_0^T \\ &\quad - P(t|t) H_0^T(t)(R_0 R_0^T)^{-1} H_0(t) P(t|t) \end{aligned} \tag{6.65}$$

ただし，(6.64)，(6.65) 式のアルゴリズムにおいては，A_χ は，$0 < t < t_0$ では $A_\chi = A_0$，$t \geqq t_0$ では $A_\chi = A_0 + B_0$ である．また，$Q_0 = \text{block diag}\{Q, Q_\theta\}$ であり，Q_θ，R_p はわれわれが任意に設定し得るパラメータである．

C. まったく未知の外生入力の同定 外生入力の様相がまったく未知である場合には，モデル式 (6.52) を用いることにする．この場合システムモデル (6.54) 式右辺第 2 項の $B\theta u_S(t-t_0)$ を $B\Phi(t)\theta u_S(t-t_0)$ に代えるだけで，上の B 項と同じ議論ができる．

実際，システム方程式

$$\dot{x}(t) = Ax(t) + B\Phi(t)\theta u_S(t-t_0) + Cu(t) + G\gamma(t) \tag{6.66}$$

の，$t \geqq t_0$ に対する解を求め，B 項で述べたのと同様の方法で (6.58) 式と同じ $y_p(t)$ を定義し，この場合

$$H_p(t) = \int_{t_0}^{t} He^{A(t-\tau)} B\varPhi(\tau)\, d\tau \tag{6.67}$$

と定義すれば，(6.63) 式と同じモデルを得る．ただし，(6.63) 式のシステムモデルの第 2 項のマトリクス B_0 は

$$B_0(t) = \begin{bmatrix} 0 & B\varPhi(t) \\ 0 & 0 \end{bmatrix}$$

で置き換える．

D. 擬似観測量を導入する意義 6.1 節においても少し述べたが，ここで擬似観測量を導入することの意義について考察してみよう．未知ステップ入力 ((6.49) 式) が介入するとき $(t > t_0)$，拡大システム (6.63) は

$$\begin{cases} \dot{z}(t) = (A_0 + B_0)z(t) + C_0 u(t) + \{\text{noise}\} \\ y_0(t) = H_0(t)z(t) + \{\text{noise}\} \end{cases} \tag{6.68}$$

となる．ここで，$H_0(t) = \begin{bmatrix} H & 0 \\ 0 & H_p(t) \end{bmatrix}$ である．観測マトリクス $H_0(t)$ が時変なので，擬似観測量を少し変形して等価的に時不変観測システムを考えることにする．そこで，(6.61a) 式に対して $\widetilde{y}_p(t) := H_p^{-1}(t) y_p(t)$ を定義すると，(6.61a) 式より

$$\widetilde{y}_p(t) = \theta(t) + \{\text{noise}\}$$

を得るが，$\widetilde{y}_0(t) = [\,y^T(t), \widetilde{y}_p^T(t)\,]^T$ とすると，(6.62) 式に対応する式として

$$\widetilde{y}_0(t) = \widetilde{H}_0 z(t) + \{\text{noise}\} \quad (t > t_0)$$

を得る．ここで，$\widetilde{H}_0 = \begin{bmatrix} H & 0 \\ 0 & I_m \end{bmatrix} \in \mathrm{R}^{2m \times (n+m)}$ である．このとき，対 $(A_0 + B_0, \widetilde{H}_0)$ は可観測になる．実際，$A_0 + B_0 = \begin{bmatrix} A & B \\ 0 & 0 \end{bmatrix}$ であるから，

$$\mathrm{rank} \begin{bmatrix} \widetilde{H}_0 \\ sI_{n+m} - (A_0 + B_0) \end{bmatrix} = \mathrm{rank} \begin{bmatrix} H & O_m \\ O_{m \times n} & I_m \\ sI_n - A & -B \\ O_{m \times n} & sI_m \end{bmatrix}$$

$$= \mathrm{rank} \begin{bmatrix} H & O_m \\ sI_n - A & -B \\ O_{m \times n} & I_m \\ O_{m \times n} & sI_m \end{bmatrix} = \mathrm{rank} \begin{bmatrix} H \\ sI_n - A \end{bmatrix} + m$$

$$= n + m \quad (= \text{dimension of } z(t))$$

となって明らかに可観測になる.

E. シミュレーション例[K5,K8]　図 6.10, 6.11 は, 時間区間 $[t_0, t_1] = [20, 29]$ sec において大きさ $\theta = [3, 2]^T$ のステップ入力をうけたときのシミュレーションの 1 例である. 入力 $u(t)$ は $u(t) \equiv 0$ とし, ダイナミクスを

$$\dot{x}(t) = Ax(t) + B\theta\{u_S(t-t_0) - u_S(t-t_1)\} + g\gamma(t)$$

$$A = \begin{bmatrix} 0 & 1 \\ -1 & -2.9 \end{bmatrix}, \quad B = I_2, \quad g = \begin{bmatrix} 1 \\ 1 \end{bmatrix}$$

$x(0) = [15, 4]^T$ とした. また, 観測過程に対しては $H = I_2$ とし, B 項の議論にお

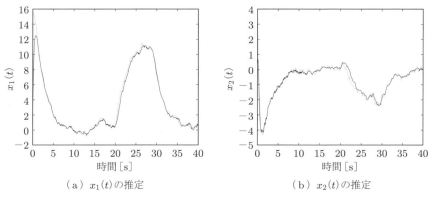

(a) $x_1(t)$ の推定　　　　　　　　(b) $x_2(t)$ の推定

図 6.10　状態量 $x_1(t)$ および $x_2(t)$ の推定 (木村, 大住, 河野, 2008)[K2]

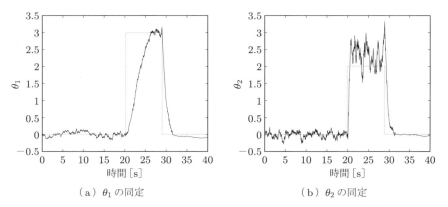

(a) θ_1 の同定　　　　　　　　(b) θ_2 の同定

図 6.11　未知の大きさ θ_1, θ_2 の同定 (木村, 大住, 河野, 2008)[K2]

いて，$t > t_1$ では $y_p(t) \equiv 0$ とする．図中の点線はそれぞれの真値であり，実線は推定値あるいは同定値を示している．

図 6.11 に示した θ_1，θ_2 の同定がうまく行われていることを示すために，擬似観測量を用いない場合のシミュレーションと比較する．そのために，擬似観測量を導入しないモデル（(6.56) 式に相当）を構成してシミュレーションを行った結果が図 6.12 である．図 6.11 と図 6.12 とを比べれば擬似観測量を導入する効果は明白である．

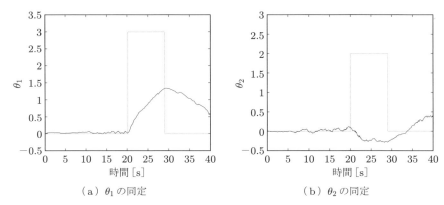

(a) θ_1 の同定 (b) θ_2 の同定

図 6.12 擬似観測量を導入しない場合の θ_1，θ_2 の同定（木村，大住，河野，2008）[K2]

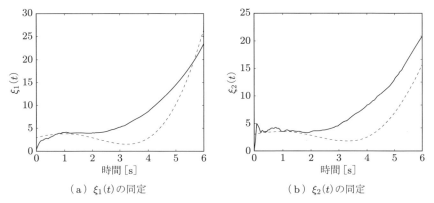

(a) $\xi_1(t)$ の同定 (b) $\xi_2(t)$ の同定

図 6.13 まったく未知の外生入力に対する同定（実線が同定値，破線は真値）[K5]

図 6.13 は外生入力がまったく未知である場合のシミュレーションで，同定して得られたパラメータを用いて再現した外生入力である．2 出力，3 次元システム（ただし，$u(t) \equiv 0$）とし，外生入力は 2 次元，

$$\begin{cases} \xi_1(t) = 3 + \dfrac{3}{2}t - \dfrac{1}{2}t^2 - \dfrac{1}{4}t^3 + \dfrac{1}{24}t^4 + \dfrac{1}{80}t^5 - \dfrac{1}{720}t^6 \\ \xi_2(t) = 3 + t - \dfrac{3}{8}t^2 - \dfrac{1}{9}t^3 + \dfrac{1}{32}t^4 + \dfrac{1}{120}t^5 - \dfrac{1}{960}t^6 \end{cases}$$

とした.$t_0 = 0$ とし,(6.51) 式の項数を $p = 4$,基底関数 $\{\phi_i(t); i = 1, 2, 3, 4\}$ を $\phi_i(t) = (t - t_j)^i$ $(t_j \leqq t < t_{j+1})$ のように与えた.区間 $[t_j, t_{j+1})$ で $\phi_i(t)$ が発散するのを防ぐためにこのようにした.十分とはいえないが,そこそこの同定結果が得られている.

6.6 システムマトリクスに含まれるパラメータの同定

A. 同定問題の設定[K6,K7,K9,K10] p 個の未知パラメータ $\{\theta_i, i = 1, 2, \cdots, p\}$ をシステムマトリクスに含んだ線形システムの同定問題を考えよう.

$$\begin{cases} \dot{x}(t) = Ax(t) + Bu(t) + G\gamma(t), \quad x(0) = x_0 \\ y(t) = Hx(t) + R\eta(t) \end{cases} \tag{6.69}$$

ここで,$x(t) \in \mathbb{R}^n$,$y(t) \in \mathbb{R}^m$ $(m \leqq n)$,$u(t) \in \mathbb{R}^l$ は既知入力,$\gamma(t) \in \mathbb{R}^{d_1}$,$\eta(t) \in \mathbb{R}^{d_2}$ は互いに独立な平均零の正規性白色雑音 $(\gamma(t) \sim N[0, Q]$,$\eta(t) \sim N[0, I_{d_2}])$ である.対 (A, H) は可観測と仮定する.

B. 擬似観測量の生成 システムマトリクス A のいくつかの要素が未知であるとする.具体例で示そう.$A \in \mathbb{R}^{3 \times 3}$ とし,

$$A = \begin{bmatrix} a_{11} & a_{12} & a_{13} \\ a_{21} & a_{22} & a_{23} \\ a_{31} & a_{32} & a_{33} \end{bmatrix}$$

の要素のうち $p = 5$ 個の要素 $\{a_{12}, a_{21}, a_{23}, a_{32}, a_{33}\}$ が未知であるとする.

Step 1:マトリクス A を既知の要素を含む部分と未知要素を含む部分とに分ける.

$$A = \begin{bmatrix} a_{11} & 0 & a_{13} \\ 0 & a_{22} & 0 \\ a_{31} & 0 & 0 \end{bmatrix} + \begin{bmatrix} 0 & a_{12} & 0 \\ a_{21} & 0 & a_{23} \\ 0 & a_{32} & a_{33} \end{bmatrix}$$

ここで,未知要素を適当に並べてそれを未知ベクトル θ とする.この例では,第1列から並べて,

$$\theta = [\, a_{21}, a_{12}, a_{32}, a_{23}, a_{33} \,]^T$$

とする.このとき,上式は

と分割表現できる.

Step 2：つぎに,
$$A_u(\theta)x(t) = X(t)\theta \tag{6.71}$$

となる $n \times p$ 次元マトリクス $X(t)$ を求める．$X(t)$ は $x(t)$ の要素からなる関数であり，これを要素 $\{x_i(t)\}$ で展開する．

$$\begin{aligned}X(t) &= \sum_{i=1}^{n} x_i(t)M_i \\ &= [\,x_1(t)I_n \;\cdots\; x_n(t)I_n\,]\begin{bmatrix} M_1 \\ \vdots \\ M_n \end{bmatrix} = (x^T(t) \otimes I_n)M_0 \end{aligned} \tag{6.72}$$

ここで，$M_0 = [\,M_1^T \cdots M_n^T\,]^T \in \mathrm{R}^{n^2 \times p}$ であり，記号 $\otimes$ はクロネッカー積（付録A.5）である．この例では,

$$A_u(\theta)x(t) = \begin{bmatrix} 0 & a_{12} & 0 \\ a_{21} & 0 & a_{23} \\ 0 & a_{32} & a_{33} \end{bmatrix}\begin{bmatrix} x_1(t) \\ x_2(t) \\ x_3(t) \end{bmatrix}$$

$$= \begin{bmatrix} 0 & x_2(t) & 0 & 0 & 0 \\ x_1(t) & 0 & 0 & x_3(t) & 0 \\ 0 & 0 & x_2(t) & 0 & x_3(t) \end{bmatrix}\begin{bmatrix} a_{21} \\ a_{12} \\ a_{32} \\ a_{23} \\ a_{33} \end{bmatrix}$$

であるから,

$$\begin{aligned}X(t) &= \begin{bmatrix} 0 & x_2(t) & 0 & 0 & 0 \\ x_1(t) & 0 & 0 & x_3(t) & 0 \\ 0 & 0 & x_2(t) & 0 & x_3(t) \end{bmatrix} \\ &= x_1(t)\begin{bmatrix} 0 & 0 & 0 & 0 & 0 \\ 1 & 0 & 0 & 0 & 0 \\ 0 & 0 & 0 & 0 & 0 \end{bmatrix} + x_2(t)\begin{bmatrix} 0 & 1 & 0 & 0 & 0 \\ 0 & 0 & 0 & 0 & 0 \\ 0 & 0 & 1 & 0 & 0 \end{bmatrix} \\ &\quad + x_3(t)\begin{bmatrix} 0 & 0 & 0 & 0 & 0 \\ 0 & 0 & 0 & 1 & 0 \\ 0 & 0 & 0 & 0 & 1 \end{bmatrix}\end{aligned}$$

として，M_1，M_2，M_3 が求められる．したがって，(6.71) 式は (6.72) 式を用いて,

$$A_u(\theta)x(t) = (x^T(t) \otimes I_n)M_0\,\theta \tag{6.73}$$

と表現できる.この表現を用いると,システム方程式はつぎのようになる.

$$\dot{x}(t) = A_k x(t) + (x^T(t) \otimes I_n)M_0\,\theta + Bu(t) + G\gamma(t) \tag{6.74}$$

Step 3:未知パラメータベクトル θ は定数であるので $\dot{\theta}(t) = 0$ であるが,不確定性をも考慮して,それを

$$\dot{\theta}(t) = G_\theta\,\gamma_\theta(t) \tag{6.75}$$

とする $(\gamma_\theta(t) \sim N[0, Q_\theta])$.これを (6.74) 式(ただし,(6.75) 式の θ を $\theta(t)$ と表記)に付加して拡大システム方程式

$$\dot{z}(t) = f[z(t)] + B_0 u(t) + G_0\,\gamma_0(t) \tag{6.76}$$

を得る.ここで,$z(t) = [\,x^T(t), \theta^T(t)\,]^T \in \mathrm{R}^{n+p}$,$\gamma_0(t) = [\,\gamma^T(t), \gamma_\theta^T(t)\,]^T$ であり,また,

$$f[z(t)] = \begin{bmatrix} A_k & X(t) \\ 0 & 0 \end{bmatrix} z(t), \quad B_0 = \begin{bmatrix} B \\ 0 \end{bmatrix}, \quad G_0 = \begin{bmatrix} G & 0 \\ 0 & G_\theta \end{bmatrix}$$

$$X(t) = (x^T(t) \otimes I_n)M_0$$

である.

Step 4:未知パラメータベクトル θ に関する情報を得るために,これに観測データと何らかの関連をつけることを考えよう.ところで,$y(t) \sim Hx(t)$,すなわち,$\widetilde{y}(t) := H^\dagger y(t) \in \mathrm{R}^n$ ($H^\dagger$ は擬似逆マトリクス)を定義すると,$\widetilde{y}(t) \sim x(t)$ の関係があるので,この関係を用いることにする.(6.74) 式を $t = 0$ から積分して,

$$x(t) = x(0) + A_k \int_0^t x(\tau)\,d\tau + \left(\left[\int_0^t x(\tau)\,d\tau\right]^T \otimes I_n\right) M_0\,\theta$$

$$+ \int_0^t Bu(\tau)\,d\tau + \{\text{noise}\}$$

を得る.したがって,これは $\widetilde{y}(t)$ を用いて,

$$\widetilde{y}(t) = \widetilde{y}(0) + A_k \int_0^t \widetilde{y}(\tau)\,d\tau + \left(\left[\int_0^t \widetilde{y}(\tau)\,d\tau\right]^T \otimes I_n\right) M_0\,\theta$$

$$+ \int_0^t Bu(\tau)\,d\tau + \{\text{noise}\} \tag{6.77}$$

と表現できる.パラメータベクトル θ を含む項以外の既知の項をまとめて $y_p(t)$ とおく.すなわち,

$$y_p(t) := \widetilde{y}(t) - \widetilde{y}(0) - A_k \int_0^t \widetilde{y}(\tau)\,d\tau - \int_0^t Bu(\tau)\,d\tau \tag{6.78}$$

とすると，(6.77) 式より，

$$y_p(t) = H_p(t)\theta + \{\text{noise}\} \tag{6.79}$$

を得る．ここで，

$$H_p(t) = \left(\left[H^\dagger \int_0^t y(\tau)\,d\tau \right]^T \otimes I_n \right) M_0$$

である．(6.79) 式は，未知パラメータベクトルと（観測データによって計算可能な）$y_p(t)$ とを直接結びつける関係式であり，未知パラメータベクトル θ をあたかも観測しているかのような状況を示している．そこで，この $y_p(t)$ を（未知パラメータに対する）擬似観測量とし，(6.79) 式を改めて

$$y_p(t) = H_p(t)\theta(t) + \eta_p(t) \tag{6.80}$$

と表現する．$\eta_p(t)$ は（システム雑音とは関係なく）あらたに導入した正規性白色雑音 ($\eta_p(t) \sim N[0, R_p]$) である．これを観測方程式に組み入れて，拡大観測方程式

$$y_0(t) = H_0(t)z(t) + R_0\eta_0(t) \tag{6.81}$$

を得る．$y_0(t) = [y^T(t), y_p^T(t)]^T \in \mathrm{R}^{m+n}$, $\eta_0(t) = [\eta^T(t), \eta_p^T(t)]^T$, $H_0(t) =$ block diag $\{H, H_p(t)\}$, $R_0 =$ block diag $\{R, I_n\}$ である．

C. 拡張カルマンフィルタによる状態量の推定とパラメータの同時同定　これで準備はすべて整った．(6.76), (6.81) 式，すなわち，

$$\begin{cases} \dot{z}(t) = f[z(t)] + B_0 u(t) + G_0 \gamma_0(t) \\ y_0(t) = H_0(t)z(t) + R_0\eta_0(t) \end{cases} \tag{6.82}$$

に対して，つぎのように拡張カルマンフィルタ（5.5 節）を構成する．

$$\frac{d\widehat{z}(t|t)}{dt} = f[\widehat{z}(t|t)] + B_0 u(t)$$
$$+ P(t|t) H_0^T(t) (R_0 R_0^T)^{-1} \{y_0(t) - H_0(t)\widehat{z}(t|t)\} \tag{6.83}$$

$$\dot{P}(t|t) = \widehat{F}[\widehat{z}(t|t)] P(t|t) + P(t|t) \widehat{F}^T[\widehat{z}(t|t)] + G_0 Q_0 G_0^T$$
$$- P(t|t) H_0^T(t) (R_0 R_0^T)^{-1} H_0(t) P(t|t) \tag{6.84}$$

ここで，$Q_0 =$ block diag $\{Q, Q_\theta\}$, $\widehat{F}[\widehat{z}(t|t)] = [\partial f_i(z)/\partial z_j]_{z=\widehat{z}}$ であり，

$$\widehat{F}[\widehat{z}(t|t)] = \begin{bmatrix} \widehat{A}(t|t) & \widehat{X}(t|t) \\ 0 & 0 \end{bmatrix}$$

$$\widehat{A}(t|t) = A_k + \sum_{i=1}^{p} \widehat{\theta}_i(t|t) A_i, \quad \widehat{X}(t|t) = \sum_{i=1}^{n} \widehat{x}_i(t|t) M_i$$

である．$A_i \in \mathrm{R}^{n \times n}$ は $A_u(\theta)$ を未知パラメータ θ_i で展開したとき，$A_u(\theta) = \sum_{i=1}^{p} \theta_i A_i$ となるマトリクスである．

D. シミュレーション例[K7]　つぎのような 1 入力 1 出力の 2 次元システムを例にシミュレーションを行った．

$$A = \begin{bmatrix} 0 & 1 \\ a_{21} & a_{22} \end{bmatrix}, \quad B = \begin{bmatrix} 0 \\ 1 \end{bmatrix}, \quad G = H = I_2, \quad R = 0.001 I_2$$

ここで，a_{21}, a_{22} は未知パラメータである．$\theta = [a_{21}, a_{22}]^T$ とすると，

$$A_k = \begin{bmatrix} 0 & 1 \\ 0 & 0 \end{bmatrix}, \quad A_u(\theta) = \begin{bmatrix} 0 & 0 \\ a_{21} & a_{22} \end{bmatrix}$$

であるので，

$$X(t) = \begin{bmatrix} 0 & 0 \\ x_1(t) & x_2(t) \end{bmatrix} = x_1(t) \begin{bmatrix} 0 & 0 \\ 1 & 0 \end{bmatrix} + x_2(t) \begin{bmatrix} 0 & 0 \\ 0 & 1 \end{bmatrix}$$

となり，

$$M_0 = \begin{bmatrix} 0 & 1 & 0 & 0 \\ 0 & 0 & 0 & 1 \end{bmatrix}^T$$

となる．パラメータの真値は $(a_{21}, a_{22}) = (-7, -4)$ である．

図 6.14，6.15 にシミュレーションの一例を示した．$Q = Q_\theta = 0$ とし，$u(t)$ は分散 $Q_u = 1$ の正規性白色雑音を用いた．図 6.16 は擬似観測量を用いない場合の同定の様子であり，図 6.15 と比べると，いずれも真値には収束する様子が見てとれるが，やはり擬似観測量を用いたほうがその収束速度ははるかに速いことがわかる．

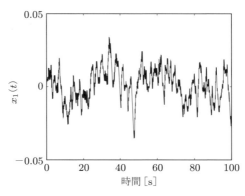

図 6.14 状態量 $x_1(t)$ の推定

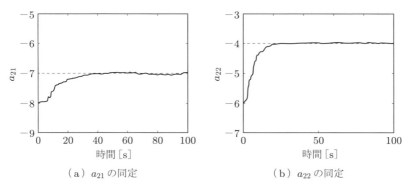

(a) a_{21} の同定

(b) a_{22} の同定

図 6.15 未知パラメータ a_{21} と a_{22} の同定の様子(それぞれの真値は $a_{21} = -7$, $a_{22} = -4$)

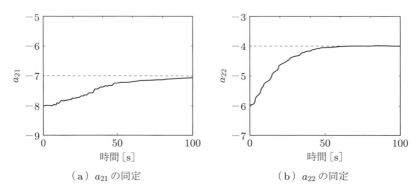

(a) a_{21} の同定

(b) a_{22} の同定

図 6.16 擬似観測量を用いない場合の a_{21} と a_{22} の同定の様子(図 6.15 と比べると真値への収束速度が遅い)

E. 擬似観測量の役割　擬似観測量が一体どのような役割を演じているのかを考察してみよう．そのために (6.84) 式の推定誤差共分散マトリクス $P(t|t) \in \mathrm{R}^{n+p}$ をつぎのように分割してみよう．

$$P(t|t) = \begin{bmatrix} P_{11}(t|t) & P_{12}(t|t) \\ P_{12}^T(t|t) & P_{22}(t|t) \end{bmatrix} \quad (P_{22}(t|t) \in \mathrm{R}^{p \times p})$$

そうすると，(6.84) 式は $\widehat{x}(t|t)$ と $\widehat{\theta}(t|t)$ に関してつぎのようになる．

$$\begin{aligned}
\frac{d\widehat{x}(t|t)}{dt} &= \widehat{A}(t|t)\widehat{x}(t|t) + Bu(t) + P_{11}(t|t)H^T(RR^T)^{-1}\{y(t) - H\widehat{x}(t|t)\} \\
&\quad + P_{12}(t|t)H_p^T(t)(R_pR_p^T)^{-1}\{y_p(t) - H_p(t)\widehat{\theta}(t|t)\}
\end{aligned} \tag{6.85}$$

$$\begin{aligned}
\frac{d\widehat{\theta}(t|t)}{dt} &= P_{12}^T(t|t)H^T(RR^T)^{-1}\{y(t) - H\widehat{x}(t|t)\} \\
&\quad + P_{22}(t|t)H_p^T(t)(R_pR_p^T)^{-1}\{y_p(t) - H_p(t)\widehat{\theta}(t|t)\}
\end{aligned} \tag{6.86}$$

また，$P_{22}(t|t) = \mathcal{E}\{[\theta - \widehat{\theta}(t|t)][\theta - \widehat{\theta}(t|t)]^T \mid Y_t\}$ についてはつぎのようになる．

$$\begin{aligned}
\dot{P}_{22}(t|t) &= G_\theta Q_\theta G_\theta^T - P_{12}^T(t|t)H^T(RR^T)^{-1}HP_{12}(t|t) \\
&\quad - P_{22}(t|t)H_p^T(t)(R_pR_p^T)^{-1}H_p(t)P_{22}(t|t)
\end{aligned} \tag{6.87}$$

(6.87) 式より，未知パラメータベクトル θ の同定誤差共分散 $P_{22}(t|t)$ は同定時にわれわれが任意に設定するパラメータ (user-defined parameter) G_θ, Q_θ および R_p に直に影響をうける．また，(6.86) 式より同定値 $\widehat{\theta}(t|t)$ は R_p に直接影響をうけ，さらに $P_{22}(t|t)$ を通して間接的に G_θ, Q_θ に影響をうけることがわかる．

また，擬似観測量からつくられるイノベーション過程 $\{y_p(t) - H_p(t)\widehat{\theta}(t|t)\}$ は，推定値 $\widehat{x}(t|t)$ および同定値 $\widehat{\theta}(t|t)$ いずれにもそれらの精度を向上させる役割を果たしていることがわかる．

第7章
状態量が拘束をうけるカルマンフィルタ

> The important thing is not to stop questioning. Curiosity has its own reason for existing.
> — Albert Einstein[†1]
>
> 大事なことは，疑問をもつことをやめないことです．好奇心はそれ自身の存在理由をもっています．

計測の対象が動的システムで，しかもその状態量が何らかの拘束をうけていることがあらかじめわかっていれば，その拘束条件を考慮して状態量を計測する必要がある．本章では，そのような場合に対するカルマンフィルタの構成について考察する．

7.1 拘束をうける連続時間システムの推定

動的計測システムをつぎのような連続時間時不変システムとする．

$$\Sigma_C : \begin{cases} \dot{x}(t) = Ax(t) + Bu(t) + G\gamma(t), \quad x(0) = x_0 \\ y(t) = Hx(t) + \eta(t) \end{cases} \tag{7.1}$$

ここで，$x(t) \in \mathrm{R}^n$ は状態ベクトル，$y(t) \in \mathrm{R}^m \ (m \leq n)$ は観測ベクトル，$u(t) \in \mathrm{R}^l$ は既知入力ベクトルであり，$\gamma(t) \in \mathrm{R}^d$, $\eta(t) \in \mathrm{R}^m$ は互いに独立な平均零，共分散マトリクスがそれぞれ Q, R で与えられる正規性白色雑音とする．すなわち，

$$\begin{cases} \mathcal{E}\{\gamma(t)\} = 0, \quad \mathcal{E}\{\eta(t)\} = 0 \\ \mathcal{E}\left\{ \begin{bmatrix} \gamma(t) \\ \eta(t) \end{bmatrix} \begin{bmatrix} \gamma^T(\tau) & \eta^T(\tau) \end{bmatrix} \right\} = \begin{bmatrix} Q & 0 \\ 0 & R \end{bmatrix} \delta(t - \tau) \end{cases} \tag{7.2}$$

である．

本節では，システムの状態量 $x(t)$ がつぎのような拘束をうけるものとする[D8]．

$$Dx(t) = b \tag{7.3}$$

[†1] *The Expanded Quotable Einstein* Collected by A. Calaprice, Princeton Univ. Press, 2000 より．

ここで，$D \in \mathrm{R}^{q \times n}$ および $b \in \mathrm{R}^q$ $(q < n)$ はいずれも既知マトリクスおよびベクトルであり，$\operatorname{rank} D = q$ であると仮定する．このような拘束条件を**等式拘束条件** (state-equality constraint) とよぶ．

システム状態量に何ら拘束条件が課せられていない場合の最適推定値 $\widehat{x}(t|t)$ は，5.3 節で与えられるようにカルマンフィルタ

$$\begin{cases} \dot{\widehat{x}}(t|t) = A\widehat{x}(t|t) + Bu(t) + P(t|t)H^T R^{-1}\{y(t) - H\widehat{x}(t|t)\} \\ \dot{P}(t|t) = AP(t|t) + P(t|t)A^T + GQG^T - P(t|t)H^T R^{-1} H P(t|t) \end{cases}$$

(ただし，$\widehat{x}(0|0) = \widehat{x}_0$, $P(0|0) = P_0$) によって容易に計算することができる．拘束条件 (7.3) を考慮した推定値を $\widehat{x}^c(t|t)$ と表記することにすると，当然

$$D\widehat{x}^c(t|t) = b \tag{7.4}$$

であることが要請される．このような推定値 $\widehat{x}^c(t|t)$ はもちろん観測データを基に生成しなければならない，すなわち Y_t-可測でなければならないから，以下では (7.1) 式に対する（何ら拘束条件を考慮しない）カルマンフィルタの推定値 $\widehat{x}(t|t)$ を基準にして生成することを考える．そこで，つぎの汎関数を考える．

$$J(t,\xi) = [\xi(t) - \widehat{x}(t|t)]^T W(t)[\xi(t) - \widehat{x}(t|t)] \tag{7.5}$$

ただし，$\xi(t) \in \mathrm{R}^n$ は

$$D\xi(t) = b \tag{7.6}$$

の拘束をうける．$W(t)$ は正定対称な重みマトリクスである．この汎関数を (7.6) 式の拘束条件のもとで最小にする $\xi(t)$ が，いま求めようとしている $\widehat{x}^c(t|t)$ である．このような汎関数を導入したのは，読者にも容易に理解されるように，カルマンフィルタによって計算される $\widehat{x}(t|t)$ にできるだけ近い値にするためである．

さて，(7.5) 式を最小にする $\xi(t)$ を求めよう．そこで，つぎのラグランジュ関数を定義する．

$$L(\xi,\lambda) = [\xi(t) - \widehat{x}(t|t)]^T W(t)[\xi(t) - \widehat{x}(t|t)] + \lambda^T [D\xi(t) - b] \tag{7.7}$$

ここで，$\lambda \in \mathrm{R}^q$ はベクトル値ラグランジュ乗数である．停留条件として

$$0 = \frac{\partial L(\xi,\lambda)}{\partial \xi} = 2W(t)[\xi - \widehat{x}(t|t)] + D^T \lambda \tag{7.8a}$$

$$0 = \frac{\partial L(\xi,\lambda)}{\partial \lambda} = D\xi - b \tag{7.8b}$$

を得る．(7.8b) 式は (7.6) 式そのものを与えている．(7.8a) 式から

$$\xi = \widehat{x}(t|t) - \frac{1}{2}W^{-1}(t)D^T\lambda \tag{7.9}$$

が得られる．これを (7.8b) 式に代入すると，

$$\lambda = 2[DW^{-1}(t)D^T]^{-1}\{D\widehat{x}(t|t) - b\} \tag{7.10}$$

が得られるので，これを (7.9) 式に代入すると拘束条件 (7.4) を満たす $\widehat{x}^c(t|t)$ はつぎのように得られる．

$$\widehat{x}^c(t|t) = \widehat{x}(t|t) - \Gamma(t)\{D\widehat{x}(t|t) - b\} \tag{7.11}$$

あるいは

$$\widehat{x}^c(t|t) = [I_n - \Gamma(t)D]\widehat{x}(t|t) + \Gamma(t)b \tag{7.12}$$

ここで，

$$\Gamma(t) = W^{-1}(t)D^T[DW^{-1}(t)D^T]^{-1} \tag{7.13}$$

である．(7.11) 式を見れば，この $\Gamma(t)$ は $\widehat{x}(t|t)$ を修正するための修正ゲインの役目を担っているとみなせる．

(7.11) 式あるいは (7.12) 式のように得られた $\widehat{x}^c(t|t)$ は当然拘束条件式を満たす．このことを示すために，(7.13) 式で定義したマトリクスの性質をまとめておこう．

補題 7.1

(7.13) 式で定義される $n \times q$ 次元マトリクス $\Gamma(t)$ は以下の性質をもつ．

（ⅰ）すべての t に対して，$D\Gamma(t) = I_q$
（ⅱ）$\Gamma(t)D$ はベキ等[†1]，すなわち，$[\Gamma(t)D]^2 = \Gamma(t)D$
（ⅲ）$I_n - \Gamma(t)D$ はベキ等である．
（ⅳ）$\Gamma(t)D[I_n - \Gamma(t)D] = 0$

証明は直接計算すればよい．

さて，(7.12) 式の両辺に左側から D をかけ，補題 7.1 の (ⅰ) を用いると，

$$D\widehat{x}^c(t|t) = D[I_n - \Gamma(t)D]\widehat{x}(t|t) + D\Gamma(t)b = b$$

となるから，$\widehat{x}^c(t|t)$ は確かに拘束条件 (7.4) を満たすことがわかる．

つぎに，推定値 $\widehat{x}^c(t|t)$ の推定誤差共分散を求めよう．そこで，それを

[†1] 線形演算子 T が $T^2 = T$ を満たすとき，**ベキ等** (idempotent) といい，ある自然数 m に対して $T^m = 0$ のとき，ベキ零 (nilpotent) という．

$$P^c(t|t) = \mathcal{E}\left\{[x(t) - \widehat{x}^c(t|t)][x(t) - \widehat{x}^c(t|t)]^T\right\} \tag{7.14}$$

と定義する．(7.12) 式を用いると，

$$x(t) - \widehat{x}^c(t|t) = x(t) - [I_n - \Gamma(t)D]\widehat{x}(t|t) - \Gamma(t)b - \Gamma(t)\{Dx(t) - b\}$$
$$= [I_n - \Gamma(t)D]\{x(t) - \widehat{x}(t|t)\} \tag{7.15}$$

が得られる．ただし，上式において $0 = Dx(t) - b$ に $\Gamma(t)$ をかけた項を右辺に加えている．したがって，$P^c(t|t)$ はつぎのようになる．

$$P^c(t|t) = \mathcal{E}\left\{[I_n - \Gamma(t)D]\{x(t) - \widehat{x}(t|t)\}\{x(t) - \widehat{x}(t|t)\}^T[I_n - \Gamma(t)D]^T\right\}$$
$$= [I_n - \Gamma(t)D]P(t|t)[I_n - \Gamma(t)D]^T \tag{7.16}$$

右辺の $P(t|t)$ はカルマンフィルタの推定誤差共分散マトリクスである．

定理 7.1

状態量が (7.3) 式の拘束条件をうけるシステムの推定値は，(何ら拘束をうけない) カルマンフィルタの推定値 $(\widehat{x}(t|t), P(t|t))$ を基にして (7.12)，(7.16) 式で与えられる．

定理 7.2

(7.12) 式の拘束条件を満たす推定値 $\widehat{x}^c(t|t)$ は以下の性質をもつ．

（ⅰ）任意の重みマトリクス $W(t)$ に対して，$\widehat{x}^c(t|t)$ は不偏推定値である．すなわち，次式を満たす．

$$\mathcal{E}\{\widehat{x}^c(t|t)\} = \mathcal{E}\{x(t)\} \tag{7.17}$$

（ⅱ）$W(t) = P^{-1}(t|t)$ と選ぶと，

$$P^c(t|t) < P(t|t) \tag{7.18}$$

であり，さらに $W(t)$ をどのように選ぼうとも，上述のように選んだ重みをもつ推定値の誤差共分散 $P^c(t|t)$ は最小になる．

（証明）（ⅰ）カルマンフィルタの推定値 $\widehat{x}(t|t)$ は不偏推定値であるから (5.7.2 項)，(7.15) 式より

$$\mathcal{E}\{x(t) - \widehat{x}^c(t|t)\} = [I_n - \Gamma(t)D]\mathcal{E}\{x(t) - \widehat{x}(t|t)\} = 0$$

となる．

（ⅱ）$W(t) = P^{-1}(t|t)$ に対応する $\Gamma(t)$ を $\widetilde{\Gamma}(t)$ とすると，

7.1 拘束をうける連続時間システムの推定　　163

$$\widetilde{\varGamma}(t) = P(t|t)D^T[DP(t|t)D^T]^{-1} \tag{7.19}$$

となるから，(7.16) 式は

$$\begin{aligned}P^c(t|t) &= [I_n - \widetilde{\varGamma}(t)D]P(t|t)[I_n - \widetilde{\varGamma}(t)D]^T \\ &= P(t|t) - \widetilde{\varGamma}(t)DP(t|t) - P(t|t)D^T\widetilde{\varGamma}^T(t) + \widetilde{\varGamma}(t)DP(t|t)D^T\widetilde{\varGamma}^T(t)\end{aligned}$$

と表されるが，この右辺最終項は

$$\widetilde{\varGamma}(t)DP(t|t)D^T\widetilde{\varGamma}^T(t) = P(t|t)D^T[DP(t|t)D^T]^{-1}DP(t|t)$$
$$= \widetilde{\varGamma}(t)DP(t|t)$$

となるので，結局 $P^c(t|t)$ はつぎのようになる．

$$\begin{aligned}P^c(t|t) &= P(t|t) - P(t|t)D^T\widetilde{\varGamma}^T(t) \\ &= P(t|t) - P(t|t)D^T[DP(t|t)D^T]^{-1}DP(t|t)\end{aligned} \tag{7.20}$$

この最右辺の第 2 項は正定値であるので不等式 (7.18) が得られる．

(ii) の後半部を証明するために，任意の $W(t)$ を用いたときの $P^c(t|t)$ を $P^c_W(t|t)$ と記述し，$W(t) = P^{-1}(t|t)$ としたときのそれは $P^c(t|t)$ そのままとする．すなわち，(7.16) 式より

$$\begin{aligned}P^c_W(t|t) = P(t|t) &- \varGamma(t)DP(t|t) - P(t|t)D^T\varGamma^T(t) \\ &+ \varGamma(t)DP(t|t)D^T\varGamma^T(t)\end{aligned} \tag{7.21}$$

であり，$P^c(t|t)$ は (7.20) 式で与えられる．

(7.20) 式から (7.21) 式を引き，さらに $P(t|t)D^T = \widetilde{\varGamma}(t)DP(t|t)D^T$ に留意すると，

$$\begin{aligned}P^c(t|t) - P^c_W(t|t) &= [P(t|t) - P(t|t)D^T\widetilde{\varGamma}^T(t)] \\ &\quad - [P(t|t) - \varGamma(t)DP(t|t) - P(t|t)D^T\varGamma^T(t) \\ &\qquad + \varGamma(t)DP(t|t)D^T\varGamma^T(t)] \\ &= -P(t|t)D^T\widetilde{\varGamma}^T(t) + \varGamma(t)DP(t|t) + P(t|t)D^T\varGamma^T(t) \\ &\quad - \varGamma(t)DP(t|t)D^T\varGamma^T(t) \\ &= -\widetilde{\varGamma}(t)DP(t|t)D^T\widetilde{\varGamma}^T(t) + \varGamma(t)DP(t|t)D^T\widetilde{\varGamma}^T(t) \\ &\quad + \widetilde{\varGamma}(t)DP(t|t)D^T\varGamma^T(t) - \varGamma(t)DP(t|t)D^T\varGamma^T(t) \\ &= -[\varGamma(t) - \widetilde{\varGamma}(t)]DP(t|t)D^T[\varGamma(t) - \widetilde{\varGamma}(t)]^T \\ &\leqq 0\end{aligned} \tag{7.22}$$

という不等式が得られる．ここで，等号は，$\Gamma(t) = \widetilde{\Gamma}(t)$ すなわち，$W(t) = P^{-1}(t|t)$ のときに限る． **(Q.E.D.)**

定理 7.2 の (7.18) 式は，カルマンフィルタの誤差共分散 $P(t|t)$ のほうが $P^c(t|t)$ より大きいことから一見奇異に見えるかも知れない．それは，カルマンフィルタの誤差共分散 $P(t|t)$ はシステム (7.1) に対しては最小値を与えるが，拘束条件 (7.3) を考慮していないことから $P^c(t|t)$ のほうが小さくなるからである．

$W(t) = I_n$ の場合には，

$$\Gamma(t)|_{W=I_n} = D^T(DD^T)^{-1} =: \Gamma_0 \tag{7.23}$$

とすると，つぎが成り立つ．

命題 7.1

マトリクス $\Gamma_0 D$ および $I_n - \Gamma_0 D$ はともに対称でベキ等である．

このように対称でベキ等であるマトリクスを**直交射影マトリクス** (orthogonal projection，あるいは単に projection) という[†1]．補題 7.1 の (ⅱ)，(ⅲ) より，$\Gamma_0 D$ および $I_n - \Gamma_0 D$ はともにベキ等である．さらに，Γ_0 の定義より，それらはともに対称であることがわかる．よって，ともに直交射影マトリクスである．

定理 7.3

$W(t) = I_n$ とする．このとき，拘束条件付き推定値 $\widehat{x}^c(t|t)$ およびその推定誤差共分散マトリクス $P^c(t|t)$ は，それぞれつぎのように与えられる．

$$\begin{cases} \widehat{x}^c(t|t) = (I_n - \Gamma_0 D)\widehat{x}(t|t) + \Gamma_0 b \\ P^c(t|t) = (I_n - \Gamma_0 D)P(t|t)(I_n - \Gamma_0 D)^T \end{cases} \tag{7.24}$$

さらに，これらはカルマンフィルタに類似のつぎの推定方程式によって計算される．

$$\begin{cases} \dot{\widehat{x}}^c(t|t) = \widehat{A}\widehat{x}^c(t|t) - \widehat{A}\Gamma_0 b + \widehat{B}u(t) \\ \qquad\qquad + P^c(t|t)\widehat{H}^T R^{-1}\{\widehat{y}(t) - \widehat{H}\widehat{x}^c(t|t)\} \qquad (7.25) \\ \dot{P}^c(t|t) = \widehat{A}P^c(t|t) + P^c(t|t)\widehat{A}^T + \widehat{G}Q\widehat{G}^T \\ \qquad\qquad - P^c(t|t)\widehat{H}^T R^{-1}\widehat{H}P^c(t|t) \qquad\qquad\qquad (7.26) \end{cases}$$

[†1] たとえば，E. Kreyszig: *Introductory Functional Analysis with Applications*, John Wiley, New York, 1978, p. 481 を参照．

ただし,
$$\widehat{y}(t) = y(t) + \widehat{H}\Gamma_0 b \tag{7.27}$$

$$\begin{cases} \widehat{A} = (I_n - \Gamma_0 D)A(I_n - \Gamma_0 D)^{-1}, & \widehat{B} = (I_n - \Gamma_0 D)B \\ \widehat{H} = H(I_n - \Gamma_0 D)^{-1}, & \widehat{G} = (I_n - \Gamma_0 D)G \end{cases} \tag{7.28}$$

であり,初期値はそれぞれ $\widehat{x}^c(0|0) = (I_n - \Gamma_0 D)\widehat{x}_0 + \Gamma_0 b$, $P^c(0|0) = (I_n - \Gamma_0 D)P_0(I_n - \Gamma_0 D)^T$ である.

(**証明**) (i) (7.25) 式:(7.24) の第 1 式より

$$\begin{aligned}\dot{\widehat{x}}^c(t|t) &= (I_n - \Gamma_0 D)\dot{\widehat{x}}(t|t) \\ &= (I_n - \Gamma_0 D)\left[A\widehat{x}(t|t) + Bu(t) + P(t|t)H^T R^{-1}\{y(t) - H\widehat{x}(t|t)\}\right]\end{aligned}$$

である.ここで,
$$\widehat{x}(t|t) = (I_n - \Gamma_0 D)^{-1}\{\widehat{x}^c(t|t) - \Gamma_0 b\}$$

であることに留意すると,(7.25) 式が得られる.

(ii) (7.26) 式:(7.24) 式の第 2 式より次式を得る.

$$\begin{aligned}\dot{P}^c(t|t) &= (I_n - \Gamma_0 D)\dot{P}(t|t)(I_n - \Gamma_0 D)^T \\ &= (I_n - \Gamma_0 D)[\,AP(t|t) + P(t|t)A^T + GQG^T \\ &\qquad - P(t|t)H^T R^{-1}HP(t|t)\,](I_n - \Gamma_0 D)^T\end{aligned}$$

ここで,$P(t|t) = (I_n - \Gamma_0 D)^{-1}P^c(t|t)(I_n - \Gamma_0 D)^{-T}$ (記号 M^{-T} は $(M^{-1})^T = (M^T)^{-1}$ の意味) に留意して,(7.28) 式を用いると (7.26) 式が得られる.**(Q.E.D.)**

$W(t) = I_n$ のとき,(7.15) 式は

$$x(t) - \widehat{x}^c(t|t) = (I_n - \Gamma_0 D)\{x(t) - \widehat{x}(t|t)\} \tag{7.29}$$

となるが,$\Gamma_0 D$ と $(I_n - \Gamma_0 D)$ はいずれも対称でベキ等であるので (命題 7.1),つぎの不等式が成り立つ.

$$\|x(t) - \widehat{x}^c(t|t)\| < \|x(t) - \widehat{x}(t|t)\| \tag{7.30}$$

ここで,$\|\cdot\|$ はユークリッド・ノルムである (演習問題 7.1).

7.2 拘束をうける離散時間システムの推定

動的計測システムが離散時間時不変の場合にも連続時間システムの場合と同様に議論でき，同様の推定値が得られる[D2-D5]．

離散時間時不変システム

$$\Sigma_D : \begin{cases} x(k+1) = Fx(k) + Bu(k) + Gw(k) \\ y(k) = Hx(k) + v(k) \end{cases} \quad (7.31)$$

を考える．状態量 $x(k)$ は拘束条件

$$Dx(k) = b \quad (7.32)$$

をうけるとする．ここで，$x(k) \in \mathrm{R}^n$, $y(k) \in \mathrm{R}^m$, $u(k) \in \mathrm{R}^l$, また $w(k) \in \mathrm{R}^d$, $v(k) \in \mathrm{R}^m$ は互いに独立な平均零，共分散マトリクスがそれぞれ Q, R で与えられる正規性白色雑音とする．すなわち，

$$\begin{cases} \mathcal{E}\{w(k)\} = 0, \quad \mathcal{E}\{v(k)\} = 0 \\ \mathcal{E}\left\{\begin{bmatrix} w(k) \\ v(k) \end{bmatrix} \begin{bmatrix} w^T(j) & v^T(j) \end{bmatrix}\right\} = \begin{bmatrix} Q & 0 \\ 0 & R \end{bmatrix} \delta_{kj} \end{cases} \quad (7.33)$$

である．D および b はそれぞれ $q \times n$ 次元マトリクスおよび q 次元ベクトル $(q < n)$ とする．拘束条件付き推定値 $\hat{x}^c(k|k)$ を求めるために，(7.5) 式と同様の汎関数

$$\begin{cases} J(k, \xi) = [\xi(k) - \hat{x}(k|k)]^T W(k)[\xi(k) - \hat{x}(k|k)] \\ D\xi(k) = b \end{cases} \quad (7.34)$$

を設定すると，7.1 節とまったく同様にして，

$$\begin{cases} \hat{x}^c(k|k) = [I_n - \Gamma(k)D]\hat{x}(k|k) + \Gamma(k)b \\ P^c(k|k) = [I_n - \Gamma(k)D]P(k|k)[I_n - \Gamma(k)D]^T \end{cases} \quad (7.35)$$

$$\Gamma(k) = W^{-1}(k)D^T[DW^{-1}(k)D^T]^{-1} \quad (7.36)$$

が得られる．$\hat{x}(k|k)$, $P(k|k)$ はシステムに対するカルマンフィルタ，すなわち，それらはつぎの既知入力をうける場合の離散時間カルマンフィルタ（5.2.3 項）によって生成される．

$$\begin{cases} \hat{x}(k+1|k) = F\hat{x}(k|k) + Bu(k) \\ \hat{x}(k|k) = \hat{x}(k|k-1) + K(k)\{y(k) - H\hat{x}(k|k-1)\} \end{cases} \quad (7.37)$$

$$K(k) = P(k|k-1)H^T[HP(k|k-1)H^T + R]^{-1} \quad (7.38)$$

7.2 拘束をうける離散時間システムの推定

$$\begin{cases} P(k+1|k) = FP(k|k)F^T + GQG^T \\ P(k|k) = P(k|k-1) - K(k)HP(k|k-1) \end{cases} \quad (7.39)$$

初期値は $\widehat{x}(0\,|-1) = \widehat{x}_0$, $P(0\,|-1) = P_0$ である.

拘束をうける場合の推定値 $\widehat{x}^c(k|k)$ に対する性質も 7.1 節で述べた定理 7.1, 7.2 と同様に成り立つ.

定理 7.3 に対応してつぎの定理が成り立つ. ただし, 簡単のため $W(k) = I_n$ とし, そのときの $\Gamma(k)$ を Γ_0 とする.

定理 7.4

$W(k) = I_n$ とする. このとき,

$$\begin{cases} \widehat{x}^c(k|k-1) = (I_n - \Gamma_0 D)\widehat{x}(k|k-1) + \Gamma_0 b \\ P^c(k|k-1) = (I_n - \Gamma_0 D)P(k|k-1)(I_n - \Gamma_0 D)^T \end{cases} \quad (7.40)$$

とすると, 拘束条件付き推定値 $\widehat{x}^c(k|k)$ およびその推定誤差共分散マトリクス $P^c(k|k)$ はそれぞれ以下の式によって計算される.

$$\begin{cases} \widehat{x}^c(k+1|k) = \widehat{F}\widehat{x}^c(k|k) + \widehat{b} + \widehat{B}u(k) \\ \widehat{x}^c(k|k) = \widehat{x}^c(k|k-1) + K^c(k)\{\widehat{y}(k) - \widehat{H}\widehat{x}^c(k|k-1)\} \\ \widehat{y}(k) = y(k) + \widehat{H}\Gamma_0 b \end{cases} \quad (7.41)$$

$$\begin{cases} P^c(k+1|k) = \widehat{F}P^c(k|k)\widehat{F}^T + \widehat{G}Q\widehat{G}^T \\ P^c(k|k) = P^c(k|k-1) - K^c(k)\widehat{H}P^c(k|k-1) \end{cases} \quad (7.42)$$

ただし,

$$K^c(k) = P^c(k|k-1)\widehat{H}^T[\widehat{H}P^c(k|k-1)\widehat{H}^T + R]^{-1} \quad (7.43)$$

であり,

$$\begin{cases} \widehat{F} = (I_n - \Gamma_0 D)F(I_n - \Gamma_0 D)^{-1}, \quad \widehat{B} = (I_n - \Gamma_0 D)B \\ \widehat{H} = H(I_n - \Gamma_0 D)^{-1}, \quad \widehat{G} = (I_n - \Gamma_0 D)G, \quad \widehat{b} = (I_n - \widehat{F})\Gamma_0 b \end{cases} \quad (7.44)$$

である. (7.41), (7.42)式に対する初期値は $\widehat{x}^c(0\,|-1) = (I_n - \Gamma_0 D)\widehat{x}_0$, $P^c(0\,|-1) = (I_n - \Gamma_0 D)P_0(I_n - \Gamma_0 D)^T$ である.

(7.41)〜(7.43)式と既知入力をうける場合のカルマンフィルタ (7.37)〜(7.39) 式を見比べることによって, 状態拘束をうけない場合のカルマンフィルタとの類似性に注目されたい.

(証明) (7.41) 式は，(7.35) および (7.40) 式で与えられる $\widehat{x}^c(k|k)$, $\widehat{x}^c(k|k-1)$ において，拘束条件をうけないカルマンフィルタの $\widehat{x}(k|k)$, $\widehat{x}(k|k-1)$ を代入し，(7.44) 式に留意すれば得られる．また，共分散マトリクス $P^c(k|k)$, $P^c(k|k-1)$ およびゲインマトリクス $K^c(k)$ についても同様に得られる． **(Q.E.D.)**

命題 7.2

定理 7.4 において，(7.43) 式のゲインマトリクス $K^c(k)$ は，k 時点で共分散マトリクス $P^c(k|k)$ が計算されていれば，

$$K^c(k) = P^c(k|k)\widehat{H}^T R^{-1} \tag{7.45}$$

によって置き換えられる．

この命題の証明にはつぎの補題を必要とする．

補題 7.2

P, R, H をそれぞれ $n \times n$, $m \times m$, $m \times n$ 次元マトリクスとし，P は非負定 $(P \geqq 0)$, R は正定 $(R > 0)$ と仮定する．このとき，以下の等式が成り立つ．

（ⅰ）$(I + PH^T R^{-1} H)^{-1} = I - PH^T(HPH^T + R)^{-1}H$
（ⅱ）$(I + PH^T R^{-1} H)^{-1} P = P - PH^T(HPH^T + R)^{-1}HP$
（ⅲ）$(I + PH^T R^{-1} H)^{-1} PH^T R^{-1} = PH^T(HPH^T + R)^{-1}$

補題 7.2 の証明は章末の付録に与える．

（命題 7.2 の証明） (7.43) 式を順次変形する．

$$\begin{aligned}
K^c(k) &= P^c(k|k-1)\widehat{H}^T\big[\widehat{H}P^c(k|k-1)\widehat{H}^T + R\big]^{-1} \\
&= \big[I + P^c(k|k-1)\widehat{H}^T R^{-1}\widehat{H}\big]^{-1} P^c(k|k-1)\widehat{H}^T R^{-1} \\
&\qquad\qquad\qquad\qquad\qquad\text{(補題 7.2 の (ⅲ) より)} \\
&= \big[P^c(k|k-1) - P^c(k|k-1)\widehat{H}^T\{\widehat{H}P^c(k|k-1)\widehat{H}^T + R\}^{-1} \\
&\qquad\qquad \times \widehat{H}P^c(k|k-1)\big]\widehat{H}^T R^{-1} \quad\text{((ⅱ) より)} \\
&= \big[P^c(k|k-1) - K^c(k)\widehat{H}P^c(k|k-1)\big]\widehat{H}^T R^{-1} \\
&= P^c(k|k)\widehat{H}^T R^{-1} \qquad\qquad\qquad\qquad\qquad \textbf{(Q.E.D.)}
\end{aligned}$$

7.3 不等式拘束をうける場合の推定

7.1 節では，システム Σ_C の状態量 $x(t)$ が等式拘束条件 (7.3) を満たす場合の推定問題を考察した．(7.3) 式に代わって $x(t)$ が不等式拘束条件

$$Dx(t) \leqq b \tag{7.46}$$

を満たす場合にはどのようにすればよいのか[D8]．このような問題は，ある状態変数（物理量）がある値以上は絶対にとらないということがあらかじめわかっているような場合に相当する．たとえば，状態変数が電圧であるとすれば，それは 100 V 以上には絶対にならないというような場合である．

この問題に対しては，7.1 節の汎関数

$$J(t,\xi) = [\xi(t) - \widehat{x}(t|t)]^T W(t)[\xi(t) - \widehat{x}(t|t)] \tag{7.47}$$

を

$$D\xi(t) \leqq b \tag{7.48}$$

の拘束のもとで最小にする $\xi(t)$ を求める問題になるが，このような制約付き最適化問題は一般には解析解は得られず，数理計画法で開発されているペナルティ関数 (penalty function) や障壁関数 (barrier function) の導入，あるいは 2 次計画法 (quadratic programming method)，内点法 (interior point method) などの計算アルゴリズムに頼らざるを得ない．これらの方法については本書の範囲を超えるので述べない．ここでは，近似的な方法について述べる．

(7.47)，(7.48) 式で記述される不等式拘束条件下での最適化問題を，7.1 節のような等式条件下での問題に変換するために，つぎの q 次元ベクトル値関数を導入する．

$$c(t,\xi) = D\xi(t) - b + \varepsilon s(t) \tag{7.49}$$

ここで，$\varepsilon\ (>0)$ は微小パラメータであり，$s(t) = [s_1(t), s_2(t), \cdots, s_q(t)]^T$ は非負値関数 $s_i(t)$ を要素にもつ q 次元ベクトル値関数である．$s_i(t)$ として，たとえば，$s_i = \mathrm{tr}\{P(t|t)\}$ のようにとる．

すべての t および ξ に対して $c(t,\xi) \equiv 0$ ならば，そのとき不等式 (7.48) は常に成り立つ．実際，$c(t,\xi) \equiv 0$ は

$$D\xi(t) - b = -\varepsilon s(t) \leqq 0 \tag{7.50}$$

を与える．このことから，微小項 $\varepsilon s(t)$ を導入することによって不等式条件 (7.48) を等式拘束条件

に変換する．以後，簡単化のために，$b_\varepsilon(t) = b - \varepsilon s(t)$ と表記する．すなわち，変換された（近似）等式条件は

$$0 = D\xi(t) - b + \varepsilon s(t) \tag{7.51}$$

$$D\xi(t) = b_\varepsilon(t) \tag{7.52}$$

となる．したがって，ラグランジュ関数は

$$L_\varepsilon(\xi, \lambda) = [\,\xi(t) - \widehat{x}(t|t)\,]^T W(t) [\,\xi(t) - \widehat{x}(t|t)\,] + \lambda^T [\,D\xi(t) - b_\varepsilon(t)\,] \tag{7.53}$$

で与えられる．7.1 節の議論より，拘束条件付き推定値は

$$\widehat{x}^c(t|t) = [\,I_n - \varGamma(t)D\,]\widehat{x}(t|t) + \varGamma(t)b_\varepsilon(t) \tag{7.54}$$

で与えられる．$\varGamma(t)$ は (7.13) 式と同じである．(7.54) 式を (7.12) 式と比べると，形式的に b が $b_\varepsilon(t)$ に置き換えられただけであるが，この推定値は不偏推定値ではない．実際，

$$\begin{aligned}
x(t) - \widehat{x}^c(t|t) &= x(t) - [\,I_n - \varGamma(t)D\,]\widehat{x}(t|t) - \varGamma(t)b_\varepsilon(t) \\
&= x(t) - \widehat{x}(t|t) + \varGamma(t)\{D\widehat{x}(t|t) - Dx(t) + Dx(t) - b_\varepsilon(t)\} \\
&= [\,I_n - \varGamma(t)D\,]\{x(t) - \widehat{x}(t|t)\} + \varGamma(t)\{Dx(t) - b_\varepsilon(t)\}
\end{aligned}$$

であるから，

$$\mathcal{E}\Big\{x(t) - \widehat{x}^c(t|t)\Big\} = \varGamma(t)[\,D\mathcal{E}\{x(t)\} - b_\varepsilon(t)\,]$$

となるが，この右辺は必ずしも零とはならない．

共分散マトリクス $P^c(t|t)$ は以下のようになる．

$$\begin{aligned}
P^c(t|t) &= \mathcal{E}\Big\{[\,x(t) - \widehat{x}^c(t|t)\,][\,x(t) - \widehat{x}^c(t|t)\,]^T\Big\} \\
&= \mathcal{E}\Big\{[\,x(t) - \widehat{x}(t|t) + \varGamma(t)\{D\widehat{x}(t|t) - b_\varepsilon(t)\}\,] \\
&\qquad \times [\,x(t) - \widehat{x}(t|t) + \varGamma(t)\{D\widehat{x}(t|t) - b_\varepsilon(t)\}\,]^T\Big\} \\
&= \mathcal{E}\Big\{[\,x(t) - \widehat{x}(t|t)\,][\,x(t) - \widehat{x}(t|t)\,]^T\Big\} \\
&\quad + \varGamma(t)\mathcal{E}\Big\{[\,D\widehat{x}(t|t) - b_\varepsilon(t)\,][\,x(t) - \widehat{x}(t|t)\,]^T\Big\} \\
&\quad + \mathcal{E}\Big\{[\,x(t) - \widehat{x}(t|t)\,][\,D\widehat{x}(t|t) - b_\varepsilon(t)\,]^T\Big\}\varGamma^T(t) \\
&\quad + \varGamma(t)\mathcal{E}\Big\{[\,D\widehat{x}(t|t) - b_\varepsilon(t)\,][\,D\widehat{x}(t|t) - b_\varepsilon(t)\,]^T\Big\}\varGamma^T(t)
\end{aligned}$$

ここで，最右辺第 1 項は $P(t|t)$ であり，また

7.3 不等式拘束をうける場合の推定

$$
\begin{aligned}
&\mathcal{E}\left\{[D\widehat{x}(t|t)-b_\varepsilon(t)][x(t)-\widehat{x}(t|t)]^T\right\}\\
&\quad=\mathcal{E}\left\{\mathcal{E}\{[D\widehat{x}(t|t)-b_\varepsilon(t)][x(t)-\widehat{x}(t|t)]^T|Y_t\}\right\}\\
&\quad=\mathcal{E}\left\{[D\widehat{x}(t|t)-b_\varepsilon(t)]\mathcal{E}\{[x(t)-\widehat{x}(t|t)]^T|Y_t\}\right\}=0\\
&\mathcal{E}\left\{[D\widehat{x}(t|t)-b_\varepsilon(t)][D\widehat{x}(t|t)-b_\varepsilon(t)]^T\right\}\\
&\quad=D\mathcal{E}\{\widehat{x}(t|t)\widehat{x}^T(t|t)\}D^T-b_\varepsilon(t)\mathcal{E}\{\widehat{x}^T(t|t)\}D^T\\
&\qquad -D\mathcal{E}\{\widehat{x}(t|t)\}b_\varepsilon^T(t)+b_\varepsilon(t)b_\varepsilon^T(t)
\end{aligned}
$$

であるから，

$$
\begin{aligned}
P^c(t|t)=P(t|t)+\varGamma(t)\big[&D\mathcal{E}\{\widehat{x}(t|t)\widehat{x}^T(t|t)\}D^T-D\mathcal{E}\{\widehat{x}(t|t)\}b_\varepsilon^T(t)\\
&-b_\varepsilon(t)\mathcal{E}\{\widehat{x}^T(t|t)\}D^T+b_\varepsilon(t)b_\varepsilon^T(t)\big]\varGamma^T(t)
\end{aligned}
$$

となる．ここで，$S(t)=\mathcal{E}\{x(t)x^T(t)\}$ とすると，$\mathcal{E}\{\widehat{x}(t|t)\widehat{x}^T(t|t)\}=S(t)-P(t|t)$ であり，さらに $\bar{x}(t)=\mathcal{E}\{\widehat{x}(t|t)\}$ とすると，

$$
P^c(t|t)=P(t|t)+\varGamma(t)D[S(t)-P(t|t)]D^T\varGamma^T(t)-\varGamma(t)\varPhi_\varepsilon(t)\varGamma^T(t) \tag{7.55}
$$

となる．ここで，

$$
\varPhi_\varepsilon(t)=D\bar{x}(t)b_\varepsilon^T(t)+b_\varepsilon(t)\bar{x}^T(t)D^T-b_\varepsilon(t)b_\varepsilon^T(t) \tag{7.56}
$$

である．$S(t)$ と $\bar{x}(t)$ はそれぞれつぎの微分方程式の解として得られる．

$$
\begin{cases}
\dot{\bar{x}}(t)=A\bar{x}(t)+Bu(t),\quad \bar{x}(0)=\widehat{x}_0\\
\dot{S}(t)=AS(t)+S(t)A^T+GQG^T,\quad S(0)=m_0m_0^T+P_0
\end{cases} \tag{7.57}
$$

ここで，m_0, P_0 は $x(0)$ の平均値および共分散 ($x_0\sim N[m_0,P_0]$) である．
(7.55) 式は変形するとつぎのようになる．

$$
\begin{aligned}
P^c(t|t)=&[I_n-\varGamma(t)D]P(t|t)[I_n-\varGamma(t)D]^T\\
&+\varGamma(t)DP(t|t)[I_n-\varGamma(t)D]^T+[I_n-\varGamma(t)D]P(t|t)D^T\varGamma^T(t)\\
&+\varGamma(t)[DS(t)D^T-\varPhi_\varepsilon(t)]\varGamma^T(t)
\end{aligned} \tag{7.58}
$$

このようにして得られる推定値 $\widehat{x}^c(t|t)$ は，当然パラメータ ε と $s_i(t)$ に大きく依存することになる．

章末付録　補題 7.2 の証明

（ⅰ）
$$(*) \quad (I + PH^TR^{-1}H)[I - PH^T(HPH^T + R)^{-1}H]$$
$$= I + PH^TR^{-1}H - PH^T(HPH^T + R)^{-1}H$$
$$- PH^TR^{-1}HPH^T(HPH^T + R)^{-1}H$$

において，右辺第 2 項と第 3 項の和は

$$PH^TR^{-1}H - PH^T(HPH^T + R)^{-1}H = PH^TR^{-1}[I - R(HPH^T + R)^{-1}]H$$

となる．この右辺の角括弧は

$$I - R(HPH^T + R)^{-1} = (HPH^T + R)(HPH^T + R)^{-1} - R(HPH^T + R)^{-1}$$
$$= HPH^T(HPH^T + R)^{-1}$$

となるので，

$$PH^TR^{-1}H - PH^T(HPH^T + R)^{-1}H = PH^TR^{-1}HPH^T(HPH^T + R)^{-1}H$$

となって，これは $(*)$ 式右辺の（符号を変えた）第 4 項と同じである．よって，

$$(I + PH^TR^{-1}H)[I - PH^T(HPH^T + R)^{-1}H] = I$$

となるので，（ⅰ）がいえる．

（ⅱ）これは（ⅰ）より明らか．

（ⅲ）（ⅱ）の等式の両辺に右側から H^TR^{-1} をかけると以下のようになる．

$$(I + PH^TR^{-1}H)^{-1}PH^TR^{-1} = [P - PH^T(HPH^T + R)^{-1}HP]H^TR^{-1}$$
$$= PH^TR^{-1} - PH^T(HPH^T + R)^{-1}HPH^TR^{-1}$$
$$= PH^T(HPH^T + R)^{-1}(HPH^T + R)R^{-1} - PH^T(HPH^T + R)^{-1}HPH^TR^{-1}$$
$$= PH^T(HPH^T + R)^{-1}[(HPH^T + R)R^{-1} - HPH^TR^{-1}]$$
$$= PH^T(HPH^T + R)^{-1}$$

(Q.E.D.)

演習問題

7.1　拘束条件をうける推定値 $\hat{x}^c(t|t)$ とそれをうけない推定値 $\hat{x}(t|t)$ の間に不等式 (7.30) が成り立つことを示せ．

第8章
サンプリングデータからの信号の復元
サンプリング定理

> The only basic advance so far appears to be the *theory of information* created by Shannon. The chief significance of his work is the discovery of general 'laws' underlying the process of information transmission ...
>
> — R. E. Kalman, 1960[E1]
>
> これまでのところ，唯一つの基礎的な進歩はシャノンによって創造された"情報理論"である．彼の仕事の最も重要な意義は情報伝送過程の根底にある一般的な「法則」を発見したことである…

本章では，サンプリングされた離散信号から，元のアナログ信号がある周波数条件を満たしていれば，それを完全に復元できるというサンプリング定理について述べる．サンプリング定理の導出に必要なフーリエ級数とフーリエ変換の基本的な性質については，付録Cを参照されたい．なお，本章では，記号 ω は角周波数を，また $x^*(t)$ などの肩記号 $*$ は $x(t)$ の複素共役を表す．

8.1 サンプリング定理

$x(t)$ ($-\infty < t < \infty$) を時間連続な（スカラ）アナログ信号とする．この信号をコンピュータで処理するためには，ディジタル化が必要である．このアナログ信号 $x(t)$ を時間間隔 Δ でサンプリングし，そのディジタル化された信号を $\{x(k\Delta)\}$ ($k = 0, \pm1, \pm2, \cdots$) とする．このとき，このサンプリング信号系列 $\{x(k\Delta)\}$ から元のアナログ信号 $\{x(t)\}$ が復元できるのか，という問題について本章で考えてみよう．

この問題は米国の電気工学者 C. E. Shannon[†1] によって 1948 年に肯定的に解決された．すなわち，信号 $x(t)$ がある値を超える周波数成分を含んでいなければ，サン

[†1] Claude Elwood Shannon (1916-2001). 米国の電気工学者．1948 年ベル研究所時代に "A Mathematical Theory of Communication" (Bell Syst. Tech. J., vol. 27, July & Oct. 1948) を 32 歳の若さで発表し，その翌年 W. Weaver の解説的紹介とともに "The Mathematical Theory of Communication" という同名の本（同名ではあるが，"A" と "The" の違いに注目されたい．ここに学問としての自負が見られる）を出版して情報理論の基礎を確立した．"情報理論の父" と呼ばれる．1985 年第 1 回京都賞（基礎科学部門）受賞（R. E. Kalman も同年同賞（先端技術部門）を受賞）．

プリング信号から完全に復元できることを示した．

図 8.1 に示すように，アナログ信号 $x(t)$ がサンプリング時間間隔 Δ でサンプリングされて，離散信号系列 $\{x(k\Delta)\}$ $(k = 0, \pm 1, \pm 2, \cdots)$ が得られたとする．信号 $x(t)$ のフーリエ変換 $X(\omega)$ がある角周波数 W [rad/sec] に対して，

$$X(\omega) = 0, \quad |\omega| \geqq W \tag{8.1}$$

であるとする（図 8.2）．このとき，つぎのサンプリング定理（標本化定理ともいう）が成り立つ[L1,L2]．

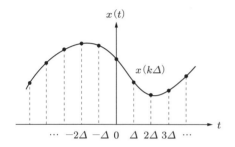

図 8.1 アナログ信号 $x(t)$ とサンプリング信号系列 $x(k\Delta)$

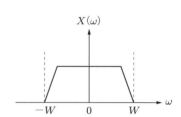

図 8.2 幅 W によって帯域制限されている信号 $x(t)$ のフーリエ変換 $X(\omega)$

定理 8.1（サンプリング定理，Sampling Theorem）

区分的に滑らかで絶対可積分な（スカラ）信号 $x(t)$ のフーリエ変換 $X(\omega)$ に対して，条件 (8.1) が成り立つとする．このとき，$x(t)$ はサンプリング間隔 $\Delta = \pi/W$ のサンプリング時点 $t_k = k\Delta$ $(k = 0, \pm 1, \pm 2, \cdots)$ でのサンプリング値 $\{x(k\Delta)\}$ のみから

$$x(t) = \sum_{k=-\infty}^{\infty} x(k\Delta) \frac{\sin(Wt - k\pi)}{Wt - k\pi} \tag{8.2}$$

と復元できる．

（証明）信号 $x(t)$ は，$X(\omega)$ のフーリエ逆変換（付録 C の (C.4) 式）によって，

$$x(t) = \frac{1}{2\pi} \int_{-\infty}^{\infty} X(\omega) e^{j\omega t} d\omega \qquad (j = \sqrt{-1}) \tag{8.3}$$

と表現できる．ここで，$X(\omega)$ を区間 $[-W, W]$ 上で ω に関してフーリエ級数展開すると（付録 C の (C.1) 式で t を ω と読み替える），

$$X(\omega) = \sum_{m=-\infty}^{\infty} c_m e^{jm\pi\omega/W} \tag{8.4}$$

となる．ここで，係数 c_m は

$$\begin{aligned} c_m &= \frac{1}{2W} \int_{-W}^{W} X(\omega)\, e^{-jm\pi\omega/W} \, d\omega \\ &= \frac{\pi}{W} \left[\frac{1}{2\pi} \int_{-W}^{W} X(\omega)\, e^{j\omega(-m\pi/W)} \, d\omega \right] \\ &= \frac{\pi}{W} x\left(-\frac{m\pi}{W}\right) \end{aligned} \qquad (8.5)$$

で与えられる．(8.5) 式を (8.4) 式に代入すると，

$$\begin{aligned} X(\omega) &= \sum_{m=-\infty}^{\infty} \frac{\pi}{W} x\left(-\frac{m\pi}{W}\right) e^{jm\pi\omega/W} \\ &= \frac{\pi}{W} \sum_{k=-\infty}^{\infty} x\left(\frac{k\pi}{W}\right) e^{-jk\pi\omega/W} \end{aligned} \qquad (8.6)$$

を得る（ここで，$m = -k$ とおいた）．

したがって，(8.6) 式を (8.3) 式に代入すると，

$$\begin{aligned} x(t) &= \frac{1}{2\pi} \int_{-W}^{W} \left[\frac{\pi}{W} \sum_{k=-\infty}^{\infty} x\left(\frac{k\pi}{W}\right) e^{-jk\pi\omega/W} \right] e^{j\omega t} \, d\omega \\ &= \frac{1}{2W} \sum_{k=-\infty}^{\infty} x\left(\frac{k\pi}{W}\right) \int_{-W}^{W} e^{j\omega(t-k\pi/W)} \, d\omega \end{aligned}$$

となる．ここで，

$$\begin{aligned} \int_{-W}^{W} e^{j\omega(t-k\pi/W)} \, d\omega &= \int_{-W}^{W} \left[\cos\omega\left(t - \frac{k\pi}{W}\right) + j\sin\omega\left(t - \frac{k\pi}{W}\right) \right] d\omega \\ &= 2 \int_{0}^{W} \cos\omega\left(t - \frac{k\pi}{W}\right) d\omega \\ &= 2 \left[\frac{\sin\omega(t - k\pi/W)}{t - k\pi/W} \right]_{\omega=0}^{W} \\ &= 2 \frac{\sin W(t - k\pi/W)}{t - k\pi/W} \end{aligned}$$

となるから，

$$x(t) = \sum_{k=-\infty}^{\infty} x\left(\frac{k\pi}{W}\right) \frac{\sin(Wt - k\pi)}{Wt - k\pi} \qquad (8.7)$$

が得られる[†1]. **(Q.E.D.)**

サンプリング定理 8.1 では,角周波数の帯域幅 W があらかじめ与えられたとき,サンプリング間隔を $\Delta = \pi/W$ ととれば,(8.2) 式によってサンプル値 $\{x(k\Delta)\}$ から元の信号 $x(t)$ が復元できることを述べている.

なお,定理 8.1 はすでに数学者によって得られていたが,通信理論の文献にはこれまで知られていなかったと Shannon は彼の論文で述べている[L1]. 時間連続な信号 $x(t)$ を遠隔地へ伝送する情報通信問題を考えてみよう.上述のサンプリング定理によれば,連続時間信号 $x(t)$ すべてを送る必要はなく,サンプリング間隔 $\Delta = \pi/W$ でサンプリングした値を送るだけで $x(t)$ が復元できることを述べている.音楽用 CD などのディジタル的な記録は,不要な高周波成分をカットして W を設定することでサンプリング間隔を得ている.

しかし,実際には上とは逆に,物理的な制約のためにサンプリング間隔があらかじめ与えられることも多い.それを $\tau\,(>0)$ とする.つぎにこのことについて考えてみよう.

アナログ信号 $x(t)$ が与えられ,これをサンプリング間隔 τ でサンプリングして,離散データ $\{x(k\tau)\}$ $(k=0,\pm 1,\pm 2,\cdots)$ を得たとする.このデータから元の信号を復元することを考える.

この離散データ系列は,ディラックのデルタ関数 $\delta(\cdot)$ (2.6 節の脚注,付録 C.2 参照) を用いると,

$$x_\tau(t) = \sum_{k=-\infty}^{\infty} x(k\tau)\,\delta(t-k\tau)$$

$$\equiv \sum_{k=-\infty}^{\infty} x(t)\,\delta(t-k\tau) = x(t) \sum_{k=-\infty}^{\infty} \delta(t-k\tau) \tag{8.8}$$

と表現できる[†2]. ここで,

[†1] Shannon の原論文では,信号 $x(t)$ のフーリエ変換 $X(f) = \int_{-\infty}^{\infty} x(t)\,e^{-j2\pi ft}\,dt$ が,$X(f)=0$ $(|f| \geqq W)$ の(周波数)帯域制限をうけるならば,

$$(*)\quad x(t) = \sum_{k=-\infty}^{\infty} x\left(\frac{k}{2W}\right) \frac{\sin \pi(2Wt-k)}{\pi(2Wt-k)}$$

によって復元される,と表現されている.(8.2) 式との違いは,角周波数 $\omega\,(=2\pi f)$ による表現か,周波数 f による表現かである.実際,(*) 式の W [rad/sec] を W_S [Hz] $(=[\sec^{-1}])$ とすれば,$|f| \geqq W_S$ は $|\omega/2\pi| \geqq W_S$,すなわち $|\omega| \geqq 2\pi W_S$ となるから,$2\pi W_S = W$ と読めば,(*) は (8.2) 式と同じになる.

[†2] 信号処理分野では,原信号と何らかの関数との積をとることを**変調** (modulation) という.ここでは $x(t)$ にインパルス関数をかけているので,$\{x_\tau(t)\}$ をインパルス変調列とよぶ.

$$\delta_\tau(t) = \sum_{k=-\infty}^{\infty} \delta(t - k\tau) \tag{8.9}$$

とすると，(8.8) 式のフーリエ変換 $X_\tau(\omega) := \mathcal{F}[x_\tau(t)]$ はコンボリューションの公式（付録 C の (C.18) 式）より

$$X_\tau(\omega) = \mathcal{F}[x(t)\delta_\tau(t)] = \frac{1}{2\pi}(X * D_\tau)(\omega)$$

となる．ここで，$\mathcal{F}[x(t)] = X(\omega)$，$\mathcal{F}[\delta_\tau(t)] =: D_\tau(\omega)$ である．周期的デルタ関数のフーリエ変換は付録 C の (C.27) 式，すなわち $D_\tau(\omega) = (2\pi/\tau)\sum_{k=-\infty}^{\infty}\delta(\omega - 2k\pi/\tau)$ で与えられるから，

$$\begin{aligned}
X_\tau(\omega) &= \frac{1}{2\pi}\int_{-\infty}^{\infty} X(\omega - \lambda) D_\tau(\lambda)\, d\lambda \\
&= \frac{1}{2\pi}\int_{-\infty}^{\infty} X(\omega - \lambda) \left[\frac{2\pi}{\tau}\sum_{k=-\infty}^{\infty}\delta\left(\lambda - \frac{2k\pi}{\tau}\right)\right] d\lambda \\
&= \frac{1}{\tau}\sum_{k=-\infty}^{\infty}\int_{-\infty}^{\infty} X(\omega - \lambda)\delta\left(\lambda - \frac{2k\pi}{\tau}\right) d\lambda \\
&= \frac{1}{\tau}\sum_{k=-\infty}^{\infty} X(\omega - \lambda)\Big|_{\lambda = 2k\pi/\tau} \quad \text{（デルタ関数の性質）} \\
&= \frac{1}{\tau}\sum_{k=-\infty}^{\infty} X\left(\omega - \frac{2k\pi}{\tau}\right) \tag{8.10}
\end{aligned}$$

となる．これより離散信号 $x_\tau(t)$ のフーリエ変換 $X_\tau(\omega)$ は，$x(t)$ のフーリエ変換 $X(\omega)$ を角周波数 $2\pi/\tau$ の間隔で複製したものを周期的に重ね合わせたものとして与えられることがわかる（図 8.3）．

ところで，$x(t)$ は帯域制限（(8.1) 式）をうけていると仮定しているから，図 8.3（右中図）よりわかるように $2\pi/\tau < 2W$（すなわち，$\tau > \pi/W$）なら隣どうしの $X(\omega)$ は重なり合ってしまい，右下図のように $X(\omega)$ を単独に切り出すことはできず，元信号の完全な復元はできない．このとき起こる現象は**エイリアシング** (aliasing) [†1] とよばれている．われわれが日常経験するように，蛍光灯のもとで扇風機を回すと，回転が上がるにつれて羽根の回転が逆方向，あるいは同じ方向にゆっくりと回転するような縞模様が見えたり，映画で駅馬車の車輪が逆方向に回転して見える現象である．エイリアシングは，サンプリングしたあとでは取り除くことができないので，サンプリングを行う前にあらかじめ信号から不要な高い周波数成分を取り除いておかなければ

[†1] alias は別名，偽名の意味．

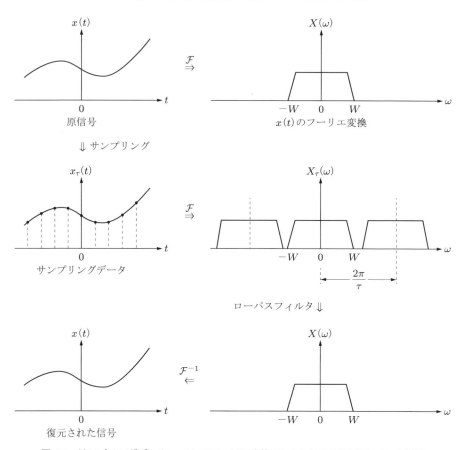

図 8.3 サンプリングデータ $x_\tau(t)$ のフーリエ変換 $X_\tau(\omega)$ からの原信号 $x(t)$ の復元

ならない．エイリアシングが起こる境目の周波数 $W = \pi/\tau$ をサンプリング間隔 τ に対する**ナイキスト周波数** (Nyquist rate) とよぶ[†1]．(8.1) 式のように周波数制限をうける信号は帯域幅 W に**帯域制限** (band-limited) されているという．

さて，(8.2) 式の意味を考えてみよう．アナログ信号 $x(t)$ は，サンプリングされた値 $\{x(k\Delta)\}_{k=0,\pm1,\pm2,\cdots}$ にそれぞれ連続関数（図 8.4）

$$\mathrm{sinc}\,(Wt - k\pi) = \frac{\sin(Wt - k\pi)}{Wt - k\pi} \tag{8.11}$$

をかけ，k についてそれらの総和をとることによって，サンプリング時点間の値を補間して復元されていることがわかる（図 8.5）．この関数 $\mathrm{sinc}\,t = (\sin t)/t$ を J. M.

---

†1 Harry Nyquist (1889-1976)．スウェーデンで生まれ，18 歳のときにアメリカに移住し，学位取得後ベル電話研究所の研究員となった工学者．フィードバック制御系の安定性を判別するナイキスト安定法を確立した．

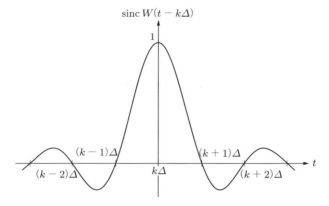

図 8.4 補間関数 $\mathrm{sinc}\,(Wt - k\pi)$ ($\Delta = \pi/W$)

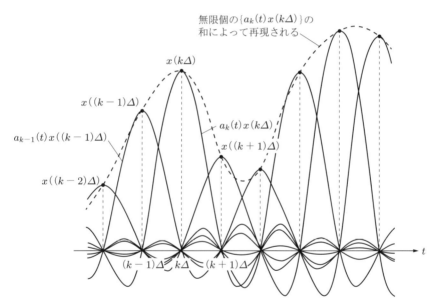

図 8.5 (8.2)式の説明 (ただし,$a_k(t) = \mathrm{sinc}\,W(t - k\Delta)$ ($\Delta = \pi/W$) である)

Whittaker の**カーディナル・サイン**(基本正弦関数,cardinal sine)とよび,このような関数を**補間関数** (interpolation function) とよぶ(例題 C.1 参照).

8.2 不規則信号に対するサンプリング定理

定理 8.1 では,アナログ信号 $x(t)$ は確定関数であるとしてその復元公式を得た.この信号が確率過程であるときにも,はたしてこの復元公式は成り立つであろうか.以下では,この問題について考察してみよう.

$\{x(t)\}$ $(-\infty < t < \infty)$ を定常過程とする (2.2.4 項). このとき, つぎのサンプリング定理が成り立つ[L3].

定理 8.2

$x(t)$ $(-\infty < t < \infty)$ を $[-W, W]$ に帯域制限をうける（スカラ）定常確率過程とする. このとき, $x(t)$ は

$$x(t) = \sum_{k=-\infty}^{\infty} a_k(t)\, x(k\Delta) \tag{8.12}$$

によって復元される. ここで, $\Delta = \pi/W$ はサンプリング間隔であり, $a_k(t)$ は

$$a_k(t) = \frac{\sin(Wt - k\pi)}{Wt - k\pi} \tag{8.13}$$

である.

(8.12) 式の右辺の級数は自乗平均の意味で収束する (2.2.6 項). すなわち,

$$\mathcal{E}\left\{\left[x(t) - \sum_{k=-K}^{K} a_k(t)\, x(k\Delta)\right]\left[x(t) - \sum_{k=-K}^{K} a_k(t)\, x(k\Delta)\right]^*\right\} \underset{K \to \infty}{\longrightarrow} 0 \tag{8.14}$$

となる.

（証明） 定常過程 $x(t)$ の平均値を μ とし,

$$\zeta_K(t) := x(t) - \sum_{k=-K}^{K} a_k(t)\, x(k\Delta) \tag{8.15}$$

を定義すると, これの平均値はつぎのようになる.

$$\mathcal{E}\{\zeta_K(t)\} = \mathcal{E}\{x(t)\} - \sum_{k=-K}^{N} a_k(t)\, \mathcal{E}\{x(k\Delta)\}$$

$$= \mu\left[1 - \sum_{k=-K}^{K} a_k(t)\right] \tag{8.16}$$

ここで, t を固定して, 関数 $e^{j\omega t}$ を ω $(\in [-W, W])$ に関してフーリエ級数展開すると（付録 C の (C.1), (C.2) 式において, t を ω で読み替えて),

$$e^{j\omega t} = \sum_{k=-\infty}^{\infty} c_k(t)\, e^{jk\pi\omega/W} \tag{8.17}$$

を得る. 係数 $c_k(t)$ は

$$c_k(t) = \frac{1}{2W}\int_{-W}^{W} \left(e^{j\lambda t}\right) e^{-jk\pi\lambda/W}\, d\lambda = \frac{1}{2W}\int_{-W}^{W} e^{j\lambda(t - k\pi/W)}\, d\lambda$$

$$
\begin{aligned}
&= \frac{1}{W} \int_0^W \cos \lambda \left(t - \frac{k\pi}{W} \right) d\lambda = \frac{1}{W} \left[\frac{\sin \lambda(t - k\pi/W)}{t - k\pi/W} \right]_{\lambda=0}^W \\
&= \frac{\sin(Wt - k\pi)}{Wt - k\pi} \equiv a_k(t) \tag{8.18}
\end{aligned}
$$

となるから, $e^{j\omega t}$ のフーリエ級数展開の係数は (8.13) 式の $a_k(t)$ に一致し,

$$
e^{j\omega t} = \sum_{k=-\infty}^{\infty} a_k(t) e^{jk\pi\omega/W} \quad (|\omega| < W) \tag{8.19}
$$

を得る. (8.19) 式において $\omega = 0$ とすると,

$$
\sum_{k=-\infty}^{\infty} a_k(t) = 1 \tag{8.20}
$$

が得られる. したがって, (8.20) 式を用いると, (8.16) 式よりすべての t に対して

$$
\mathcal{E}\{\zeta_K(t)\} = \mu \left[\sum_{k=-\infty}^{\infty} a_k(t) - \sum_{k=-K}^{K} a_k(t) \right] \xrightarrow[K \to \infty]{} 0 \tag{8.21}
$$

となる.

つぎに,

$$
\Lambda_K(t) := \mathcal{E}\{\zeta_K(t)\zeta_K^*(t)\} \tag{8.22}
$$

を定義すると,

$$
\begin{aligned}
\Lambda_K(t) &= \mathcal{E}\left\{ \left[x(t) - \sum_{k=-K}^{K} a_k(t) x(k\Delta) \right] \left[x(t) - \sum_{k=-K}^{K} a_k(t) x(k\Delta) \right]^* \right\} \\
&= \mathcal{E}\{x(t)x^*(t)\} - \mathcal{E}\left\{ x(t) \sum_{k=-K}^{K} a_k(t) x^*(k\Delta) \right\} \\
&\quad - \mathcal{E}\left\{ \sum_{k=-K}^{K} a_k(t) x(k\Delta) x^*(t) \right\} \\
&\quad + \mathcal{E}\left\{ \sum_{k=-K}^{K} \sum_{m=-K}^{K} a_k(t) x(k\Delta) x^*(m\Delta) a_m(t) \right\} \\
&= \mathcal{E}\{x(t)x^*(t)\} - \sum_{k=-K}^{K} a_k(t) \mathcal{E}\{x(t)x^*(k\Delta)\} \\
&\quad - \sum_{k=-K}^{K} a_k(t) \mathcal{E}\{x(k\Delta)x^*(t)\} \\
&\quad + \sum_{k=-K}^{K} \sum_{m=-K}^{K} a_k(t) \mathcal{E}\{x(k\Delta)x^*(m\Delta)\} a_m(t)
\end{aligned}
$$

$$= \psi(0) - \sum_{k=-K}^{K} a_k(t)\psi(t-k\Delta) - \sum_{k=-K}^{K} a_k(t)\psi(k\Delta - t)$$
$$+ \sum_{k=-K}^{K}\sum_{m=-K}^{K} a_k(t)\psi((k-m)\Delta)\, a_m(t) \tag{8.23}$$

となる. $\psi(\cdot)$ は $x(t)$ 過程の自己相関関数 $\mathcal{E}\{x(t)x^*(\tau)\} = \psi(t-\tau)$ である. ウィーナー–ヒンチン公式 (2.46), (2.47) に留意すると (ただし, 積分区間は $[-W, W]$),

$$\Lambda_K(t) = \frac{1}{2\pi}\int_{-W}^{W}\Bigg[1 - \sum_{k=-K}^{K} a_k(t)\{e^{j\lambda(t-k\Delta)} + e^{-j\lambda(t-k\Delta)}\}$$
$$+ \sum_{k=-K}^{K}\sum_{m=-K}^{K} a_k(t)\,a_m(t)\,e^{j\lambda(k-m)\Delta}\Bigg] S(\lambda)\, d\lambda$$

$$= \frac{1}{2\pi}\int_{-W}^{W}\Bigg[e^{j\lambda t} - \sum_{k=-K}^{K} a_k(t)\,e^{j\lambda k\Delta}\Bigg]$$
$$\times \Bigg[e^{j\lambda t} - \sum_{m=-K}^{K} a_m(t)\,e^{j\lambda m\Delta}\Bigg]^{*} S(\lambda)\, d\lambda$$

$$= \frac{1}{2\pi}\int_{-W}^{W}\bigg|e^{j\lambda t} - \sum_{k=-K}^{K} a_k(t)\,e^{j\lambda k\Delta}\bigg|^{2} S(\lambda)\, d\lambda$$

となる. ここで, $e^{j\lambda k\Delta} = e^{jk\pi\lambda/W}$ と (8.19) 式に留意すると,

$$= \frac{1}{2\pi}\int_{-W}^{W}\bigg|\sum_{k=-\infty}^{\infty} a_k(t)\,e^{jk\pi\lambda/W} - \sum_{k=-K}^{K} a_k(t)\,e^{jk\pi\lambda/W}\bigg|^{2} S(\lambda)\, d\lambda$$
$$\xrightarrow[K\to\infty]{} 0$$

を得る. **(Q.E.D.)**

定理 8.2 において注目すべきことは, 信号過程が帯域制限をうけているということだけで, 平均値や分散などの詳細な知識は何も必要とせずに信号が復元できるということである.

演習問題

8.1 周期 $T_0(>0)$ の信号

$$s(t) = \sin\frac{2\pi t}{T_0}$$

は, $T_0/2$ より広い間隔でサンプリングするとエイリアシングを起こすことを図で示せ.

付録A　ベクトルとマトリクス

本書を利用する上で必要となるベクトルとマトリクスについて述べる．ただし，線形代数の初等的な知識を仮定して述べるので，適宜以下のような参考文献を参照しながら読み進められたい．

児玉・須田：システム制御のためのマトリクス理論，計測自動制御学会，1978
木村英紀：線形代数—数理科学の基礎，東京大学出版会，2003
伊理正夫：一般線形代数，岩波書店，2003
大住晃：線形システム制御理論，森北出版，2003
大住晃：構造物のシステム制御，森北出版，2013
F. R. Gantmacher: *The Theory of Matrices*, Vols.1 and 2, Chelsea Publ., New York, 1959
R. Bellman: *Introduction to Matrix Analysis*, Second Edition, McGraw-Hill, New York, 1970
S. L. Campbell and C. D. Meyer, Jr.: *Generalized Inverses of Linear Transformations*, Dover Publ., New York, 1979

A.1　ベクトルとマトリクス

定数や変数を行と列に配列したものを**マトリクス** (matrix) あるいは**行列**とよび，

$$A = \begin{bmatrix} a_{11} & a_{12} & \cdots & a_{1n} \\ a_{21} & a_{22} & \cdots & a_{2n} \\ \vdots & \vdots & & \vdots \\ a_{m1} & a_{m2} & \cdots & a_{mn} \end{bmatrix} = [\,a_{ij}\,]$$

のように表現する．m は行数，n は列数である．その第 i 行第 j 列の要素 (element, component, entry) a_{ij} は一般には複素数であるが，本書ではとくに断らない限り実数とする．要素 a_{ij} がすべて実数であるとき，A を**実マトリクス** (real matrix) とよび，m 行 n 列の実マトリクス全体の集合を表す記号 $\mathrm{R}^{m \times n}$ を用いて，$A \in \mathrm{R}^{m \times n}$ のように表記する．

$m = 1$ または $n = 1$ のとき，マトリクスは

$$x = \begin{bmatrix} x_1 & x_2 & \cdots & x_n \end{bmatrix}, \quad y = \begin{bmatrix} y_1 \\ y_2 \\ \vdots \\ y_m \end{bmatrix}$$

となるが,それぞれ**行ベクトル** (row vector),**列ベクトル** (column vector) とよぶ.$A = [a_{ij}] \in \mathrm{R}^{m \times n}$ の第 i 行第 j 列の要素 a_{ij} を第 j 行第 i 列の要素としてもつマトリクス $[a_{ji}] \in \mathrm{R}^{n \times m}$ を A の**転置マトリクス** (transposed matrix) といい,A^T で表す.肩文字 T を転置記号という.

$$(A+B)^T = A^T + B^T, \quad (AB)^T = B^T A^T \tag{A.1}$$

が成り立つ.

$m = n$ のマトリクス $A \in \mathrm{R}^{n \times n}$ を**正方マトリクス** (square matrix) とよび,$A = A^T$(すなわち $a_{ij} = a_{ji}$)を満たすとき A を**対称マトリクス** (symmetric matrix) とよぶ.任意のマトリクス $A \in \mathrm{R}^{m \times n}$ に対して,$A^T A$,AA^T はいずれも対称マトリクスである.

対称マトリクスで,主対角要素 a_{ii} がすべて 1 で,それ以外の要素 a_{ij} ($i \neq j$) がすべて 0 であるマトリクスを**単位マトリクス** (unit matrix) といい I で表す.とくに次元を明示するときには I_n のように表記する.

A.2 トレース

正方マトリクス $A = [a_{ij}] \in \mathrm{R}^{n \times n}$ の主対角要素の和 $\sum_{i=1}^{n} a_{ii}$ を**トレース** (trace) とよび,$\mathrm{tr}\, A$ と表記する.すなわち,

$$\mathrm{tr}\, A = a_{11} + a_{22} + \cdots + a_{nn}$$

である.トレースはスカラ量であり,つぎの諸性質が成り立つ.

(i) $\mathrm{tr}\, A^T = \mathrm{tr}\, A$
(ii) $\mathrm{tr}\, (A + B) = \mathrm{tr}\, A + \mathrm{tr}\, B$
(iii) 列ベクトル $x, y \in \mathrm{R}^n$ に対して,

$$\mathrm{tr}\, (xy^T) = \sum_{i=1}^{n} x_i y_i = x^T y$$

また,正方マトリクス $A \in \mathrm{R}^{n \times n}$ に対して,

$$x^T A x = \mathrm{tr}\, (Axx^T) = \mathrm{tr}\, (xx^T A)$$

(iv) $A \in \mathrm{R}^{m \times n}$, $B \in \mathrm{R}^{n \times m}$ に対して,

$$\mathrm{tr}\,(AB) = \sum_{i=1}^{m} \sum_{j=1}^{n} a_{ij} b_{ji}$$

であり,

$$\mathrm{tr}\,(AB) = \mathrm{tr}\,(BA) = \mathrm{tr}\,(A^T B^T)$$

A.3 逆マトリクス

正方マトリクス $A = [a_{ij}] \in \mathrm{R}^{n \times n}$ に対して,

$$AA^{-1} = A^{-1}A = I_n$$

を満たすマトリクス $A^{-1} \in \mathrm{R}^{n \times n}$ が存在するとき, A^{-1} を A の**逆マトリクス** (inverse of A) という. 逆マトリクスが存在するとき, A は**正則** (nonsingular) であるという.

正則マトリクス A に対して $(A^T)^{-1} = (A^{-1})^T$ が成り立つが, 本書ではこれを $A^{-T} := (A^T)^{-1} = (A^{-1})^T$ と表記する.

正則マトリクス A, B に対して,

$$(AB)^{-1} = B^{-1}A^{-1} \tag{A.2}$$

が成り立つ.

また, 正則マトリクス $A \in \mathrm{R}^{n \times n}$, $C \in \mathrm{R}^{m \times m}$ に対して,

$$(A + BCD)^{-1} = A^{-1} - A^{-1}B(DA^{-1}B + C^{-1})^{-1}DA^{-1} \tag{A.3}$$

が成り立つ. これを**逆マトリクス補題** (matrix inversion lemma) という. とくに, $A \to I$, $B \to PH^T$, $C \to R^{-1}$, $D \to H$ と読み替えれば, 7.2節の補題7.2の (i) が得られ, その両辺に P あるいは $PH^T R^{-1}$ を右からかけて整理すると, 補題7.2の (ii) あるいは (iii) がそれぞれ得られる.

正方でない場合も含めたマトリクス $A \in \mathrm{R}^{m \times n}$ に対して, つぎの四つの条件 (ペンローズの条件という) を満たすマトリクス $A^\dagger \in \mathrm{R}^{n \times m}$ が一意に定まることが知られている.

(i) $AA^\dagger A = A$, (ii) $A^\dagger A A^\dagger = A^\dagger$,

(iii) $(AA^\dagger)^T = AA^\dagger$, (iv) $(A^\dagger A)^T = A^\dagger A$

この $A^\dagger$ をムーア-ペンローズの一般化逆マトリクスあるいは擬似逆マトリクスとよぶ[†1] (2.1 節参照).

> **例題 A.1** マトリクス $A \in \mathrm{R}^{m \times n}$ のランクが m あるいは n の場合には 2.1 節 (2.12) 式で擬似逆マトリクス $A^\dagger \in \mathrm{R}^{n \times m}$ は求められる. ここでは $\mathrm{rank}\, A = r (< \min(m,n))$ の場合の例を考える.
>
> $$(\mathrm{i})\quad A = \begin{bmatrix} 1 & -1 \\ 0 & 0 \end{bmatrix}, \quad (\mathrm{ii})\quad A = \begin{bmatrix} 4 & 1 \\ 1 & \frac{1}{4} \\ 2 & \frac{1}{2} \end{bmatrix}$$
>
> (ⅰ): 明らかに $\mathrm{rank}\, A = 1$ である. したがって, 2.1 節 (2.13) 式より ($B \in \mathrm{R}^{2 \times 1}$, $C \in \mathrm{R}^{1 \times 2}$),
>
> $$A = BC = \begin{bmatrix} b_1 \\ b_2 \end{bmatrix} \begin{bmatrix} c_1 & c_2 \end{bmatrix} = \begin{bmatrix} b_1 c_1 & b_1 c_2 \\ b_2 c_1 & b_2 c_2 \end{bmatrix}$$
>
> であるから, これより
>
> $$\begin{cases} b_1 c_1 = 1, & b_1 c_2 = -1 \\ b_2 c_1 = 0, & b_2 c_2 = 0 \end{cases}$$
>
> となる. したがって, $b_1 = 1$ とすると, $c_1 = 1$, $c_2 = -1$ となり, $b_2 = 0$ となる. すなわち,
>
> $$B = \begin{bmatrix} 1 \\ 0 \end{bmatrix}, \quad C = \begin{bmatrix} 1 & -1 \end{bmatrix}$$
>
> よって, 2.1 節 (2.14) 式より,
>
> $$A^\dagger = C^T (CC^T)^{-1} (B^T B)^{-1} B^T$$
>
> $$= \begin{bmatrix} 1 \\ -1 \end{bmatrix} \cdot \frac{1}{2} \cdot 1 \cdot \begin{bmatrix} 1 & 0 \end{bmatrix} = \frac{1}{2} \begin{bmatrix} 1 & 0 \\ -1 & 0 \end{bmatrix}$$
>
> と求められる.
>
> また, たとえば $b_1 = 3$ とすると, $c_1 = 1/b_1 = 1/3$, $c_2 = -1/b_1 = -1/3$ となり, $b_2 = 0$ となる. すなわち, この場合には
>
> $$B = \begin{bmatrix} 3 \\ 0 \end{bmatrix}, \quad C = \begin{bmatrix} \frac{1}{3} & -\frac{1}{3} \end{bmatrix}$$

[†1] Moore および Penrose については 2.1 節の脚注を参照.

となり，$B^T B = 9$，$CC^T = 2/9$ であるから，

$$A^\dagger = \begin{bmatrix} \dfrac{1}{3} \\ -\dfrac{1}{3} \end{bmatrix} \cdot \dfrac{9}{2} \cdot \dfrac{1}{9} \cdot [\,3\ \ 0\,] = \dfrac{1}{2} \begin{bmatrix} 1 & 0 \\ -1 & 0 \end{bmatrix}$$

となって同じ結果を得る．

(ⅱ)：この場合も $\operatorname{rank} A = 1$ である．(2.13) 式で

$$B = \begin{bmatrix} b_1 \\ b_2 \\ b_3 \end{bmatrix}, \quad C = [\,c_1\ \ c_2\,]$$

とすると，$A = BC$ の関係より $a_{ij} = b_i c_j$ $(i = 1, 2, 3; j = 1, 2)$ であるから，

$$\begin{cases} a_{11} = 4 = b_1 c_1, & a_{12} = 1 = b_1 c_2 \\ a_{21} = 1 = b_2 c_1, & a_{22} = \dfrac{1}{4} = b_2 c_2 \\ a_{31} = 2 = b_3 c_1, & a_{32} = \dfrac{1}{2} = b_3 c_2 \end{cases}$$

となる．そこで，$b_1 = 2$ とすると，$c_1 = 4/b_1 = 2$，$c_2 = 1/b_1 = 1/2$ となり，さらに，$b_2 = 1/c_1 = 1/2$，$b_3 = 2/c_1 = 1$ となる．

$$B = \begin{bmatrix} 2 \\ \dfrac{1}{2} \\ 1 \end{bmatrix}, \quad C = \begin{bmatrix} 2 & \dfrac{1}{2} \end{bmatrix}; \quad B^T B = \dfrac{21}{4}, \quad CC^T = \dfrac{17}{4}$$

であるから，2.1 節 (2.14) 式より，

$$A^\dagger = \begin{bmatrix} 2 \\ \dfrac{1}{2} \\ 1 \end{bmatrix} \cdot \dfrac{4}{17} \cdot \dfrac{4}{21} \cdot \begin{bmatrix} 2 & \dfrac{1}{2} & 1 \end{bmatrix} = \dfrac{16}{357} \begin{bmatrix} 4 & 1 & 2 \\ 1 & \dfrac{1}{4} & \dfrac{1}{2} \end{bmatrix}$$

と求められる．

(ⅰ)，(ⅱ) のいずれの $A^\dagger$ もペンローズの四つの条件を満たすことは容易に確認できる．

例題 A.2 マトリクス $A \in \mathrm{R}^{m \times n}$ のランクが 1，すなわち $\operatorname{rank} A = 1$ ならば，

$$A^\dagger = \dfrac{1}{\operatorname{tr}(A^T A)} A^T \tag{A.4}$$

であることを示そう．

$$A = BC \quad (B \in \mathrm{R}^{m \times 1}, C \in \mathrm{R}^{1 \times n})$$

であるから，

$$A = [\,a_{ij}\,] = \begin{bmatrix} b_1 \\ \vdots \\ b_m \end{bmatrix} [\,c_1 \cdots c_n\,] = \begin{bmatrix} b_1 c_1 & \cdots & b_1 c_n \\ \vdots & & \vdots \\ b_m c_1 & \cdots & b_m c_n \end{bmatrix}$$

これより，$a_{ij} = b_i c_j \ (i = 1, 2, \cdots, m; j = 1, 2, \cdots, n)$ の関係を得る．

$$B^T B = \sum_{i=1}^{m} b_i^2, \quad CC^T = \sum_{j=1}^{n} c_j^2$$

であるから，2.1 節 (2.14) 式より

$$A^\dagger = C^T (CC^T)^{-1} (B^T B)^{-1} B^T$$

$$= \begin{bmatrix} c_1 \\ \vdots \\ c_n \end{bmatrix} \left(\sum_{i=1}^{m} b_i^2 \right)^{-1} \left(\sum_{j=1}^{n} c_j^2 \right)^{-1} [\,b_1 \cdots b_m\,]$$

$$= \left(\sum_{i=1}^{m} \sum_{j=1}^{n} b_i^2 c_j^2 \right)^{-1} \begin{bmatrix} c_1 \\ \vdots \\ c_n \end{bmatrix} [\,b_1 \cdots b_m\,]$$

となる．ここで，$b_i^2 c_j^2 = a_{ij}^2$ であり，

$$\mathrm{tr}\,(A^T A) = \sum_{i=1}^{m} \sum_{j=1}^{n} a_{ij}^2, \quad \begin{bmatrix} c_1 \\ \vdots \\ c_n \end{bmatrix} [\,b_1 \cdots b_m\,] = A^T$$

に留意すると，(A.4) 式が得られる．

A.4　ブロック・マトリクス

マトリクス $A \in \mathrm{R}^{m \times n}$ を部分マトリクス A_{ij} に分割して

$$A = \begin{bmatrix} A_{11} & A_{12} & \cdots & A_{1q} \\ A_{21} & A_{22} & \cdots & A_{2q} \\ \vdots & \vdots & A_{ij} & \vdots \\ A_{p1} & A_{p2} & \cdots & A_{pq} \end{bmatrix}$$

のように表示することを考える．ここで，$A_{ij} \in \mathrm{R}^{m_i \times n_j}$ とすると $\sum_{i=1}^{p} m_i = m$，$\sum_{j=1}^{q} n_j = n$ である．このとき，この A を A_{ij} を要素にもつ**ブロック・マトリクス** (block matrix) とよぶ．とくに，$p = q$ で，A_{ii} が正方で $A_{ij} = 0 \; (i \neq j)$ のとき，A を**ブロック対角マトリクス** (block diagonal matrix) といい，

$$A = \mathrm{block\ diag}\{A_{11}, A_{22}, \cdots, A_{pp}\}$$

のように表記する．

ブロック・マトリクスの行列式についてはつぎの式が成り立つ．

$$\det \begin{bmatrix} A & D \\ C & B \end{bmatrix} = \det A \cdot \det[B - CA^{-1}D] \quad (\det A \neq 0) \tag{A.5a}$$

$$= \det[A - DB^{-1}C] \cdot \det B \quad (\det B \neq 0) \tag{A.5b}$$

A.5　クロネッカー積

次元の異なるマトリクスどうしの積としてつぎのような演算が定義されている．マトリクス $A = [a_{ij}] \in \mathrm{R}^{m \times n}$ および $B \in \mathrm{R}^{p \times q}$ に対して，

$$A \otimes B = \begin{bmatrix} a_{11}B & a_{12}B & \cdots & a_{1n}B \\ a_{21}B & a_{22}B & \cdots & a_{2n}B \\ \vdots & \vdots & & \vdots \\ a_{m1}B & a_{m2}B & \cdots & a_{mn}B \end{bmatrix} \in \mathrm{R}^{mp \times nq}$$

を**クロネッカー積** (Kronecker product) とよぶ．

クロネッカー積に対してはつぎの諸式が成り立つ．

（ⅰ）スカラ積：$\alpha(A \otimes B) = (\alpha A) \otimes B = A \otimes (\alpha B) \quad (\alpha：スカラ)$

（ⅱ）分配則：$m = p$, $n = q$ のとき，

$$(A + B) \otimes C = (A \otimes C) + (B \otimes C)$$

$$C \otimes (A + B) = (C \otimes A) + (C \otimes B)$$

（ⅲ）結合則：$A \otimes (B \otimes C) = (A \otimes B) \otimes C$

（ⅳ）転置：$(A \otimes B)^T = A^T \otimes B^T$

例題 A.3　$x(t) = [x_1(t), \cdots, x_n(t)]^T \in \mathrm{R}^n$，$A = [a_1, a_2, \cdots, a_n] \in \mathrm{R}^{n \times n} \; (a_i \in \mathrm{R}^n)$ に対して，

$$Ax(t) = (x^T(t) \otimes I_n)a \tag{A.6}$$

と表現できる．ここで，a は
$$a = [a_1^T \ a_2^T \ \cdots \ a_n^T]^T \in \mathrm{R}^{n^2}$$
と表されるベクトルである．実際，つぎのようにして示される．

$$\begin{aligned}
Ax(t) &= \begin{bmatrix} a_{11} & \cdots & a_{1n} \\ \vdots & & \vdots \\ a_{n1} & \cdots & a_{nn} \end{bmatrix} \begin{bmatrix} x_1(t) \\ \vdots \\ x_n(t) \end{bmatrix} = x_1(t) \begin{bmatrix} a_{11} \\ \vdots \\ a_{n1} \end{bmatrix} + \cdots + x_n(t) \begin{bmatrix} a_{1n} \\ \vdots \\ a_{nn} \end{bmatrix} \\
&= \sum_{i=1}^n x_i(t) a_i = \sum_{i=1}^n (x_i(t) I_n) a_i \\
&= \begin{bmatrix} x_1(t) I_n & \vdots & \cdots & \vdots & x_n I_n \end{bmatrix} \begin{bmatrix} a_1 \\ \vdots \\ a_n \end{bmatrix} = (x^T(t) \otimes I_n) a
\end{aligned}$$

A.6　2次形式とマトリクスの正定性

$A = [a_{ij}] \in \mathrm{R}^{n \times n}$ を対称マトリクス，$x \in \mathrm{R}^n$ を任意のベクトルとする．このとき，スカラ量

$$x^T A x = \sum_{i=1}^n \sum_{j=1}^n a_{ij} x_i x_j \tag{A.7}$$

をベクトル x に関する **2次形式** (quadratic form) という．すべての $x \neq 0$ に対して，

$$x^T A x > 0$$

であるとき2次形式は**正定** (positive-definite) であるといい，$A > 0$ と書いて A を**正定マトリクス** (positive-definite matrix) という．また，すべての $x \neq 0$ に対して，

$$x^T A x \geqq 0$$

であるとき2次形式は**準正定** (positive semi-definite) あるいは**非負定** (nonnegative-definite) であるといい，$A \geqq 0$ と書いて A を**準正定マトリクス** (positive semi-definite matrix) あるいは**非負定マトリクス** (nonnegative-definite matrix) という[†1]．

対称マトリクス A が正定であるための必要十分条件は，A のすべての固有値が正

[†1] なお，A のすべての要素が $a_{ij} > 0$ ($a_{ij} \geqq 0$) であるとき，A を正マトリクス (positive matrix) (非負マトリクス，nonnegative matrix) とよんで $A > 0$ ($A \geqq 0$) と表記しているテキストもあるので，混同しないようにされたい．

であることが知られているが，つぎのシルヴェスターの判定法 (Sylvester's criterion) を用いれば，固有値を求めることなく正定性の判定を行うことができる．

■**シルヴェスターの判定法**： A の首座部分マトリクスを

$$A_k = \begin{bmatrix} a_{11} & \cdots & a_{1k} \\ \vdots & \ddots & \vdots \\ a_{k1} & \cdots & a_{kk} \end{bmatrix} \quad (k = 1, 2, \cdots, n)$$

と定義する．このとき，$A > 0$ であるための必要十分条件は，すべての首座小行列式 (leading principal minor) $\det A_k$ ($k = 1, 2, \cdots, n$) が正となることである．すなわち，

$$a_{11} > 0, \quad \begin{vmatrix} a_{11} & a_{12} \\ a_{21} & a_{22} \end{vmatrix} > 0, \quad \cdots, \quad \det A_k > 0, \quad \cdots, \quad \det A > 0 \tag{A.8}$$

となることである．

例題 A.4　2 次形式

$$6x_1^2 - 4x_1x_2 + 2x_2^2$$

が，すべての $(x_1, x_2) \neq (0, 0)$ に対して正か負かを判定してみよう．そこで，$x = [x_1, x_2]^T$，$A = \begin{bmatrix} a_{11} & a_{12} \\ a_{21} & a_{22} \end{bmatrix}$ ($a_{12} = a_{21}$) とすると，

$$x^T A x = \begin{bmatrix} x_1 & x_2 \end{bmatrix} \begin{bmatrix} a_{11} & a_{12} \\ a_{21} & a_{22} \end{bmatrix} \begin{bmatrix} x_1 \\ x_2 \end{bmatrix} = a_{11}x_1^2 + 2a_{12}x_1x_2 + a_{22}x_2^2$$

であるから，係数比較によって，

$$a_{11} = 6, \quad a_{12} = a_{21} = -2, \quad a_{22} = 2$$

すなわち，

$$A = \begin{bmatrix} 6 & -2 \\ -2 & 2 \end{bmatrix}$$

を得る．したがって，シルヴェスターの判定法によって，

$$a_{11} = 6 > 0, \quad |A| = \begin{vmatrix} 6 & -2 \\ -2 & 2 \end{vmatrix} = 8 > 0$$

すなわち $A > 0$ を得るから，与式の 2 次形式はすべての $(x_1, x_2) \neq (0, 0)$ に対して正である．

マトリクス $A \in \mathrm{R}^{m \times n}$ に対して，$A^T A$ および AA^T はいずれも準正定である．$A^T A$ が正定であるための必要十分条件は $\mathrm{rank}\, A = n$，AA^T については $\mathrm{rank}\, A = m$ である．正定マトリクスは正則である．

準正定マトリクス $A \in \mathrm{R}^{n \times n}$ は，ある準正定マトリクス $Q \in \mathrm{R}^{n \times n}$ によって $A = QQ^T$ のように分解できる．この Q を A の**平方根マトリクス** (square root matrix) とよび，$Q = A^{1/2}$ のように表記する．なお，$A = QQ^T$ を満たす Q は唯一ではないが，$Q \geqq 0$ となるものは唯一である．

A.7 マトリクスとベクトルに関する微分と積分

■ A.7.1 ■ 微分と積分

ベクトル $x(t) = [x_1(t), \cdots, x_n(t)]^T$ およびマトリクス $A(t) = [a_{ij}(t)]$ がいずれもスカラパラメータ $t \in \mathrm{R}$（t は必ずしも時間変数でなくてもよい）の関数であり，また $S(X)$ をマトリクス $X = [x_{ij}]$ のスカラ関数とするとき，それらの微分を

$$\frac{dx(t)}{dt} = \begin{bmatrix} \dfrac{dx_1(t)}{dt} \\ \vdots \\ \dfrac{dx_n(t)}{dt} \end{bmatrix}, \quad \frac{dA(t)}{dt} = \left[\frac{da_{ij}(t)}{dt} \right], \quad \frac{\partial S(X)}{\partial X} = \left[\frac{\partial S(X)}{\partial x_{ij}} \right]$$

と定義する．とくに t が時間変数のとき，$dx(t)/dt = \dot{x}(t)$，$dA(t)/dt = \dot{A}(t)$ と表記する．マトリクスの積の微分や逆マトリクスの微分は，以下のように計算される．

$$\frac{d}{dt}(A(t)B(t)) = \frac{dA(t)}{dt}B(t) + A(t)\frac{dB(t)}{dt} \tag{A.9}$$

$$\frac{d}{dt}A^{-1}(t) = -A^{-1}(t)\frac{dA(t)}{dt}A^{-1}(t) \tag{A.10}$$

また，ベクトル $x(t)$ とマトリクス $A(t)$ の積分をそれぞれ

$$\int x(t)\,dt = \begin{bmatrix} \int x_1(t)\,dt \\ \vdots \\ \int x_n(t)\,dt \end{bmatrix}, \quad \int A(t)\,dt = \left[\int a_{ij}(t)\,dt \right]$$

のように各要素の積分として定義する．

■ **A.7.2** ■ ベクトル,マトリクスに関する微分

(ⅰ) ベクトルに関する微分:$S(x)$ をベクトル $x \in \mathrm{R}^n$ のスカラ関数とする.そのベクトル x に関する 1 階および 2 階微分をそれぞれつぎのように定義する.

$$\frac{\partial S(x)}{\partial x} = \begin{bmatrix} \dfrac{\partial S(x)}{\partial x_1} \\ \vdots \\ \dfrac{\partial S(x)}{\partial x_n} \end{bmatrix} = \left(\frac{\partial}{\partial x}\right) S(x)$$

$$S_{xx}(x) = \begin{bmatrix} \dfrac{\partial^2 S(x)}{\partial x_1^2} & \cdots & \dfrac{\partial^2 S(x)}{\partial x_1 \partial x_n} \\ \vdots & & \vdots \\ \dfrac{\partial^2 S(x)}{\partial x_n \partial x_1} & \cdots & \dfrac{\partial^2 S(x)}{\partial x_n^2} \end{bmatrix} = \frac{\partial}{\partial x}\left(\frac{\partial S(x)}{\partial x}\right)^T$$

(ⅱ) ベクトル x の 1 次および 2 次関数の微分:対称マトリクス $A \in \mathrm{R}^{n \times n}$ に対して,$x^T A x$ $(x \in \mathrm{R}^n)$ の微分は

$$\frac{\partial}{\partial x}(x^T A x) = 2Ax \tag{A.11}$$

となり,また $B \in \mathrm{R}^{m \times n}$ に対して,

$$\frac{\partial}{\partial x}(Bx)^T = \frac{\partial}{\partial x}(x^T B^T) = B^T \tag{A.12}$$

が成り立つ.

(ⅲ) トレースの微分:A, B, X は,それらの積が定義できれば必ずしも正方マトリクスでなくてもよい.

$$\frac{\partial}{\partial X}\mathrm{tr}\,(AX) = A^T, \quad \frac{\partial}{\partial X}\mathrm{tr}\,(AX^T) = A \tag{A.13}$$

$$\frac{\partial}{\partial X}\mathrm{tr}\,(AXB) = A^T B^T, \quad \frac{\partial}{\partial X}\mathrm{tr}\,(AX^T B) = BA \tag{A.14}$$

$$\frac{\partial}{\partial X}\mathrm{tr}\,(AXBX) = (AXB + BXA)^T \tag{A.15}$$

$$\frac{\partial}{\partial X}\mathrm{tr}\,(AXBX^T) = A^T X B^T + AXB \tag{A.16}$$

$$\frac{\partial}{\partial X}\mathrm{tr}\,(AXX^T B) = (A^T B^T + BA)X \tag{A.17}$$

$$\frac{\partial}{\partial X}\mathrm{tr}\,(AX^{-1}B) = -(X^{-1}BAX^{-1})^T \tag{A.18}$$

A.8　ベクトル空間，内積，ノルム

ある集合 V がつぎの二つの条件 (A) および (B) を満たすとき，この V を**ベクトル空間** (vector space) といい，その要素を**ベクトル** (vector) という．

(A) 任意の $x, y, z \in V$ に対して，和 $x + y \in V$ が常に定まり，つぎの四つの条件を満たす．

(A1)　$x + y = y + x$
(A2)　$(x + y) + z = x + (y + z)$
(A3)　$x + 0 = x$ を満たす零ベクトル (zero vector) $0 \in V$ が存在する．
(A4)　$x + (-x) = 0$ を満たす $(-x) \in V$ が存在する．

(B) 任意のスカラ α, β および任意の $x, y \in V$ に対して，スカラ倍 $\alpha x \in V$ が常に定まり，つぎの四つの条件を満たす．

(B1)　$\alpha(x + y) = \alpha x + \alpha y$
(B2)　$(\alpha + \beta)x = \alpha x + \beta x$
(B3)　$(\alpha\beta)x = \alpha(\beta x)$
(B4)　$1 \cdot x = x$

上記 (B) のスカラが実数のとき，そのベクトル空間を**実ベクトル空間** (real vector space) とよぶ．

n 次元実ベクトル全体の集合

$$\mathrm{R}^n = \left\{ x = \begin{bmatrix} x_1 \\ \vdots \\ x_n \end{bmatrix} ;\ x_i \in \mathrm{R},\ i = 1, 2, \cdots, n \right\}$$

は，和とスカラ倍をそれぞれ

$$\begin{bmatrix} x_1 \\ \vdots \\ x_n \end{bmatrix} + \begin{bmatrix} y_1 \\ \vdots \\ y_n \end{bmatrix} = \begin{bmatrix} x_1 + y_1 \\ \vdots \\ x_n + y_n \end{bmatrix},\quad \alpha \begin{bmatrix} x_1 \\ \vdots \\ x_n \end{bmatrix} = \begin{bmatrix} \alpha x_1 \\ \vdots \\ \alpha x_n \end{bmatrix} \tag{A.19}$$

のように定義すれば，上記の条件をすべて満足するのでベクトル空間である．

ベクトル空間 V の部分集合 X について，その要素 $x, y \in X$ およびスカラ α, β に対して $\alpha x + \beta y \in X$ であるとき，この X をベクトル空間 V の**部分空間** (subspace) とよぶ．以後の説明では，ベクトル空間としては実ベクトル空間のみを考える．

ベクトル空間 V の要素 $x, y \in V$ およびスカラ $\alpha \in \mathrm{R}$ に対して，

(N1) $\|x\| \geqq 0$
(N2) $\|x\| = 0 \Leftrightarrow x = 0$
(N3) $\|\alpha x\| = |\alpha| \|x\|$
(N4) $\|x + y\| \leqq \|x\| + \|y\|$ （三角不等式）

を満たす $\|x\|$ を R 上のベクトル空間 V における x の**ノルム** (norm) とよび，ノルムが定義されたベクトル空間を**ノルム空間** (normed space) とよぶ．

ベクトル空間 V の要素 $x, y \in V$ およびスカラ $\alpha \in$ R に対して，

(I1) $\langle x, x \rangle \geqq 0, \quad \langle x, x \rangle = 0 \Leftrightarrow x = 0$
(I2) $\langle x, y \rangle = \langle y, x \rangle$
(I3) $\langle \alpha x, y \rangle = \alpha \langle x, y \rangle$
(I4) $\langle x + y, z \rangle = \langle x, z \rangle + \langle y, z \rangle$

を満たす $\langle x, y \rangle$ を R 上のベクトル空間 V における**内積** (inner product) とよび，内積が定義されたベクトル空間を**内積空間** (inner product space) とよぶ．

内積空間 V の要素 $x \in V$ に対して，

$$\|x\| = \langle x, x \rangle^{1/2}$$

はノルムとなり，また n 次元実ベクトル空間 R^n の要素 $x = [x_1, \cdots, x_n]^T \in \mathrm{R}^n$ および $y = [y_1, \cdots, y_n]^T \in \mathrm{R}^n$ に対して，

$$\langle x, y \rangle = x^T y = \sum_{i=1}^{n} x_i y_i$$

は内積である．この内積をもつ空間 R^n を n **次元ユークリッド空間** (n-dimensional Euclidean space) とよび，上記の内積を用いて定義されるノルム

$$\|x\| = \langle x, x \rangle^{1/2} = (x^T x)^{1/2} = \left(\sum_{i=1}^{n} x_i^2 \right)^{1/2}$$

を**ユークリッド・ノルム** (Euclidean norm) という．

なお，$x \in \mathrm{R}^n$ および正定対称マトリクス M に対して，

$$\|x\|_M = \langle x, Mx \rangle^{1/2}$$

のように重み付きのノルムも定義できる．

付録B　ラプラス変換と z 変換

システム制御分野では，連続時間システムの入力と出力との間の関係は微分方程式によって記述されるが，それに代わってこれをラプラス変換し，入出力関係を伝達関数によって代数的に表現することも行われる．離散時間システムに対してはその入出力関係を記述するのに z 変換が用いられる．ここでは，ラプラス変換と z 変換およびそれらによるシステムの伝達関数表現について述べる．

B.1　ラプラス変換と伝達関数

4年制大学の理工系学部においてはラプラス変換はすでに履修済みと思われるので，ここではごく簡単に説明する．

$t \geqq 0$ で定義される区分的に連続な (piecewise continuous)（スカラ）関数 $f(t)$ に対して，変換

$$F(s) = \int_0^\infty f(t)e^{-st}\,dt =: \mathcal{L}[\,f(t)\,] \tag{B.1}$$

を $f(t)$ の**ラプラス変換** (Laplace transform)[†1] という．この変換は，正定数 α と M とに対して $|f(t)| \leqq Me^{\alpha t}$ が満たされるならば，$\mathrm{Re}(s) > \alpha$ において存在する（記号 $\mathrm{Re}(s)$ は複素数 s の実部を表す）．変数 $s \in \mathbb{C}$ は複素数でラプラス演算子とよばれる．

逆変換は

$$f(t) = \frac{1}{2\pi j} \int_{\sigma-j\infty}^{\sigma+j\infty} F(s)e^{st}\,ds =: \mathcal{L}^{-1}[\,F(s)\,] \tag{B.2}$$

によって求められる．ここで，$\sigma = \mathrm{Re}(s)$ である．

ラプラス変換が重要なのは，それによって微分方程式が s に関する代数方程式として取扱いが可能になるからである．

おもな性質を述べる．

(L1) **線形性**：

$$\mathcal{L}[\,af(t) + bg(t)\,] = aF(s) + bG(s) \quad (a, b : \mathrm{const.}) \tag{B.3}$$

[†1] Pierre Simon Marquis de Laplace (1749-1827). ポテンシャル論，特殊関数，確率論などをはじめ，天体力学にも貢献したフランスの偉大な数学者．ナポレオン・ボナパルトは彼の学生だった．

(L2) t 領域での微分：
$$\mathcal{L}[f^{(n)}(t)] = s^n F(s) - s^{n-1}f(0) - s^{n-2}\dot{f}(0) - \cdots - f^{(n-1)}(0) \tag{B.4}$$

(L3) s シフト（第1移動定理）：
$$\mathcal{L}[e^{at}f(t)] = F(s-a) \tag{B.5}$$

(L4) 時間シフト（第2移動定理）：$0 < t < a$ で $f(t-a) = 0$ ならば，
$$\mathcal{L}[f(t-a)] = e^{-as}F(s) \tag{B.6}$$

これは単位階段関数 $u_S(\cdot)$（1.3節の脚注参照）を用いて，
$$\mathcal{L}[f(t-a)u_S(t-a)] = e^{-as}F(s)$$

とも表現できる．

(L5) 初期値および最終値定理：
$$\lim_{t \to 0} f(t) = \lim_{s \to \infty} sF(s), \quad \lim_{t \to \infty} f(t) = \lim_{s \to 0} sF(s) \tag{B.7}$$

(L6) コンボリューション：二つの関数 $f_1(t)$，$f_2(t)$ に対して
$$(f_1 * f_2)(t) = \int_0^t f_1(t-\tau)f_2(\tau)\,d\tau$$

のように定義される積分を $f_1(t)$ と $f_2(t)$ の**コンボリューション**（convolution，たたみ込み積分，合成積）という．これのラプラス変換は
$$\mathcal{L}[(f_1 * f_2)(t)] = \mathcal{L}\left[\int_0^t f_1(t-\tau)f_2(\tau)\,d\tau\right] = F_1(s)F_2(s) \tag{B.8}$$

で与えられる．ここで，$F_1(s) = \mathcal{L}[f_1(t)]$，$F_2(s) = \mathcal{L}[f_2(t)]$ である．

例題 B.1 ベキ関数 $f(t) = a^{t/\Delta}$ $(a, \Delta > 0)$ のラプラス変換を求めよう．$a^x = e^{x \ln a}$ に留意すると，

$$F(s) = \int_0^\infty a^{t/\Delta} e^{-st}\,dt = \int_0^\infty e^{(t/\Delta)\ln a} e^{-st}\,dt$$

$$= \int_0^\infty e^{-(s-c)t}\,dt \quad \left(c := \frac{1}{\Delta}\ln a\right)$$

$$= \frac{1}{-(s-c)} e^{-(s-c)t}\bigg|_{t=0}^\infty = \frac{1}{s-c} \quad (|s| > c)$$

よって，

$$F(s) = \cfrac{1}{s - \cfrac{1}{\Delta}\ln a}$$

を得る.

さて，1入力1出力 n 次元計測システム

$$\dot{x}(t) = Ax(t) + bu(t), \quad y(t) = hx(t)$$

($x(t) \in \mathrm{R}^n$, $y(t) \in \mathrm{R}^1$, $u(t) \in \mathrm{R}^1$, h は n 次元行ベクトル) を考える．これらをラプラス変換する（ベクトルについては要素ごとにラプラス変換する）と，性質 (L2) を用いて

$$sX(s) - x(0) = AX(s) + bU(s), \quad Y(s) = hX(s)$$

を得る．ここで，$X(s) = \mathcal{L}[x(t)]$, $U(s) = \mathcal{L}[u(t)]$, $Y(s) = \mathcal{L}[y(t)]$ である．これらより

$$Y(s) = h(sI - A)^{-1}bU(s) + h(sI - A)^{-1}x(0)$$

を得るが，入力と出力との関係をみるためには右辺の第2項が煩わしいので，$x(0) \equiv 0$ とすると，

$$Y(s) = G(s)U(s), \quad G(s) = h(sI - A)^{-1}b \tag{B.9}$$

という簡潔な入出力表現を得る．この関数 $G(s) = Y(s)/U(s)$ を**伝達関数** (transfer function) とよぶ．$g(t) = \mathcal{L}^{-1}[G(s)]$ とすると，(B.8) 式より

$$y(t) = \mathcal{L}^{-1}[G(s)U(s)] = \int_0^t g(t-\tau)u(\tau)\,d\tau$$

となるが，$t < 0$ での応答は零であるから，$g(\sigma) = 0$ ($\sigma < 0$) であることを考慮すると，

$$y(t) = \int_{-\infty}^t g(t-\tau)u(\tau)\,d\tau$$

と表現できる．ここで，$t-\tau = \sigma$ と変数変換し，入力をインパルス $u(t-\sigma) = \delta(t-\sigma)$ とすると，ディラックのデルタ関数の性質（2.6節の脚注）によって，

$$y(t) = \int_0^\infty g(\sigma)u(t-\sigma)\,d\sigma = \int_0^\infty g(\sigma)\delta(t-\sigma)\,d\sigma = g(t)$$

となる．このことから，$g(t) = \mathcal{L}^{-1}[G(s)]$ はインパルス入力に対する応答になっているので，**インパルス応答** (impulse response)，あるいは入力にかかる重みという意味で**荷重関数** (weighting function) とよばれる．ここでは，$g(t) = he^{At}b$ である．

例題 B.2

1入力1出力2次元計測システム

$$\begin{cases} m\ddot{x}(t) + c\dot{x}(t) + kx(t) = b_0 u(t), \quad x(0) = x_0, \dot{x}(0) = \dot{x}_0 \\ y(t) = h_0 x(t) \end{cases}$$

の入力 $u(t)$ から出力 $y(t)$ までの伝達関数を求めよう．

$x_0 = \dot{x}_0 = 0$ と考えて，これら2式をラプラス変換して整理すると，

$$Y(s) = \frac{h_0 b_0}{ms^2 + cs + k} U(s)$$

であるから，伝達関数は

$$G(s) = \frac{h_0 b_0}{ms^2 + cs + k}$$

である．逆に，この伝達関数が与えられたとすると，

$$(ms^2 + cs + k)Y(s) = h_0 b_0 U(s)$$

であるが，$y(t) = h_0 x(t)$ としていることに留意すると，

$$Y(s) = h_0 X(s), \quad (ms^2 + cs + k)X(s) = b_0 U(s)$$

を得る．それぞれ逆ラプラス変換して，$x(t)$ の初期値を当該のシステムに合うように，$x(0) = x_0, \dot{x}(0) = \dot{x}_0$ とすれば与式を得る．

なお，上に得た伝達関数は状態空間表現により求めた $G(s) = h(sI - A)^{-1}b$ とも一致する．実際，$x_1(t) = x(t), x_2(t) = \dot{x}(t)$ として計測システムを状態空間表現すると，

$$\begin{bmatrix} \dot{x}_1(t) \\ \dot{x}_2(t) \end{bmatrix} = \begin{bmatrix} 0 & 1 \\ -\dfrac{k}{m} & -\dfrac{c}{m} \end{bmatrix} \begin{bmatrix} x_1(t) \\ x_2(t) \end{bmatrix} + \begin{bmatrix} 0 \\ \dfrac{b_0}{m} \end{bmatrix} u(t)$$

$$y(t) = \begin{bmatrix} h_0 & 0 \end{bmatrix} \begin{bmatrix} x_1(t) \\ x_2(t) \end{bmatrix}$$

となるので，

$$sI - A = \begin{bmatrix} s & -1 \\ \dfrac{k}{m} & s + \dfrac{c}{m} \end{bmatrix},$$

$$(sI - A)^{-1} = \frac{1}{s^2 + \dfrac{c}{m}s + \dfrac{k}{m}} \begin{bmatrix} s + \dfrac{c}{m} & 1 \\ -\dfrac{k}{m} & s \end{bmatrix}$$

$$b = \begin{bmatrix} 0 \\ \dfrac{b_0}{m} \end{bmatrix}, \quad h = \begin{bmatrix} h_0 & 0 \end{bmatrix}$$

に留意して $h(sI-A)^{-1}b$ を求めると,それは $G(s)$ と一致する.

B.2 z 変換とパルス伝達関数

$\{f(k)\}$ $(k=0,1,2,\cdots)$ を離散時刻 $\{t_k\}$ でサンプリングされた信号とし,z を複素数 $(z \in \mathbb{C})$ とするとき,

$$F(z) = \sum_{k=0}^{\infty} f(k) z^{-k} =: \mathcal{Z}[\,f(k)\,] \tag{B.10}$$

を $f(k)$ の z 変換 (z-transform) とよぶ.この無限級数は,二つの正定数 M と ρ に対して

$$|f(k)| \leqq M\rho^k \quad (k=0,1,2,\cdots)$$

が満たされるならば,$|z| > \rho$ において絶対収束し,かつそこにおいて解析的 (analytic)[†1] である.

実際,

$$\sum_{k=0}^{\infty} |f(k)z^{-k}| \leqq \sum_{k=0}^{\infty} M\rho^k |z|^{-k}$$

$$= \sum_{k=0}^{\infty} M(\rho|z|^{-1})^k = \frac{M}{1-\rho|z|^{-1}}$$

と評価され[†2],この右辺は正であるから,$1-\rho|z|^{-1} > 0$,すなわち $|z| > \rho$ で絶対収束する.

$F(z)$ の逆変換は

[†1] 正則 (holomorphic) ともいう.

[†2] 等比級数 (geometric series) $\sum_{k=0}^{\infty} q^k$ は $|q| < 1$ で収束する.すなわち,

$$\sum_{k=0}^{\infty} q^k = 1 + q + q^2 + \cdots = \frac{1}{1-q} \quad (|q| < 1)$$

となる.証明は容易で,$s_n = \sum_{k=0}^{n} q^k$ から qs_n を差し引くと,$(1-q)s_n = 1 - q^{n+1}$ が得られるから,

$$s_n = \frac{1}{1-q} - \frac{q^{n+1}}{1-q}$$

を得る.$|q| < 1$ では,右辺第2項は $n \to \infty$ で零となる.

$$f(k) = \frac{1}{2\pi j} \oint_C F(z) z^{k-1} \, dz =: \mathcal{Z}^{-1}[\,F(z)\,] \quad (k = 0, \pm 1, \pm 2, \cdots) \tag{B.11}$$

によって求められる．ここで，C は $F(z)$ のすべての極を含む閉曲線である．これはまた，極 $z = a_i$ $(i = 1, 2, \cdots, p)$ における $F(z) z^{k-1}$ の留数の和によっても求められる．

$$f(k) = \sum_{i=1}^{p} \operatorname*{Res}_{z=a_i} [\,F(z) z^{k-1}\,]$$

z 変換に対してもラプラス変換と同様な性質が成り立つ．

(Z1) 線形性：
$$\mathcal{Z}[\,af(k) + bg(k)\,] = aF(z) + bG(z) \quad (a, b : \text{const.}) \tag{B.12}$$

(Z2) 時間シフト：
$$\mathcal{Z}[\,f(k+i)\,] = z^i F(z) - z^i f(0) - z^{i-1} f(1) - \cdots$$
$$- \cdots - z^2 f(i-2) - z f(i-1) \tag{B.13}$$

(Z3) 初期値および最終値定理：
$$(\text{i})\ f(0) = \lim_{z \to \infty} F(z), \quad (\text{ii})\ f(\infty) = \lim_{z \to 1} (z-1) F(z) \tag{B.14a}$$

(証明)（i）は (B.10) 式より明らか．
（ii）は以下のようにして示される．

$$\mathcal{Z}[\,f(k+1) - f(k)\,] = \sum_{k=0}^{\infty} \{f(k+1) - f(k)\} z^{-k}$$

において，左辺は性質 (Z2) を用いると

$$\mathcal{Z}[\,f(k+1) - f(k)\,] = \mathcal{Z}[\,f(k+1)\,] - \mathcal{Z}[\,f(k)\,]$$
$$= \{zF(z) - zf(0)\} - F(z)$$
$$= (z-1) F(z) - zf(0)$$

であり，右辺は

$$\lim_{k \to \infty} \sum_{l=0}^{k} \{f(l+1) - f(l)\} z^{-l}$$

と書ける．ここで，$z \to 1$ とすると

$$\lim_{z \to 1} (z-1) F(z) - f(0)$$
$$= \lim_{k \to \infty} \{[\,f(1) - f(0)\,] + [\,f(2) - f(1)\,] + \cdots + [\,f(k+1) - f(k)\,]\}$$

$$= \lim_{k \to \infty} f(k+1) - f(0)$$

となるので，両辺から $f(0)$ を消去し，$\lim_{k \to \infty} f(k+1) = f(\infty)$ より (ⅱ) が得られる． **(Q.E.D.)**

また (ⅰ), (ⅱ) はつぎのようにも表現される．

(ⅰ) $f(0) = \lim_{z \to \infty}(1 - z^{-1})F(z)$, (ⅱ) $f(\infty) = \lim_{z \to 1}(1 - z^{-1})F(z)$ (B.14b)

(Z4) **コンボリューション**：$f(k)$ と $g(k)$ のコンボリューション

$$h(k) = (f * g)(k) = \sum_{l=-\infty}^{\infty} f(k-l)g(l) = \sum_{l=-\infty}^{\infty} f(l)g(k-l)$$

の z 変換はつぎのようになる．

$$H(z) = \sum_{k=-\infty}^{\infty} h(k)z^{-k} = F(z)G(z) \tag{B.15}$$

ここで，$F(z) = \sum_{k=-\infty}^{\infty} f(k)z^{-k}$, $G(z) = \sum_{k=-\infty}^{\infty} g(k)z^{-k}$ で，$k < 0$ に対しては $f(k) = g(k) = 0$ とする．

例題 B.3 $u_S(t)$ を単位階段関数とすると，$u_S(t_k) = u_S(k) = 1$ $(k = 0, 1, 2, \cdots)$ である．z 変換を求めてみよう．

定義より，

$$U_S(z) = \mathcal{Z}[u_S(k)] = \sum_{k=0}^{\infty} z^{-k} \quad (\text{等比級数})$$
$$= \frac{1}{1 - z^{-1}} = \frac{z}{z - 1}$$

となる．

例題 B.4 例題 B.1 のベキ関数 $f(t) = a^{t/\Delta}$ の z 変換を求めよう．Δ をサンプリング周期と考えると $(t_k = k\Delta)$,

$$F(z) = \mathcal{Z}[f(k)] = \mathcal{Z}[f(k\Delta)] = \sum_{k=0}^{\infty} a^k z^{-k} \quad \left(f(k\Delta) = a^{t/\Delta}\big|_{t=k\Delta} = a^k\right)$$
$$= \sum_{k=0}^{\infty} (az^{-1})^k = \frac{1}{1 - az^{-1}} = \frac{z}{z - a} \quad (|z| > a)$$

となる．

上述のように z 変換はラプラス変換とよく似た性質があるので，表 B.1〜B.3 にラプラス変換と対比して諸公式などをまとめた．

表 B.1 ラプラス変換と z 変換の対比

	ラプラス変換	z 変換
信　号	$f(t)$：時間変数 t の関数	$f(k)$：整数 k の関数
変換式	$F(s) = \int_0^\infty f(t)e^{-st}dt =: \mathcal{L}[f(t)]$	$F(z) = \sum_{k=0}^\infty f(k)z^{-k} =: \mathcal{Z}[f(k)]$
逆変換式	$f(t) = \dfrac{1}{2\pi j}\int_{\sigma-j\infty}^{\sigma+j\infty} F(s)e^{st}dt$ $(\sigma = \mathrm{Re}(s))$	$f(k) = \dfrac{1}{2\pi j}\oint_C F(z)z^{k-1}dz$

表 B.2 ラプラス変換と z 変換の諸公式

	ラプラス変換	z 変換
1° 線形性	$\mathcal{L}[af(t)+bg(t)] = aF(s)+bG(s)$	$\mathcal{Z}[af(k)+bg(k)] = aF(z)+bG(z)$
2° 時間シフト	$\mathcal{L}[f(t-a)u_S(t-a)] = e^{-as}F(s)$	$\mathcal{Z}[f(k+1)] = zF(z) - zf(0)$ $\mathcal{Z}[f(k+2)] = z^2F(z) - z^2f(0) - zf(1)$ $\vdots$ $\mathcal{Z}[f(k+i)] = z^iF(z) - z^if(0)$ $\qquad - z^{i-1}f(1) - \cdots - zf(i-1)$ $\mathcal{Z}[f(k-i)] = z^{-i}F(z)$ $(f(k)=0,\ k<0)$
3° 時間微分	$\mathcal{L}[\dot{f}(t)] = sF(s) - f(0)$ $\mathcal{L}[\ddot{f}(t)] = s^2F(s) - sf(0) - \dot{f}(0)$ $\vdots$ $\mathcal{L}[f^{(n)}(t)] = s^nF(s) - s^{n-1}f(0)$ $\qquad - \cdots - f^{(n-1)}(0)$	—
4° コンボリューション	$\mathcal{L}[(f*g)(t)] = F(s)G(s)$ ここで， $(f*g)(t) = \int_0^t f(t-\tau)g(\tau)d\tau$	$\mathcal{Z}[(f*g)(k)] = F(z)G(z)$ ここで， $(f*g)(k) = \sum_{l=-\infty}^\infty f(k-l)g(l)$
5° 初期値および最終値定理	$\lim_{t\to 0} f(t) = \lim_{s\to\infty} sF(s)$ $\lim_{t\to\infty} f(t) = \lim_{s\to 0} sF(s)$	$f(0) = \lim_{z\to\infty}(1-z^{-1})F(z)$ $f(\infty) = \lim_{z\to 1}(1-z^{-1})F(z)$

注： $u_S(t-a) = \begin{cases} 0 & (t<a) \\ 1 & (a\leqq t) \end{cases}$ （階段関数）

表 B.3 おもな関数のラプラス変換とサンプリングによって得られる
離散時間信号の z 変換 (Δ：サンプリング周期)

	ラプラス変換	z 変換
単位インパルス関数 $\delta(t - k\Delta)$	$e^{-k\Delta s}$	—
1点における大きさ1の信号 $\delta_K(t, k\Delta)$	—	z^{-k}
単位階段関数 $u_S(t - k\Delta)$	$\dfrac{1}{s} e^{-k\Delta s}$	$\dfrac{z}{z-1} - \displaystyle\sum_{l=0}^{k-1} z^{-l}$
ベキ関数 $a^{t/\Delta}$	$\dfrac{1}{s - \dfrac{1}{\Delta}\ln a}$	$\dfrac{z}{z-a}$
指数関数 e^{-at}	$\dfrac{1}{s+a}$	$\dfrac{z}{z - e^{-a\Delta}}$
三角関数　$\sin\omega t$	$\dfrac{\omega}{s^2 + \omega^2}$	$\dfrac{z\sin\omega\Delta}{z^2 - 2z\cos\omega\Delta + 1}$
$\cos\omega t$	$\dfrac{s}{s^2 + \omega^2}$	$\dfrac{z(z - \cos\omega\Delta)}{z^2 - 2z\cos\omega\Delta + 1}$

注：$\delta(t - k\Delta) = \begin{cases} 0 & (t \neq k\Delta) \\ \infty & (t = k\Delta) \end{cases}$ （ディラックのデルタ関数），

　　$\delta_K(t, k\Delta) = \begin{cases} 0 & (t \neq k\Delta) \\ 1 & (t = k\Delta) \end{cases}$ （クロネッカーのデルタ関数）

さて，z 変換を (B.10) 式のように定義したが，複素数 z はどのような意味をもつのであろうか．(B.10) 式は

$$F(z) = f(0) + f(1)z^{-1} + f(2)z^{-2} + \cdots$$

と表現されるから，z^{-k} は（$k = 0$ を起点として）k ステップ遅れ（z^k は k ステップ進み）を意味することがわかる．以下では，このことを確かめてみよう．

$\{x(t)\}$ ($t \geqq 0$) を時間連続関数とし，これを時間幅 Δ ごとにサンプラーによって離散化して得られる信号列（**インパルス列** [impulse sequence] とよぶ）を $\{x^*(t)\}$ と表記すると，これはディラックのデルタ関数 $\delta(\cdot)$ を用いて

$$x^*(t) = x(0)\delta(t) + x(\Delta)\delta(t - \Delta) + x(2\Delta)\delta(t - 2\Delta) + \cdots$$
$$+ x(k\Delta)\delta(t - k\Delta) + \cdots$$

$$= \sum_{k=0}^{\infty} x(k\Delta)\delta(t - k\Delta) \tag{B.16}$$

と表現される．これをラプラス変換すると[†1]，

$$X^*(s) = \mathcal{L}[x^*(t)] = \sum_{k=0}^{\infty} x(k\Delta)\mathcal{L}[\delta(t - k\Delta)]$$
$$= \sum_{k=0}^{\infty} x(k\Delta)e^{-k\Delta s} \tag{B.17}$$

を得る．ここで，

$$z = e^{\Delta s} \tag{B.18}$$

とおくと，$x(k\Delta)\,(= x(t_k))$ と $x(k)$ とは同じであるから，(B.16) 式より

$$X^*(s)|_{e^{\Delta s}=z} = \sum_{k=0}^{\infty} x(k)z^{-k} = \mathcal{Z}[x^*(t)] = X(z) \tag{B.19}$$

と同じになる．すなわち，インパルス列 $\{x^*(t)\}$ の z 変換は，$x^*(t)$ のラプラス変換において $e^{\Delta s}$ を変数 z で置き換えたものであることがわかる．ところで，$e^{-\Delta s}$ はラプラス変換では時間シフト $x(t - \Delta)$ を表すから ((B.6) 式参照)，z^{-1} は（1 ステップ）時間シフトの演算子であることがわかる．

さて，離散時間計測システム

$$\Sigma_D : \begin{cases} x(k+1) = Fx(k) + \Gamma u(k) \\ y(k) = Hx(k) + Du(k) \end{cases} \tag{B.20}$$

$(x(k) \in \mathrm{R}^n,\ y(k) \in \mathrm{R}^m,\ u(k) \in \mathrm{R}^l)$ を考える．これらを z 変換すると，

$$\begin{cases} \mathcal{Z}[x(k+1)] = F\mathcal{Z}[x(k)] + \Gamma\mathcal{Z}[u(k)] \\ \mathcal{Z}[y(k)] = H\mathcal{Z}[x(k)] + D\mathcal{Z}[u(k)] \end{cases} \tag{B.21}$$

となるから，ここで $X(z) = \mathcal{Z}[x(k)]$，$Y(z) = \mathcal{Z}[y(k)]$，$U(z) = \mathcal{Z}[u(k)]$ として，z 変換の性質 (Z2) を用いると，

$$\begin{cases} z\,[X(z) - x(0)] = FX(z) + \Gamma U(z) \\ Y(z) = HX(z) + DU(z) \end{cases} \tag{B.22}$$

[†1] ディラックのデルタ関数(2.6 節の脚注参照)の性質 $\int_{-\infty}^{\infty} f(t)\delta(t - t_0)\,dt = f(t_0)$ を用いると，

$$\mathcal{L}[\delta(t - k\Delta)] = \int_{0}^{\infty} \delta(t - k\Delta)e^{-st}\,dt = e^{-st}\big|_{t=k\Delta} = e^{-k\Delta s}$$

が得られる．$x(0) = 0$ とすると，

$$Y(z) = [\,H(zI - F)^{-1}\Gamma + D\,]U(z)$$

すなわち，離散時間システムの入出力表現として

$$Y(z) = G(z)U(z) \tag{B.23}$$

を得る．ここで，

$$G(z) = H(zI - F)^{-1}\Gamma + D \tag{B.24}$$

を**パルス伝達関数マトリクス** (pulse transfer matrix) とよぶ．

$G(z)$ を z^{-1} に関して展開すると，

$$\begin{aligned}
G(z) &= \sum_{k=0}^{\infty} G_k z^{-k} = G_0 + \frac{1}{z}G_1 + \frac{1}{z^2}G_2 + \frac{1}{z^3}G_3 + \cdots \\
&\equiv D + H\left[\frac{I}{z} + \frac{F}{z^2} + \frac{F^2}{z^3} + \cdots\right]\Gamma \\
&= D + \frac{1}{z}H\Gamma + \frac{1}{z^2}HF\Gamma + \frac{1}{z^3}HF^2\Gamma + \cdots
\end{aligned}$$

となる（$(zI - F)^{-1}$ の展開は (3.22) 式を参照）．これより

$$G_k = \begin{cases} D & (k = 0) \\ HF^{k-1}\Gamma & (k = 1, 2, 3, \cdots) \end{cases} \tag{B.25}$$

が得られる．この $\{G_k\}$ $(k = 0, 1, 2, \cdots)$ を**インパルス応答列** (impulse response sequence)，あるいは**マルコフパラメータ** (Markov parameters) とよぶ．

このマルコフパラメータを用いると，入出力関係は，$x(0) = 0$ として，

$$y(k) = \sum_{i=0}^{k} G_{k-i}\,u(i) \tag{B.26}$$

と表現できる．

付録C　フーリエ級数とフーリエ変換

> Fourier's Theorem is not only one of the most beautiful results of modern analysis but it may be said to furnish an indispensable instrument in the treatment of nearly every recondite question in modern physics.
>
> — Load Kelvin and Peter Guthrie Tait:
> *Treatise on Natural Philosophy*, 1867

第8章のサンプリング定理の導出にはフーリエ変換が不可欠である．ここでは，その導出に必要な基本的性質に限って述べ，それらの一般的な性質などについては成書に譲る．

C.1　フーリエ級数とフーリエ変換[†1]

$f(t)$ を周期 $2L$ の（スカラ）連続周期関数とする．このとき，$f(t)$ はつぎのように**複素フーリエ級数** (complex Fourier series) に展開できる．

$$f(t) = \sum_{n=-\infty}^{\infty} c_n e^{jn\pi t/L} \quad (j=\sqrt{-1})$$
$$= \sum_{n=-\infty}^{\infty} c_n \left(\cos n\frac{\pi}{L}t + j \sin n\frac{\pi}{L}t \right) \tag{C.1}$$

ここで，

$$c_n = \frac{1}{2L} \int_{-L}^{L} f(\tau) e^{-jn\pi\tau/L} \, d\tau \quad (n=0, \pm 1, \pm 2, \cdots) \tag{C.2}$$

である．

$f(t)$ を $-\infty < t < \infty$ で区分的に滑らか (piecewise smooth) で絶対可積分，すなわち，$\int_{-\infty}^{\infty} |f(t)|\, dt < \infty$ である関数とする．このとき，関数

[†1]　Jean-Baptiste-Joseph Fourier (1768-1830)．フランスの数学者．見習僧になるために修道院に入ったが，1789年にフランス革命が勃発し，Lagrange や Monge の手助けにより僧にならずに数学の先生になった．21歳のときにパリに出て，方程式の解に関する研究を学士院に提出．ナポレオンによって高等師範学校が1794年に設立されたのに伴って数学教師の椅子を与えられ，ナポレオンのエジプト遠征に従った．帰国後，1802年地方長官に任命されたが，その間，数理物理学の不朽の論文「熱の解析的理論」(Théorie analytique de la chaleur) を書き上げ，学士院より1812年度のグランプリを獲得した．審査員の Laplace, Lagrange, Legendre はフーリエを奨励するためにグランプリを与えたが，彼らはその研究の新奇性と重要性を認めながらも数学的取扱い方に欠陥があり，正確さに欠けるところがあることを指摘した．

$$F(\omega) = \int_{-\infty}^{\infty} f(t) \, e^{-j\omega t} \, dt \tag{C.3}$$

を $f(t)$ の**フーリエ変換** (Fourier transform),また

$$f(t) = \frac{1}{2\pi} \int_{-\infty}^{\infty} F(\omega) \, e^{j\omega t} \, d\omega \tag{C.4}$$

を**フーリエ逆変換** (inverse Fourier transform) といい[†1],これら二つをフーリエ変換対とよぶ[†2].

フーリエ級数展開は周期関数に対して得られる表現であるが,フーリエ変換は周期的でない一般の関数を周期関数によって表現するものである[†3].フーリエ変換対をフーリエ級数展開に基づいて導出してみよう.そのために,$f_T(t)$ を周期 T をもつ周期関数と考える(後に $T \to \infty$ とするので,$f_T(t) \to f(t)$).このとき,(C.1), (C.2)式において $L = T/2$ とすると,

$$f_T(t) = \sum_{n=-\infty}^{\infty} \left[\frac{1}{T} \int_{-T/2}^{T/2} f_T(\tau) \, e^{-j2n\pi\tau/T} \, d\tau \right] e^{j2n\pi t/T} \tag{C.5}$$

となる.

ここで,$\omega_n = 2n\pi/T$, $\Delta\omega = \omega_n - \omega_{n-1} = 2\pi/T$ とおくと,$1/T = (1/2\pi)\Delta\omega$ であるから,(C.5) 式は

$$f_T(t) = \frac{1}{2\pi} \sum_{n=-\infty}^{\infty} \left[\int_{-T/2}^{T/2} f_T(\tau) \, e^{-j\omega_n \tau} \, d\tau \right] e^{j\omega_n t} \, \Delta\omega \tag{C.6}$$

となる.ここで,$T \to \infty$ ($\Delta\omega \to 0$) で $f_T(t) \to f(t)$ であり,また区分的に連続な関数 $g(\omega)$ のリーマン和に関する等式

$$\lim_{\Delta\omega \to 0} \sum_{n=-\infty}^{\infty} g(\omega_n) \, \Delta\omega = \int_{-\infty}^{\infty} g(\omega) \, d\omega$$

[†1] もし $f(t)$ が t において不連続であれば,(C.4) 式は次式のようになる.

$$\lim_{\varepsilon \to 0} \frac{1}{2} \{ f(t-\varepsilon) + f(t+\varepsilon) \} = \frac{1}{2\pi} \int_{-\infty}^{\infty} F(\omega) e^{j\omega t} \, d\omega$$

[†2] フーリエ変換対を,対称性を強調するために

$$F(\omega) = \frac{1}{\sqrt{2\pi}} \int_{-\infty}^{\infty} f(t) \, e^{-j\omega t} \, dt, \quad f(t) = \frac{1}{\sqrt{2\pi}} \int_{-\infty}^{\infty} F(\omega) e^{j\omega t} \, d\omega$$

と定義しているテキストもあるので,注意を要する.

[†3] (C.3), (C.4) 式において,ω [rad/sec] は角周波数 (angular frequency) である.T [sec] を周期とすると,$\omega = 2\pi/T = 2\pi f$ で,$f = 1/T$ [Hz] ($= [\text{sec}^{-1}]$) を周波数 (frequency) あるいは振動数という.

に留意すれば，(C.6) 式は

$$f(t) = \frac{1}{2\pi}\int_{-\infty}^{\infty}\left[\int_{-\infty}^{\infty} f(\tau)e^{-j\omega\tau}\,d\tau\right] e^{j\omega t}\,d\omega \tag{C.7}$$

となる．これを**フーリエ積分公式**とよぶ．ここで，(C.7) 式右辺の中の積分を (C.3) 式のように $F(\omega)$ と表現すると，(C.7) 式は (C.4) 式そのものである．

変換 $\mathcal{F}$ を

$$\mathcal{F}: f(t) \longmapsto F(\omega) = \int_{-\infty}^{\infty} f(t)\,e^{-j\omega t}\,dt \tag{C.8}$$

すなわち

$$\mathcal{F}[f(t)] = F(\omega) \tag{C.9}$$

と定義すると，その逆変換 $\mathcal{F}^{-1}$ は

$$\mathcal{F}^{-1}[F(\omega)] = f(t) \tag{C.10}$$

と表現される．

例題 C.1　つぎの関数 $f(t)$ のフーリエ変換を求めよう．ただし，$a > 0$ とする.

$$f(t) = \begin{cases} \dfrac{1}{2a} & (|t| \leqq a) \\ 0 & (|t| > a) \end{cases}$$

$\omega \neq 0$ のとき，

$$\mathcal{F}[f(t)] = \int_{-\infty}^{\infty} f(t)\,e^{-j\omega t}\,dt$$

$$= \int_{-a}^{a} \frac{1}{2a}\,e^{-j\omega t}\,dt = \frac{1}{2a}\int_{-a}^{a} (\cos\omega t - j\sin\omega t)\,dt$$

$$= \frac{1}{a}\int_{0}^{a} \cos\omega t\,dt = \frac{\sin a\omega}{a\omega} = \operatorname{sinc} a\omega \quad \text{(補間関数，8.1 節参照)}$$

である．また，$\omega = 0$ のとき，

$$\mathcal{F}[f(t)] = \int_{-a}^{a} \frac{1}{2a}\,dt = 1$$

である．ここで，$(\sin a\omega)/a\omega \to 1\ (\omega \to 0)$ であるので，$\mathcal{F}[f(t)] = \operatorname{sinc} a\omega$ として，以下では区分表現しない．

C.2　フーリエ変換の性質

ここでは，第 8 章の議論で必要な性質を中心に述べる．$F(\omega) = \mathcal{F}[f(t)]$，$G(\omega) = \mathcal{F}[g(t)]$ とする．

(F1) **線形性**：
$$\mathcal{F}[af(t) + bg(t)] = aF(\omega) + bG(\omega) \quad (a, b : \text{const.}) \tag{C.11}$$

(F2) **時間シフト** (time shift)：
$$\mathcal{F}[f(t+\tau)] = e^{j\omega\tau} F(\omega) \tag{C.12}$$

(F3) **周波数シフト** (frequency shift)：
$$\mathcal{F}[e^{j\lambda t} f(t)] = F(\omega - \lambda) \tag{C.13}$$

(F4) **微分**：
$$\mathcal{F}[\dot{f}(t)] = j\omega F(\omega), \quad \mathcal{F}[\ddot{f}(t)] = -\omega^2 F(\omega), \quad \cdots \tag{C.14}$$

(F5) **対称性**：演算子 $\mathcal{F}_\omega$，$\mathcal{F}_t$ をそれぞれ
$$\mathcal{F}_\omega[(\cdot)] = \int_{-\infty}^{\infty} (\cdot) e^{-j\omega t} \, d\omega, \quad \mathcal{F}_t[(\cdot)] = \int_{-\infty}^{\infty} (\cdot) e^{-j\omega t} \, dt \, (\equiv \mathcal{F}[(\cdot)])$$
($\mathcal{F}$ の添字は積分変数を表す) とすると，
$$\mathcal{F}_\omega[F(\omega)] = 2\pi f(-t), \quad \mathcal{F}_t[F(t)] = 2\pi f(-\omega) \tag{C.15}$$

(証明)
$$\mathcal{F}_\omega[F(\omega)] = \int_{-\infty}^{\infty} F(\omega) e^{-j\omega t} \, d\omega$$
$$= 2\pi \left[\frac{1}{2\pi} \int_{-\infty}^{\infty} F(\omega) e^{j\omega(-t)} \, d\omega \right] = 2\pi f(-t)$$

また，変数 t と ω を入れ替えて
$$\mathcal{F}_t[F(t)] = \int_{-\infty}^{\infty} F(t) e^{-j\omega t} \, dt = \int_{-\infty}^{\infty} F(\lambda) e^{-j\omega\lambda} \, d\lambda \quad (\text{積分変数を変更})$$
$$= 2\pi \left[\frac{1}{2\pi} \int_{-\infty}^{\infty} F(\lambda) e^{j\lambda(-\omega)} \, d\lambda \right] = 2\pi f(-\omega)$$

を得る． **(Q.E.D.)**

(F6) **コンボリューション**：二つの関数 $f(t)$ と $g(t)$ のコンボリューション

$$(f * g)(t) = \int_{-\infty}^{\infty} f(t-\tau) g(\tau) d\tau \tag{C.16}$$

に対してつぎが成り立つ.

$$\mathcal{F}[(f * g)(t)] = F(\omega) G(\omega) \tag{C.17}$$

$$\mathcal{F}[f(t)g(t)] = \frac{1}{2\pi} (F * G)(\omega) \tag{C.18}$$

ここで,

$$(F * G)(\omega) = \int_{-\infty}^{\infty} F(\omega - \lambda) G(\lambda) d\lambda$$

である.

(証明) (C.17) 式については,

$$\mathcal{F}[(f * g)(t)] = \int_{-\infty}^{\infty} \left[\int_{-\infty}^{\infty} f(t-\tau) g(\tau) d\tau \right] e^{-j\omega t} dt$$

$$= \int_{-\infty}^{\infty} \left[\int_{-\infty}^{\infty} f(\sigma) e^{-j\omega(\sigma+\tau)} d\sigma \right] g(\tau) d\tau \quad (\sigma = t - \tau)$$

$$= \left[\int_{-\infty}^{\infty} f(\sigma) e^{-j\omega\sigma} d\sigma \right] \left[\int_{-\infty}^{\infty} g(\tau) e^{-j\omega\tau} d\tau \right]$$

$$= F(\omega) G(\omega)$$

(C.18) 式に対しては, $f(t)g(t) = h(t)$, $H(\omega) = \mathcal{F}[h(t)]$ として, (C.18) 式の左辺に $\mathcal{F}_\omega$ を作用させると (対称性 (F5) の証明と同様にして),

$$\mathcal{F}_\omega[\mathcal{F}[f(t)g(t)]] = \mathcal{F}_\omega[H(\omega)] = \int_{-\infty}^{\infty} H(\omega) e^{-j\omega t} d\omega$$

$$= 2\pi h(-t) = 2\pi f(-t)g(-t)$$

を得る. 他方, 右辺にも $\mathcal{F}_\omega$ を作用させると,

$$\mathcal{F}_\omega \left[\frac{1}{2\pi} (F * G)(\omega) \right] = \frac{1}{2\pi} \int_{-\infty}^{\infty} \left[\int_{-\infty}^{\infty} F(\omega - \lambda) G(\lambda) d\lambda \right] e^{-j\omega t} d\omega$$

$$= \frac{1}{2\pi} \int_{-\infty}^{\infty} \int_{-\infty}^{\infty} F(\eta) G(\lambda) e^{-j(\eta+\lambda)t} d\lambda d\eta \quad (\omega - \lambda = \eta)$$

$$= 2\pi \left[\frac{1}{2\pi} \int_{-\infty}^{\infty} F(\eta) e^{j\eta(-t)} d\eta \right] \left[\frac{1}{2\pi} \int_{-\infty}^{\infty} G(\lambda) e^{j\lambda(-t)} d\lambda \right]$$

$$= 2\pi f(-t) g(-t)$$

となるので, 両結果は等しい. すなわち,

である．これより

$$\mathcal{F}_\omega\left[H(\omega) \right] = \mathcal{F}_\omega\left[\frac{1}{2\pi}(F*G)(\omega) \right]$$

$$\mathcal{F}_\omega\left[H(\omega) - \frac{1}{2\pi}(F*G)(\omega) \right] = 0$$

がすべての ω に対して成り立つから，

$$H(\omega) = \frac{1}{2\pi}(F*G)(\omega)$$

すなわち (C.18) 式が成り立つ． **(Q.E.D.)**

(F7) **パーセヴァルの等式**：つぎの等式が成り立つ．

$$\int_{-\infty}^{\infty} f(t)g^*(t)\, dt = \frac{1}{2\pi}\int_{-\infty}^{\infty} F(\omega)G^*(\omega)\, d\omega \tag{C.19}$$

ただし，$g^*(t)$ は $g(t)$ の複素共役表現である．とくに，$f(t) = g(t)$ ならば，次式が成り立つ．

$$\int_{-\infty}^{\infty} |f(t)|^2\, dt = \frac{1}{2\pi}\int_{-\infty}^{\infty} |F(\omega)|^2\, d\omega \tag{C.20}$$

(証明)

$$\begin{aligned}
\int_{-\infty}^{\infty} f(t)g^*(t)\, dt &= \int_{-\infty}^{\infty} f(t)\left[\frac{1}{2\pi}\int_{-\infty}^{\infty} G(\omega)e^{j\omega t}\, d\omega\right]^* dt \\
&= \frac{1}{2\pi}\int_{-\infty}^{\infty} f(t)\left[\int_{-\infty}^{\infty} G^*(\omega)\, e^{-j\omega t}\, d\omega\right] dt \\
&= \frac{1}{2\pi}\int_{-\infty}^{\infty} \left[\int_{-\infty}^{\infty} f(t)e^{-j\omega t}\, dt\right] G^*(\omega)\, d\omega \\
&= \frac{1}{2\pi}\int_{-\infty}^{\infty} F(\omega)\, G^*(\omega)\, d\omega \quad \textbf{(Q.E.D.)}
\end{aligned}$$

これらを**パーセヴァルの等式** (Parseval's equality)[†1] とよぶ．$f(t)$ を信号と考えると，(C.20) 式の左辺はその全エネルギーとみなせるから，右辺の積分下にある $|F(\omega)|^2$ は角周波数の単振動成分のもつエネルギー，すなわち**パワースペクトル密度** (power spectral density) と解釈できる（2.5 節，(2.44) 式参照）[†2]．

[†1] Marc Antoine Parseval, 1755-1836.
[†2] 光のプリズムによる分光と同じように，角周波数 ω に対してパワーがどのように分布するのかという意味からパワースペクトル密度という．なお，"スペクトル" という呼称はフランス語の spectre [spεktr] から．英語は spectrum/spectra．

> **例題 C.2** 関数
> $$f(t) = \frac{a}{\pi} \frac{\sin at}{at} \quad (a > 0)$$
> のフーリエ変換 $F(\omega)$ は, $|\omega| > a$ では $F(\omega) = 0$ のように帯域制限されていることを示そう.
>
> 　例題 C.1 より，関数
> $$g(t) = \begin{cases} \dfrac{1}{2a} & (|t| \leqq a) \\ 0 & (|t| > a) \end{cases}$$
> のフーリエ変換 $G(\omega)$ は
> $$G(\omega) = \frac{\sin a\omega}{a\omega}$$
> となるから，フーリエ変換の対称性 (C.15) 式を用いると，
> $$F(\omega) = \frac{a}{\pi} \mathcal{F}\left[\frac{\sin at}{at}\right] \equiv \frac{a}{\pi} \mathcal{F}_t\left[\frac{\sin at}{at}\right] = \frac{a}{\pi} \mathcal{F}_t[G(t)]$$
> $$= \frac{a}{\pi} 2\pi\, g(-\omega) = 2a\, g(\omega) \quad (g(t) \text{ は偶関数})$$
> $$= \begin{cases} 1 & (|\omega| \leqq a) \\ 0 & (|\omega| > a) \end{cases}$$
> となり，$F(\omega)$ は角周波数 a の帯域制限をうける.

(F8) **デルタ関数のフーリエ変換**：$-\infty < x < \infty$ 上でつぎのように定義される関数 $p_\varepsilon(x)$ を考えよう ($\varepsilon > 0$).

$$p_\varepsilon(x) = \begin{cases} \dfrac{1}{2\varepsilon} & (-\varepsilon \leqq x \leqq \varepsilon) \\ 0 & (\text{otherwise}) \end{cases}$$

これは幅 2ε, 高さ $1/2\varepsilon$ でその面積が一定値 1 の矩形状パルスである．ここで，$\varepsilon \to 0$ とすると，$\lim_{\varepsilon \to 0} p_\varepsilon(x) = \infty\ (x = 0), = 0\ (x \neq 0)$ となり，通常の関数ではないが，これを $\delta(x)$ と表記する．すなわち

$$\delta(x) = \begin{cases} \infty & (x = 0) \\ 0 & (x \neq 0) \end{cases}, \quad \int_{-\infty}^{\infty} \delta(x)\, dx = 1 \tag{C.21}$$

という"関数"である．これを**ディラックのデルタ関数** (Dirac's delta function)[†1] とよび，工学上非常に有用なはたらきをする．たとえば，1 点に荷重あるいは電荷が集中的にかかる場合や，連続信号を 1 点でサンプリングするような場合（付録 B の (B.16) 式参照）の数学モデルに用いられる．

連続関数 $f(x)$ に対して

$$\int_{-\infty}^{\infty} f(x)\,\delta(x-a)\,dx = f(a) \tag{C.22a}$$

$$\int_{x_1}^{x_2} f(x)\,\delta(x-x_0)\,dx = \frac{1}{2}f(x_0) \quad (x_0 = x_1 \text{ or } x_0 = x_2) \tag{C.22b}$$

となる．このように $\delta(\cdot)$ は連続関数 $f(x)$ の 1 点での値をとり出すはたらきがあり，**単位インパルス関数** (unit impulse function) ともよばれる．以後，座標軸 x を t とする．

以下は，このデルタ関数のフーリエ変換とそれが結果として現れてくる関数のフーリエ変換である．

（ⅰ）デルタ関数：

$$\mathcal{F}[\delta(t-\tau)] = e^{-j\omega\tau} \tag{C.23}$$

$\tau = 0$ なら，$\mathcal{F}[\delta(t)] = 1$．

（ⅱ）複素指数関数：

$$\mathcal{F}[e^{jat}] = 2\pi\,\delta(\omega - a) \tag{C.24}$$

$a = 0$ なら，$\mathcal{F}[1] = 2\pi\delta(\omega)$．

（ⅲ）三角関数：

$$\begin{cases} \mathcal{F}[\cos at] = \pi\{\delta(\omega+a) + \delta(\omega-a)\}, \\ \mathcal{F}[\sin at] = j\pi\{\delta(\omega+a) - \delta(\omega-a)\} \end{cases} \tag{C.25}$$

（証明）（ⅰ）：(C.21) 式を用いると，つぎのようになる．

$$\mathcal{F}[\delta(t-\tau)] = \int_{-\infty}^{\infty} \delta(t-\tau)e^{-j\omega t}\,dt = e^{-j\omega t}\Big|_{t=\tau} = e^{-j\omega\tau}$$

（ⅱ）：まず，$\mathcal{F}[1] = 2\pi\delta(\omega)$ を示す．いま，$f(t) = \delta(t)$ とおくと，そのフーリエ変換は (C.23) 式より，

$$F(\omega) = \mathcal{F}[f(t)] = \mathcal{F}[\delta(t)] = 1$$

[†1] Paul Adrien Maurice Dirac, 1902-1984．英国の物理学者．量子力学への貢献により Erwin Schrödinger (1887-1961) と共に 1933 年度ノーベル物理学賞受賞．

である．したがって，（ω を t で置換した）関数 $F(t)$ にフーリエ変換を施すと，(C.15)
式（対称性）より，

$$\mathcal{F}[\,F(t)\,] \equiv \mathcal{F}_t[\,F(t)\,] = 2\pi\, f(-\omega) = 2\pi\, \delta(-\omega)$$

となる．また，$F(\omega) = 1$ において ω を t で置き換えても同じ，すなわち $F(t) = 1$
であり，さらにデルタ関数はその定義により偶関数であるから，

$$\mathcal{F}[\,1\,] \equiv \mathcal{F}[\,F(t)\,] = 2\pi\, \delta(\omega)$$

を得る．

$\mathcal{F}[e^{jat}] = 2\pi\,\delta(\omega - a)$ は周波数シフトの性質 (C.13) 式より得られる．実際，
$f(t) = 1$ とすると，

$$\mathcal{F}[e^{jat}\cdot 1] = \mathcal{F}[e^{jat}f(t)] = F(\omega - a)$$

ここで，

$$F(\omega) = \mathcal{F}[\,f(t)\,] = \mathcal{F}[\,1\,] = 2\pi\delta(\omega)$$

であるから，

$$\mathcal{F}[e^{jat}] = 2\pi\delta(\omega - a)$$

となる．

(iii)：
$$\cos at = \frac{1}{2}\left(e^{jat} + e^{-jat}\right), \quad \sin at = \frac{1}{2j}\left(e^{jat} - e^{-jat}\right)$$

をフーリエ変換し，(C.24) 式を用いると，結果が得られる． **(Q.E.D.)**

(iv) 周期的デルタ関数：周期 T でデルタ関数が現れる関数

$$\delta_T(t) = \sum_{n=-\infty}^{\infty} \delta(t - nT) \tag{C.26}$$

のフーリエ変換はつぎのように与えられる．

$$\mathcal{F}[\delta_T(t)] = \frac{2\pi}{T}\sum_{n=-\infty}^{\infty} \delta\left(\omega - \frac{2n\pi}{T}\right) \tag{C.27}$$

これは，時間軸でのインパルス列は周波数軸でもインパルス列になることを示している．

(証明) $\delta_T(t)$ を（複素）フーリエ級数に展開すると，(C.1)，(C.2) 式より

$$\delta_T(t) = \sum_{n=-\infty}^{\infty} c_n e^{j2n\pi t/T}, \quad c_n = \frac{1}{T}\int_{-T/2}^{T/2} \delta_T(\tau) e^{-j2n\pi\tau/T}\, d\tau$$

である．ここで，任意の 1 周期区間 $[a, a+T]$ におけるつぎの積分を考える．

$$\begin{aligned}
\tilde{c}_n &= \frac{1}{T}\int_a^{a+T} \delta_T(\tau) e^{-j2n\pi\tau/T}\, d\tau \\
&= \frac{1}{T}\int_a^{a+T} \left[\sum_{m=-\infty}^{\infty} c_m e^{j2m\pi\tau/T}\right] e^{-j2n\pi\tau/T}\, d\tau \\
&= \sum_{m=-\infty}^{\infty} c_m \frac{1}{T}\int_a^{a+T} e^{j2(m-n)\pi\tau/T}\, d\tau
\end{aligned}$$

ここで，

$$\frac{1}{T}\int_a^{a+T} e^{j2(m-n)\pi\tau/T}\, d\tau = \begin{cases} 1 & (m=n) \\ 0 & (m \neq n) \end{cases}$$

であるから，上述の和 $\sum_m$ において $m=n$ に対応する一つの項のみが残り，$\tilde{c}_n = c_n$ となる．$\tilde{c}_n$ の積分は区間の選び方には無関係である．そこで，$a = -T/2$ とする．このとき，区間 $[-T/2, T/2]$ では $\delta_T(t) = \delta(t)$ であるから，すべての n に対して

$$c_n = \frac{1}{T}\int_{-T/2}^{T/2} \delta(\tau) e^{-j2n\pi\tau/T}\, d\tau = \frac{1}{T} e^{-j2n\pi\tau/T}\Big|_{\tau=0} = \frac{1}{T}$$

が得られる．よって，関数 $\delta_T(t)$ のフーリエ級数展開は

$$\delta_T(t) = \frac{1}{T}\sum_{n=-\infty}^{\infty} e^{j2n\pi t/T}$$

となる．これより，そのフーリエ変換は (C.24) 式を用いて

$$\mathcal{F}[\delta_T(t)] = \frac{1}{T}\sum_{n=-\infty}^{\infty} \mathcal{F}[e^{j2n\pi t/T}] = \frac{2\pi}{T}\sum_{n=-\infty}^{\infty} \delta\left(\omega - \frac{2n\pi}{T}\right)$$

となる． (Q.E.D.)

演習問題略解

■第2章■

2.1 (2.3) 式より

$$\frac{\partial L(x)}{\partial x} = \frac{\partial}{\partial x}\{(Ax-b)^T(Ax-b)\}$$

$$= \frac{\partial}{\partial x}(x^T A^T A x) - \frac{\partial}{\partial x}(x^T A^T b) - \frac{\partial}{\partial x}(b^T A x) + \frac{\partial}{\partial x}(b^T b)$$

であり，スカラ関数のベクトルに関する微分公式 (付録 A.7.2 参照) より，

$$\frac{\partial}{\partial x}(x^T A^T A x) = 2A^T A x, \quad \frac{\partial}{\partial x}(x^T A^T b) = A^T b,$$

$$\frac{\partial}{\partial x}(b^T A x) = \frac{\partial}{\partial x}(x^T A^T b) = A^T b, \quad \frac{\partial}{\partial x}(b^T b) = 0$$

に留意すればよい．

2.2 $A^\dagger = (A^T A)^{-1} A^T$ について示す．(i)，(ii) は代入するだけで示せる．(iii) と (iv) は以下のようにして示せる．

(iii) 左辺 $= (AA^\dagger)^T = [A(A^T A)^{-1} A^T]^T = A(A^T A)^{-T} A^T$

$= A[(A^T A)^T]^{-1} A^T = A(A^T A)^{-1} A^T = AA^\dagger = $ 右辺

(iv) 左辺 $= (A^\dagger A)^T = [(A^T A)^{-1} A^T A]^T = I_n^T = I_n$

右辺 $= A^\dagger A = (A^T A)^{-1} A^T A = I_n$

$A^\dagger = A^T(AA^T)^{-1}$ についても同様である．

2.3 $A \in \mathrm{R}^{m \times n}$ を (2.13) 式のように分解すると，$B^T B$，CC^T はいずれも $r \times r$ 次元マトリクスでそれらの逆マトリクスは存在する．そこで，$X = C^T(CC^T)^{-1}(B^T B)^{-1} B^T$ として，この X が上問 2.2 の四つの条件 (i)〜(iv) を満たすことを示せばよい．

2.4 (2.22) 式の定義によって $R_{xy}(t,\tau)$ はつぎのように計算される．

$$R_{xy}(t,\tau) = \mathcal{E}\{[x(t)-m_x(t)][y(\tau)-m_y(\tau)]^T\}$$

$$= \mathcal{E}\{x(t)y^T(\tau) - m_x(t)y^T(\tau) - x(t)m_y^T(\tau) + m_x(t)m_y^T(\tau)\}$$

$$= \mathcal{E}\{x(t)y^T(\tau)\} - m_x(t)\,\mathcal{E}\{y^T(\tau)\} - \mathcal{E}\{x(t)\}\,m_y^T(\tau) + m_x(t)\,m_y^T(\tau)$$

$$= \mathcal{E}\{x(t)y^T(\tau)\} - m_x(t)m_y^T(\tau) = \Psi_{xy}(t,\tau) - m_x(t)m_y^T(\tau)$$

2.5　（ i ）は明らか．

（ ii ）
$$S_z(\lambda) = \int_{-\infty}^{\infty} \sigma^2 \left(\frac{\rho}{2}\right) e^{-\rho|\tau|} e^{-j\lambda\tau} d\tau$$

$$= \sigma^2 \left(\frac{\rho}{2}\right) \int_{-\infty}^{\infty} e^{-\rho|\tau|} (\cos\lambda\tau - j\sin\lambda\tau) d\tau$$

$$= \sigma^2 \left(\frac{\rho}{2}\right) \int_{-\infty}^{\infty} e^{-\rho|\tau|} \cos\lambda\tau\, d\tau = \sigma^2 \rho \int_{0}^{\infty} e^{-\rho\tau} \cos\lambda\tau\, d\tau$$

$$= \sigma^2 \frac{\rho^2}{\rho^2 + \lambda^2} = \sigma^2 \frac{1}{1 + (\lambda/\rho)^2} \xrightarrow[\rho\to\infty]{} \sigma^2 (= \mathrm{const.})$$

となるので，$z(t)$ 過程の $\rho \to \infty$ となる究極の過程は白色雑音になる．

■ **第 3 章** ■

3.1　$(sI - A)\left(\dfrac{I}{s} + \dfrac{A}{s^2} + \dfrac{A^2}{s^3} + \cdots\right)$

$$= (sI-A)\frac{I}{s} + (sI-A)\frac{A}{s^2} + (sI-A)\frac{A^2}{s^3} + \cdots$$

$$= \left(I - \frac{A}{s}\right) + \left(\frac{A}{s} - \frac{A^2}{s^2}\right) + \left(\frac{A^2}{s^2} - \frac{A^3}{s^3}\right) + \cdots$$

$$= I$$

であるから，この両辺に左側から $(sI - A)^{-1}$ をかけると，

$$\frac{I}{s} + \frac{A}{s^2} + \frac{A^2}{s^3} + \cdots = (sI - A)^{-1}$$

が得られる．

3.2　$\dfrac{d}{dt}e^{-At} = \dfrac{d}{dt}\left[I - At + \dfrac{1}{2!}A^2t^2 - \dfrac{1}{3!}A^3t^3 + - \cdots\right]$

$$= -A + A^2 t - \frac{1}{2!}A^3 t^2 + - \cdots$$

$$= -A\left[I - At + \frac{1}{2!}A^2 t^2 - + \cdots\right] \stackrel{\text{or}}{\equiv} \left[I - At + \frac{1}{2!}A^2 t^2 - + \cdots\right](-A)$$

$$= -A\,e^{-At} \stackrel{\text{or}}{\equiv} e^{-At}(-A)$$

3.3　$\displaystyle\int_0^{\Delta} e^{A\tau}\, d\tau = (e^{A\Delta} - I)A^{-1}$ を示す．$AA^{-1} = I$ に留意すると，以下のようになる．

$$\int_0^{\Delta} e^{A\tau}\, d\tau = \int_0^{\Delta}\left[I + A\tau + \frac{1}{2!}A^2\tau^2 + \cdots\right] d\tau$$

$$= I\left[\int_0^\Delta d\tau\right] + A\left[\int_0^\Delta \tau\, d\tau\right] + \frac{1}{2!}A^2\left[\int_0^\Delta \tau^2\, d\tau\right] + \cdots$$

$$= I\Delta + \frac{1}{2!}A\Delta^2 + \frac{1}{3!}A^2\Delta^3 + \cdots$$

$$= \left[I\Delta + \frac{1}{2!}A\Delta^2 + \frac{1}{3!}A^2\Delta^3 + \cdots\right](AA^{-1})$$

$$= \left[A\Delta + \frac{1}{2!}A^2\Delta^2 + \frac{1}{3!}A^3\Delta^3 + \cdots\right]A^{-1}$$

$$= \left[\left(I + A\Delta + \frac{1}{2!}A^2\Delta^2 + \frac{1}{3!}A^3\Delta^3 + \cdots\right) - I\right]A^{-1}$$

$$= \left(e^{A\Delta} - I\right)A^{-1}$$

3.4 $\widehat{A} = TAT^{-1}$ および $\widehat{h} = hT^{-1}$ は明らか. 簡単のために, $n = 3$ として

$$(\mathrm{i})\ \widehat{A} = \begin{bmatrix} 0 & 0 & -a_3 \\ 1 & 0 & -a_2 \\ 0 & 1 & -a_1 \end{bmatrix},\quad (\mathrm{ii})\ \widehat{h} = [0\ 0\ 1]$$

となることを示す.

$$S = \begin{bmatrix} a_2 & a_1 & 1 \\ a_1 & 1 & 0 \\ 1 & 0 & 0 \end{bmatrix},\quad T = S\begin{bmatrix} h \\ hA \\ hA^2 \end{bmatrix}$$

であるから, TA はつぎのようになる.

$$TA = \begin{bmatrix} a_2 & a_1 & 1 \\ a_1 & 1 & 0 \\ 1 & 0 & 0 \end{bmatrix}\begin{bmatrix} h \\ hA \\ hA^2 \end{bmatrix}A = \begin{bmatrix} h(a_2A + a_1A^2 + A^3) \\ h(a_1A + A^2) \\ hA \end{bmatrix}$$

ここで, ケーリー-ハミルトン定理 (3.5.1 項参照) によって, A はそれ自身の特性方程式 $0 = |sI - A| = s^3 + a_1 s^2 + a_2 s + a_3$ を満たすから,

$$0 = A^3 + a_1 A^2 + a_2 A + a_3 I$$

が成り立つ. したがって, $A^3 = -a_1 A^2 - a_2 A - a_3 I$ を用いると

$$TA = \begin{bmatrix} -a_3 h \\ a_1 hA + hA^2 \\ hA \end{bmatrix}$$

となる. 他方, $\widehat{A}$ を

とすると，

$$\widehat{A} = \begin{bmatrix} \alpha_{11} & \alpha_{12} & \alpha_{13} \\ \alpha_{21} & \alpha_{22} & \alpha_{23} \\ \alpha_{31} & \alpha_{32} & \alpha_{33} \end{bmatrix}$$

とすると，

$$\widehat{A}T = \begin{bmatrix} \alpha_{11} & \alpha_{12} & \alpha_{13} \\ \alpha_{21} & \alpha_{22} & \alpha_{23} \\ \alpha_{31} & \alpha_{32} & \alpha_{33} \end{bmatrix} \begin{bmatrix} a_2 & a_1 & 1 \\ a_1 & 1 & 0 \\ 1 & 0 & 0 \end{bmatrix} \begin{bmatrix} h \\ hA \\ hA^2 \end{bmatrix}$$

$$= \begin{bmatrix} (a_2\alpha_{11} + a_1\alpha_{12} + \alpha_{13})h + (a_1\alpha_{11} + \alpha_{12})hA + \alpha_{11}hA^2 \\ (a_2\alpha_{21} + a_1\alpha_{22} + \alpha_{23})h + (a_1\alpha_{21} + \alpha_{22})hA + \alpha_{21}hA^2 \\ (a_2\alpha_{31} + a_1\alpha_{32} + \alpha_{33})h + (a_1\alpha_{31} + \alpha_{32})hA + \alpha_{31}hA^2 \end{bmatrix}$$

が得られる．$\widehat{A}T = TA$ であるから，係数比較によって

$$\begin{cases} a_2\alpha_{11} + a_1\alpha_{12} + \alpha_{13} = -a_3, & a_1\alpha_{11} + \alpha_{12} = 0, & \alpha_{11} = 0 \\ a_2\alpha_{21} + a_1\alpha_{22} + \alpha_{23} = 0, & a_1\alpha_{21} + \alpha_{22} = a_1, & \alpha_{21} = 1 \\ a_2\alpha_{31} + a_1\alpha_{32} + \alpha_{33} = 0, & a_1\alpha_{31} + \alpha_{32} = 1, & \alpha_{31} = 0 \end{cases}$$

を得る．これより，$\alpha_{11} = 0$, $\alpha_{12} = 0$, $\alpha_{13} = -a_3$; $\alpha_{21} = 1$, $\alpha_{22} = 0$, $\alpha_{23} = -a_2$; $\alpha_{31} = 0$, $\alpha_{32} = 1$, $\alpha_{33} = -a_1$ が得られ，(i) が示せた．

(ii) は $\hat{h}T = h$ と等価．$\hat{h} = [\gamma_1, \gamma_2, \gamma_3]$ とすると，

$$\hat{h}T = \begin{bmatrix} \gamma_1 & \gamma_2 & \gamma_3 \end{bmatrix} \begin{bmatrix} a_2 & a_1 & 1 \\ a_1 & 1 & 0 \\ 1 & 0 & 0 \end{bmatrix} \begin{bmatrix} h \\ hA \\ hA^2 \end{bmatrix}$$

$$= (a_2\gamma_1 + a_1\gamma_2 + \gamma_3)h + (a_1\gamma_1 + \gamma_2)hA + \gamma_1 hA^2$$

となるが，これは h に等しくなければならないから，

$$a_2\gamma_1 + a_1\gamma_2 + \gamma_3 = 1, \quad a_1\gamma_1 + \gamma_2 = 0, \quad \gamma_1 = 0$$

でなければならない．よって，$\gamma_1 = 0$, $\gamma_2 = 0$, $\gamma_3 = 1$, すなわち，

$$\hat{h} = [0 \ 0 \ 1]$$

となる．

3.5 観測値が $y(t) = x(t)$ であることから，

$$y^{(n)}(t) + a_1 y^{(n-1)}(t) + \cdots + a_{n-1}\dot{y}(t) + a_n y(t) = b_0 u(t)$$

が得られる．入力 $u(t)$ から出力 $y(t)$ までの伝達関数 $G_{yu}(s)$ は $Y(s) = \mathcal{L}[y(t)]$, $U(s) = \mathcal{L}[u(t)]$ とすると，

$$G_{yu}(s) = \frac{Y(s)}{U(s)} = \frac{b_0}{s^n + a_1 s^{n-1} + \cdots + a_{n-1} s + a_n}$$

となる．これより，

$$(s^n + a_1 s^{n-1} + \cdots + a_{n-1} s + a_n) Y(s) = b_0 U(s)$$

が得られるので，この両辺を s^n で割ると次式を得る．

$$Y(s) = -\frac{1}{s} a_1 Y(s) - \frac{1}{s^2} a_2 Y(s) - \cdots - \frac{1}{s^{n-1}} a_{n-1} Y(s)$$

$$- \frac{1}{s^n} [a_n Y(s) - b_0 U(s)] \qquad (*)$$

ところで，題意のように状態変数をとると $(X_i(s) = \mathcal{L}[x_i(t)])$,

$$sX_n(s) = X_{n-1}(s) - a_1 Y(s)$$
$$sX_{n-1}(s) = X_{n-2}(s) - a_2 Y(s)$$
$$\vdots$$
$$sX_2(s) = X_1(s) - a_{n-1} Y(s)$$
$$sX_1(s) = b_0 U(s) - a_n Y(s)$$

を得る．これらより，

$$-\frac{1}{s} a_1 Y(s) = X_n(s) - \frac{1}{s} X_{n-1}(s)$$
$$-\frac{1}{s^2} a_2 Y(s) = \frac{1}{s} X_{n-1}(s) - \frac{1}{s^2} X_{n-2}(s)$$
$$\vdots$$
$$-\frac{1}{s^{n-1}} a_{n-1} Y(s) = \frac{1}{s^{n-2}} X_2(s) - \frac{1}{s^{n-1}} X_1(s)$$
$$-\frac{1}{s^n} [a_n Y(s) - b_0 U(s)] = \frac{1}{s^{n-1}} X_1(s)$$

が得られるから，これらを $(*)$ 式右辺に代入することによって

$$Y(s) = X_n(s)$$

を得る．すなわち，$y(t)$ は $y(t) = x_n(t)$ として得られることになるので，

$$y(t) = [0 \ 0 \ \cdots \ 0 \ 1] \begin{bmatrix} x_1(t) \\ x_2(t) \\ \vdots \\ x_{n-1}(t) \\ x_n(t) \end{bmatrix}$$

を得る．

■**第 4 章**■

4.1 まず,

$$I_n = SS^{-1} = \begin{bmatrix} H \\ W \end{bmatrix} S^{-1} = \begin{bmatrix} HS^{-1} \\ WS^{-1} \end{bmatrix} \equiv \begin{bmatrix} I_m & 0 \\ 0 & I_{n-m} \end{bmatrix}$$

より

$$HS^{-1} = [I_m \quad 0]$$

となることに留意する.

（ⅰ）両辺に右側から S^{-1} をかけると,

$$\widehat{A}MS^{-1} = MAS^{-1} - KHS^{-1}$$

となるので，これが成り立つことを示す.

$$\text{左辺} = \widehat{A}MS^{-1} = (A_{22} - LA_{12})[-L \quad I_{n-m}] S \cdot S^{-1}$$

$$= (A_{22} - LA_{12})[-L \quad I_{n-m}]$$

$$\text{右辺} = MAS^{-1} - KHS^{-1} = MS^{-1}(SAS^{-1}) - KHS^{-1}$$

$$= [-L \quad I_{n-m}] S \cdot S^{-1} \begin{bmatrix} A_{11} & A_{12} \\ A_{21} & A_{22} \end{bmatrix} - (\widehat{A}L + A_{21} - LA_{11})[I_m \quad 0]$$

$$= [-A_{22}L + LA_{12}L \quad -LA_{12} + A_{22}]$$

$$= (A_{22} - LA_{12})[-L \quad I_{n-m}] \equiv \text{左辺}$$

（ⅱ）条件を書き換えると,

$$I_n = DM + EH = S(DM + EH)S^{-1} = SDMS^{-1} + SEHS^{-1}$$

となるので，これが成り立つことを示す.

$$\text{右辺} = S \cdot S^{-1} \begin{bmatrix} 0 \\ I_{n-m} \end{bmatrix} [-L \quad I_{n-m}] S \cdot S^{-1} + S \cdot S^{-1} \begin{bmatrix} I_m \\ L \end{bmatrix} HS^{-1}$$

$$= \begin{bmatrix} 0 \\ I_{n-m} \end{bmatrix} [-L \quad I_{n-m}] + \begin{bmatrix} I_m \\ L \end{bmatrix} [I_m \quad 0]$$

$$= \begin{bmatrix} 0 & 0 \\ -L & I_{n-m} \end{bmatrix} + \begin{bmatrix} I_m & 0 \\ L & 0 \end{bmatrix} = \begin{bmatrix} I_m & 0 \\ 0 & I_{n-m} \end{bmatrix} = I_n$$

（ⅲ）(4.24) 式より，$\widehat{B} = -LB_1 + B_2$ であり，また

$$MB = [-L \quad I_{n-m}] S \cdot B = [-L \quad I_{n-m}] \begin{bmatrix} B_1 \\ B_2 \end{bmatrix} = -LB_1 + B_2$$

なので，$\widehat{B} = MB$ は成り立つ．

■第 5 章■

5.1 $0 = \partial \operatorname{tr} P(k|k)/\partial K(k)$ を行う．

$$\operatorname{tr} P(k|k) = \operatorname{tr} P(k|k-1) - \operatorname{tr}\{K(k)H(k)P(k|k-1)\}$$
$$- \operatorname{tr}\{P(k|k-1)H^T(k)K^T(k)\} + \operatorname{tr}\{K(k)\Sigma(k)\Sigma^T(k)K^T(k)\}$$

であるから，トレースのマトリクスによる微分演算（付録 A.7.2 (iii)）より，

$$\frac{\partial \operatorname{tr} P(k|k-1)}{\partial K(k)} = 0, \quad \frac{\partial}{\partial K(k)} \operatorname{tr}\{K(k)H(k)P(k|k-1)\} = P(k|k-1)H^T(k)$$

$$\frac{\partial}{\partial K(k)} \operatorname{tr}\{P(k|k-1)H^T(k)K^T(k)\} = P(k|k-1)H^T(k)$$

$$\frac{\partial}{\partial K(k)} \operatorname{tr}\{K(k)\Sigma(k)\Sigma^T(k)K^T(k)\} = 2K(k)\Sigma(k)\Sigma^T(k)$$

となるので，

$$0 = \frac{\partial \operatorname{tr} P(k|k)}{\partial K(k)} = -2P(k|k-1)H^T(k) + 2K(k)\Sigma(k)\Sigma^T(k)$$

を得る．これより

$$K(k)\Sigma(k)\Sigma^T(k) = P(k|k-1)H^T(k)$$

が得られ，

$$K(k) = P(k|k-1)H^T(k)[H(k)P(k|k-1)H^T(k) + R(k)]^{-1}$$

を得る．$\operatorname{tr} P(k|k)$ は $K(k)$ に関して下に凸なので最小値をとる．

5.2 t を $t + \Delta t$ に進めると，

$$P(t+\Delta t|t_k) = \Phi(t+\Delta t, t_k) P(t_k|t_k) \Phi^T(t+\Delta t, t_k)$$
$$+ \int_{t_k}^{t+\Delta t} \Phi(t+\Delta t, \tau) G(\tau) Q(\tau) G^T(\tau) \Phi^T(t+\Delta t, \tau) \, d\tau$$

となる．ここで，

$$\Phi(t+\Delta t, \tau) = \Phi(t, \tau) + \frac{\partial \Phi(t, \tau)}{\partial t} \Delta t + o(\Delta t)$$
$$= [I + A(t)\Delta t] \Phi(t, \tau) + o(\Delta t)$$

であり，積分を二つに分割し，$\int_{t_k}^{t+\Delta t} (*) \, d\tau = \int_{t_k}^{t} (*) \, d\tau + (*)\big|_{\tau=t} \Delta t + o(\Delta t)$ とすると，

$P(t+\Delta t|t_k)$

$= [I+A(t)\Delta t]\Phi(t,t_k)P(t_k|t_k)\Phi^T(t,t_k)[I+A(t)\Delta t]^T$

$\quad + \int_{t_k}^{t}[I+A(t)\Delta t]\Phi(t,\tau)G(\tau)Q(\tau)G^T(\tau)\Phi^T(t,\tau)[I+A(t)\Delta t]^T d\tau$

$\quad + [I+A(t)\Delta t]\Phi(t,\tau)G(\tau)Q(\tau)G^T(\tau)\Phi^T(t,\tau)[I+A(t)\Delta t]^T\Big|_{\tau=t}\Delta t + o(\Delta t)$

$= [I+A(t)\Delta t]\Big[\Phi(t,t_k)P(t_k|t_k)\Phi^T(t,t_k) + \int_{t_k}^{t}\Phi(t,\tau)G(\tau)Q(\tau)G^T(\tau)\Phi^T(t,\tau)\,d\tau$

$\quad + \Phi(t,\tau)G(\tau)Q(\tau)G^T(\tau)\Phi^T(t,\tau)\Big|_{\tau=t}\Delta t\Big][I+A(t)\Delta t]^T + o(\Delta t)$

$= [I+A(t)\Delta t]\Big[P(t|t_k) + \Phi(t,\tau)G(\tau)Q(\tau)G^T(\tau)\Phi^T(t,\tau)\Big|_{\tau=t}\Delta t\Big][I+A(t)\Delta t]^T$

$\quad + o(\Delta t)$

となる. Δt のオーダーに注意すると

$= P(t|t_k) + \big[A(t)P(t|t_k) + P(t|t_k)A^T(t) + G(t)Q(t)G^T(t)\big]\Delta t + o(\Delta t)$

を得る. これより $[P(t+\Delta t|t_k) - P(t|t_k)]/\Delta t$ を求め, $\Delta t \to 0$ とすれば証明は完了する.

■第 7 章■

7.1 命題 7.1 より $\Gamma_0 D$ と $I_n - \Gamma_0 D$ はいずれも対称でベキ等であるから,

$\|x(t) - \widehat{x}^c(t|t)\|^2 = \|(I_n - \Gamma_0 D)\{x(t) - \widehat{x}(t|t)\}\|^2$

$\quad = [x(t) - \widehat{x}(t|t)]^T (I_n - \Gamma_0 D)^T (I_n - \Gamma_0 D)[x(t) - \widehat{x}(t|t)]$

$\quad = [x(t) - \widehat{x}(t|t)]^T (I_n - \Gamma_0 D)[x(t) - \widehat{x}(t|t)]$

$\qquad ((I_n - \Gamma_0 D)^T (I_n - \Gamma_0 D) = (I_n - \Gamma_0 D)^2 = I_n - \Gamma_0 D$ を用いた$)$

$\quad = [x(t) - \hat{x}(t|t)]^T [x(t) - \hat{x}(t|t)] - [x(t) - \widehat{x}(t|t)]^T \Gamma_0 D[x(t) - \widehat{x}(t|t)]$

$\quad = \|x(t) - \widehat{x}(t|t)\|^2 - \|\Gamma_0 D\{x(t) - \widehat{x}(t|t)\}\|^2$

$\qquad (\Gamma_0 D = (\Gamma_0 D)^2 = (\Gamma_0 D)^T (\Gamma_0 D)$ を用いた$)$

$\quad < \|x(t) - \widehat{x}(t|t)\|^2$

となる. よって, つぎの不等式が成り立つ.

$$\|x(t) - \widehat{x}^c(t|t)\| < \|x(t) - \widehat{x}(t|t)\|$$

■第8章■

8.1 サンプリング間隔を $\tau > T_0/2$ ととると，下図の破線のように実際には存在しない低い周波数の信号が現れる．

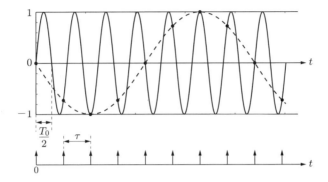

参考文献

> A scientific person will never understand why he should believe opinions only because they are written in a certain book. ... he will never believe that the results of his own attempts are final.
> — Albert Einstein, 1945, *ibid., op.cite.*
>
> ある本にそう書かれているというだけの理由でなぜ信じなければならないのか，科学的な人間にはまったく理解できないでしょう．…自分自身で試みた結果でさえ決定的なものだとは決して信じないでしょう．

A. カルマンフィルタの原論文（第5章）

カルマンフィルタの原論文は

[A1] R. E. Kalman: A New Approach to Linear Filtering and Prediction Problems, *Trans. ASME, J. of Basic Eng.*, Ser. 82D, Mar. 1960, pp. 35-45.

[A2] R. E. Kalman and R. S. Bucy: New Results in Linear Filtering and Prediction Theory, *Trans. ASME, J. of Basic Eng.*, Ser. 83D, Mar. 1961, pp. 95-108.

である．[A1]では離散時間システムに対して，[A2]では連続時間システムに対してそれぞれ推定問題が解かれている．補足的に

[A3] R. E. Kalman: New Methods in Wiener Filtering Theory, *Proc. First Symp. Engineering Applications of Random Function Theory and Probability* (Eds: J. L. Bogdanoff and F. Kozin), Wiley, New York, 1963, pp. 270-388.

があるが，これはミスタイプも多く読みにくい．

B. カルマンフィルタおよびそれに関連する文献（第5章）

カルマンフィルタについては[A1]-[A3]のほかにつぎの文献を参照した．

[B1] H. W. Sorenson: Kalman Filtering Techniques, in *Advances in Control Systems Theory and Applications*, Vol. 3 (Ed: C. T. Leondes), Academic Press, New York, 1966, pp. 219-292.

[B2] Y. Sunahara: An Approximate Method of State Estimation for Nonlinear Dynamical Systems, *Trans. ASME, Ser. D, J. Basic Eng.*, vol. 92, no. 3, 1970, pp. 385-393.

[B3] A. H. Jazwinski: *Stochastic Processes and Filtering Theory*, Academic Press,

New York, 1970.

- [B4] V. Kučera: The Discrete Riccati Equation of Optimal Control, *Kybernetika*, vol. 8, no. 5, 1972, pp. 430-447.
- [B5] T. Kailath: A View of Three Decades of Linear Filtering Theory, *IEEE Trans. Information Theory*, vol. IT-20, no. 2, 1974, pp. 146-181.
- [B6] 椹木義一・添田喬・中溝高好：確率システム制御の基礎，日新出版，1975.
- [B7] M. H. A. Davis: *Linear Estimation and Stochastic Control*, Chapman and Hall, London, 1977.
- [B8] 有本卓：カルマン・フィルター，産業図書，1977.
- [B9] B. D. O. Anderson and J. B. Moore: *Optimal Filtering*, Prentice-Hall, Englewood Cliffs, New Jersey, 1977; republished by Dover Publ., New York, 2005.
- [B10] M. H. A. Davis and R. B. Vinter: *Stochastic Modelling and Control*, Chapman and Hall, London, 1985.
- [B11] H. W. Sorenson (Ed.): *Kalman Filtering: Theory and Application*, IEEE Press, The Institute of Electrical and Electronics Engineers, New York, 1985.
- [B12] 西村敏充・狩野弘之：制御のためのマトリクス・リカッチ方程式，システム制御情報ライブラリー，朝倉書店，1996.
- [B13] 片山徹：新版 応用カルマンフィルタ，朝倉書店，2000.
- [B14] 片山徹：非線形カルマンフィルタ，朝倉書店，2011.
- [B15] 大住晃：確率システム入門，システム制御情報ライブラリー 24，朝倉書店，2002.
- [B16] 大住晃：フィルタリングと状態推定，第 2 版「現代数理科学事典」（広中平祐編集代表），VII 部第 5 章，丸善，2009，pp. 782-789.
- [B17] 大住晃：確率システム—その理論展開の魅力（特集：確率システム制御–基礎理論，アプローチ，そして新展開），総論，計測と制御，vol. 50, no. 11, 2011, pp. 929-936.
- [B18] 大住晃：構造物のシステム制御，森北出版，2013.

C. R. E. Kalman とカルマンフィルタの背景（第 5 章 5.7 節）

R. E. Kalman とカルマンフィルタの背景については，以下のような文献に基づいて執筆した．

- [C1] Remarks by R. E. Kalman in Connection With Award of Oldenburger Medal Dec. 7, 1976 (read by John R. Ragazzini), *Trans. ASME, J. of Dynamic Systems, Measurement, and Control*, vol. 99, no. 2, 1977, pp. 74-75.
- [C2] J. R. Ragazzini: Remarks: Rudolf E. Kalman/ASME Presentation Dinner/Rufus Oldenburger Medal/December 6, 1977, *ibid.*, p. 73.
- [C3] R. E. Kalman: What Is System Theory?, *Commemorative Lecture at Kyoto Prizes*, The Inamori Foundation, Kyoto, 1985, pp. 95-133.

[C4] R. E. Kalman: The Creation of New Systems, *J. of JSME*, vol. 98, no. 919, 1995, pp. 449-450.

[C5] R. Kalman: Discovery and Invention: The Newtonian Revolution in Systems Technology, *J. of Guidance, Control, and Dynamics*, vol. 26, no. 6, 2003, pp. 833-837.

[C6] R. Kalman: Old and New Directions of Research in System Theory, in *Perspectives in Mathematical System Theory, Control, and Signal Processing* (Eds: J. C. Willems, et al.), Springer-Verlag, Berlin, 2010, pp. 3-13.

[C7] N. Wiener: *Extrapolation, Interpolation, and Smoothing of Stationary Time Series*, MIT Press, Cambridge, Mass., 1949; この本の Chap. 3 "The Linear Filter for a Single Time Series" (pp. 81-103) は T. Başar (Ed.): "Control Theory: Twenty-Five Seminal Papers (1932-1981)," IEEE Press, The Institute of Electrical and Electronics Engineers, New York, 2001 に収録されている.

[C8] T. L. Gunckel, II: Orbit Determination Using Kalman's Method, *Navigation*, J. of the Institute of Navigation, vol. 10, no. 3, 1963, pp. 273-291.

[C9] S. F. Schmidt: The Kalman Filter: Its Recognition and Development for Aerospace Applications, *J. of Guidance, Control, and Dynamics*, vol. 4, no. 6, Jan./Feb., 1981, pp. 4-7.

[C10] R. H. Battin: Space Guidance Evolution—A Personal Narrative, *J. of Guidance, Control, and Dynamics*, vol. 5, no. 2, 1982, pp. 97-110.

[C11] C. H. Hutchinson: The Kalman Filter Applied to Aerospace and Electronic Systems, *IEEE Trans. on Aerospace and Electronic Systems*, vol. AES-20, no. 4, July 1984, pp. 500-504.

[C12] A. C. Antoulas (Ed.): *Mathematical System Theory: The Influence of R. E. Kalman*, Springer-Verlag, Berlin, 1991.

[C13] B. A. Cipra: Engineers Look to Kalman Filtering for Guidance, *SIAM News*, Aug. 8, 1993.

[C14] S. Bernett: Norbert Wiener and Control of Anti-Aircraft Guns, Historical Perspectives, *IEEE Control Systems*, Dec. 1994, pp. 58-62.

[C15] E. C. Hall: *Journey to the Moon: The History of the Apollo Guidance Computer*, American Inst. of Aeronautics and Astronautics, Reston, Virginia, 1996.

[C16] M. S. Grewal and A. P. Andrews: *Kalman Filtering: Theory and Practice, Using MATLAB* (Second Ed.), Wiley-Interscience Pub., John Wiley, New York, 2001.

[C17] R. W. Bass: Some Reminiscences of Control and System Theory in the Period 1955-1960: Introduction of Dr. Rudolf E. Kalman, *Real Time*, Spring/Sum-

mer Issue, 2002; [Online] www.ece.uah.edu/PDFs/news/RT-sprsum2002.pdf.
[C18] M. S. Grewal and A. P. Andrews: Applications of Kalman Filtering in Aerospace 1960 to the Present, *IEEE Control Systems Magazine*, June 2010, pp. 69-78.

D. 状態量が拘束をうけるカルマンフィルタ（第7章）

[D1] C. V. Rao, J. B. Rawlings, and J. H. Lee: Constrained Linear State Estimation—A Moving Horizon Approach, *Automatica*, vol. 37, 2001, pp. 1619-1628.

[D2] D. Simon and T. L. Chia: Kalman Filtering with State Equality Constraints, *IEEE Trans. on Aerospace and Electronic Systems*, vol. 38, no. 1, 2002, pp. 128-136.

[D3] D. Simon and D. L. Simon: Kalman Filtering with Inequality Constraints for Turbofan Engine Health Estimation, *Proc. Inst. Electr. Eng., D. Control Theory Appl.*, vol. 153, no. 3, 2006.

[D4] S. Ko and R. R. Bitmead: State Estimation for Linear Systems with State Equality Constraints, *Automatica*, vol. 43, 2007, pp. 1363-1368.

[D5] N. Gupta and R. Hauser: Kalman Filtering with Equality and Inequality State Constraints, Technical Report No. 07/18, Numerical Analysis Group, Oxford Univ. Computing Laboratory, 2007; http://www.arXiv:0709.2791v

[D6] S. J. Julier and J. J. LaViola, Jr.: On Kalman Filtering with Nonlinear Equality Constraints, *IEEE Trans. on Signal Processing*, vol. 55, no. 6, 2007, pp. 2774-2784.

[D7] B. O. S. Teixeira, J. Chandrasekar, H. J. Palanthandalam-Madapusi, L. A. B. Torres, L. A. Aguirre, and D. S. Bernstein: Gain-Constrained Kalman Filtering for Linear and Nonlinear Syatems, *IEEE Trans. on Signal Processing*, vol. 56, no. 9, 2008, pp. 4113-4123.

[D8] A. Ohsumi: State Estimation of Continuous-Time Linear Stochastic Systems Subject to State Equality or Inequality Constraints, *Proc. SICE Annual Conf. 2012*, Akita, Aug. 2012, pp. 866-873.

E. 動的システムの基礎（第3章）

[E1] R. E. Kalman: On the General Theory of Control Systems, *Proc. 1st IFAC Congress*, Moscow, Butterworths, London, 1960.

[E2] R. E. Kalman: Mathematical Description of Linear Dynamical Systems, *SIAM J. on Control*, vol. 1, no. 2, 1963, pp. 152-192.

[E3] T. Kailath: *Linear Systems*, Prentice-Hall, Englewood Cliffs, New Jersey, 1980.

[E4] 小郷寛・美多勉：システム制御理論入門，実教出版，1979.

[E5] 美多勉：ディジタル制御理論，昭晃堂，1984.
[E6] 大住晃：線形システム制御理論，森北出版，2003.

F. 逆問題（第 1 章）

逆問題に関する文献として [F1]-[F3] があるが，これらは本書のようにはダイナミクスを直接取り扱っておらず，まして不規則雑音などを考慮していない．[F4] は逆問題とはどのような問題かという観点からの読み物である．ダイナミクスを考慮したのは [F5]，[F6] など．

[F1] 武者利光[監修]・岡本良夫：逆問題とその解き方，オーム社，1992.
[F2] チャールズ W. グロエッチュ/金子晃・山本昌宏・滝口孝志[訳]：数理科学における逆問題，別冊・数理科学，サイエンス社，1996.
[F3] 堤正義：逆問題の数学，共立出版，2000.
[F4] 上村豊：逆問題の考え方 結果から原因を探る数学，ブルーバックス，講談社，2014.
[F5] H. T. Banks and K. Kunisch: *Estimation Techniques for Distributed Parameters Systems*, Birkhäuser, Boston, 1989.
[F6] G. Nakamura, S. Saitoh, J. K. Seo, and M. Yamamoto (Eds.): *Inverse Problems and Related Topics*, Chapman & Hall/CRC, Boca Raton, Research Notes in Mathematics Series, No. 419, 2000.

G. オブザーバ（第 4 章）

[G1] D. G. Luenberger: Observers for Multivariable Systems, *IEEE Trans. on Automatic Control*, vol. AC-11, no. 2, 1966, pp. 190-197.
[G2] D. G. Luenberger: An Introduction to Observers, *IEEE Trans. on Automatic Control*, vol. 16, no. 6, 1971, pp. 596-602.
[G3] B. Gopinath: On the Control of Linear Multiple Input-Output Systems, *Bell System Tech.*, vol. 50, 1971, pp. 1063-1081.
[G4] 岩井善太・井上昭・川路茂保：オブザーバ，コロナ社，1988.

H. 柔軟構造物のパラメータ同定（第 5 章 5.8 節）

[H1] A. Ohsumi and Y. Sawada: Active Control of Flexible Structures Subject to Distributed and Seismic Disturbances, *Trans. ASME, J. of Dynamic Systems, Measurement, and Control*, vol. 115, Dec., 1993, pp. 649-657.
[H2] A. Ohsumi, M. Watanabe, and A. Shintani: On-line Identification of Physical Parameters Involved with Dynamic Beams: Experimental Study, *Proc. 35th IEEE Conf. on Decision and Control* (CDC), Kobe, Dec. 1996, pp. 4204-4209.
[H3] A. Shintani, A. Ohsumi, T. Watanabe, and M. Hara: Algorithm for Identifying Spatially Varying Physical Parameters in Flexible Beams, *Proc. 11th IFAC Symp. on System Identification* (SYSID'97), Vol. 1, Kitakyushu, July 1997,

pp. 367-374.

[H4] N. Nakano, A. Ohsumi, and A. Shintani: Algorithms for the Identification of Spatially Varying/invariant Stiffness and Damping in Flexible Beams, in [F6], pp. 97-113.

[H5] 中野統英・新谷篤彦・大住晃：振動計測データを用いた片持ちはりの物理パラメータの同定，日本機械学会論文集（C編），vol. 66, no. 643, 2000, pp. 744-752.

[H6] 中野統英・大住晃・芳田勝史：雑音の影響を受けた振動データに基づく片持ちはりの物理パラメータの同定，日本機械学会論文集（C編），vol. 67, no. 653, 2001, pp. 43-50.

[H7] A. Ohsumi and N. Nakano: Identification of Physical Parameters of a Flexible Structure from Noisy Measurement Data, *IEEE Trans. on Instrumentation and Measurement*, vol. 51, no. 5, 2002, pp. 923-929.

I. 河川の水質の推定（第6章6.2節）

[I1] A. Ohsumi, M. Kashiwagi, M. Watanabe, and T. Takatsu: Estimation of Self-Purification of Polluted Rivers Based on the Stable Water Quality Equations, *Int. J. of Innovative Computing, Information and Control*, vol. 2, no. 5, 2006, pp. 959-970.

[I2] 柏木正隆・大住晃・渡邉雅彦・高津知司：汚染河川の自然浄化の解析，強化および推定：システム工学的アプローチ，計測自動制御学会論文集，vol. 42, no. 11, 2006, pp. 1234-1243.

[I3] 大住晃・小見山資朗・柏木正隆・高津知司：河川の汚染負荷量とその流入地点の同定および水質推定：擬似観測量の導入によるアプローチ，計測自動制御学会論文集，vol. 43, no. 5, 2007, pp. 408-417.

[I4] A. Ohsumi, S. Komiyama, M. Kashiwagi, M. Watanabe, and T. Takatsu: Detection of Pollution Load and Identification of Its Discharged Location and Magnitude for Polluted River, *Int. J. of Innovative Computing, Information and Control*, vol. 4, no. 1, 2008, pp. 63-77.

J. ターゲットのトラッキング（第6章6.3節）

[J1] R. A. Singer: Estimating Optimal Tracking Filter Performance for Manned Maneuvering Targets, *IEEE Trans. on Aerosp. Electron. Syst.*, vol. AES-6, no. 4, 1970, pp. 473-483.

[J2] M. Tahk and J. K. Speyer: Target Tracking Problem Subject to Kinematic Constraints, *IEEE Trans. on Automatic Control*, vol. AC-35, no. 3, 1990, pp. 324-326.

[J3] A. T. Alouani: Use of a Kinematic Constraint in Tracking Constant Speed,

Maneuvering Target, *IEEE Trans. on Automatic Control*, vol. 38, no. 7, 1993, pp. 1107-1111.

[J4] S. Blackman and R. Popoli: *Design and Analysis of Modern Tracking Systems*, Artech House, Boston, 1999.

[J5] A. Ohsumi and S. Yasuki: High-accurate Tracking of a Maneuvering Target Using Extended Kalman Filter, *Proc. of 31st ISCIE Int. Symp. on Stochastic Systems Theory and Its Applic.*, Yokohama, Nov. 1999, pp. 247-252.

[J6] A. Ohsumi and S. Yasuki: Tracking of a Maneuvering Target Considering Its Kinematic Constraints, in M. Jamshidi, P. Borne, and J. S. Jamshidi (Eds.): *Intelligent Automation and Control—Recent Trends in Development and Applications*, Vol. 9, TSI Press, Albuquerque, 2000, pp. 409-416.

[J7] 大住晃・安木誠一・平田順士・井尻善久・長山剛久・佐々木啓人：針路と速度を不規則に変更する移動体の拡張カルマンフィルタによるトラッキング，システム制御情報学会論文誌，vol. 14, no. 10, 2001, pp. 490-498.

K. 擬似観測量を用いた推定・同定（第6章6.4，6.5，6.6節）

カルマンフィルタに擬似観測量を併用するアイデアは [K1] に述べられている．オブザーバにそのアイデアを用いたのは [K4] である．

[K1] A. Ohsumi: An Outlook on the Use of Pseudomeasurement in System Identification, *Proc. of 37th SICE Symp. on Control Theory*, Kirishima, Sep. 2008, pp. 91-96.

[K2] 木村琢郎・大住晃・河野通夫：擬似観測量の導入による線形確率システムの未知外生入力の同定，システム制御情報学会論文誌，vol. 21, no. 12, 2008, pp. 390-399.

[K3] A. Ohsumi, T. Kimura, and M. Kono: Kalman Filter-based Identification of Unknown Exogenous Input of Stochastic Linear Systems via Pseudomeasurement Approach, *Int. J. of Innovative Computing, Information and Control*, vol. 5, no. 1, 2009, pp. 1-16.

[K4] T. Kimura, A. Ohsumi, and M. Kono: Observer-based Identification of Unknown Exogenous Input via Pseudomeasurement Approach, *Trans. SICE, J. of Control, Measurement, and System Integration*, vol. 2, no. 3, 2009, pp. 184-191.

[K5] A. Ohsumi, T. Kimura, and M. Kono: A Novel Approach to the Identification of Exogenous Input of Stochastic Systems Using Pseudomeasurement, *Proc. of 15th IFAC Symp. on System Identification* (SYSID2009), Saint-Malo, France, July 2009, pp. 296-301.

[K6] K. Kameyama and A. Ohsumi: Identification of Unknown Parameters of Linear Systems from Noisy Observation Data Using Pseudomeasurement Approach,

Proc. of 10th SICE Annual Conf. on Control Systems, Kumamoto, Mar. 2010, CD-ROM.

[K7] K. Kameyama and A. Ohsumi: Identification of Partially Unknown System Matrix from Noisy Observation Data via Pseudomeasurement Approach, *Proc. of 42nd ISCIE Int. Symp. on Stochastic Systems Theory and Its Applic.*, Okayama, Nov. 2010, pp. 27-32.

[K8] T. Kimura: An Approach to the Identification of Exogenous Input of Linear Dynamical Systems Using an Idea of Pseudomeasurements, Ph.D. Dissertation, University of Miyazaki, Mar. 2011.

[K9] K. Kameyama and A. Ohsumi: Simultaneous Identification of Unknown System Matrix and Exogenous Input of Linear Stochastic Systems via Pseudomeasurement Approach, *Proc. of 43rd ISCIE Int. Symp. on Stochastic Systems Theory and Its Applic.*, Shiga, Oct. 2011, CD-ROM.

[K10] A. Ohsumi and K. Kameyama: Identification of System Matrix of Linear Stochastic Systems via Pseudomeasurement Approach, *Proc. of 54th Joint Conf. on Automatic Control*, Toyohashi, Nov. 2011, pp. 570-575.

[K11] A. Ohsumi and K. Kameyama: An Approach to Identification of Unknown Parameters Which Satisfy Inequality Constraints, *Proc. of 12th SICE Conf. on Control Systems*, Nara, Mar. 2012, CD-ROM.

L. サンプリング定理 (第8章)

[L1] C. E. Shannon: Communication in the Presence of Noise, *Proc. of the IRE*, vol. 37, no. 1, 1949, pp. 10-21.

[L2] クロード・E・シャノン/ワレン・ウィーバー (植松友彦[訳]):通信の数学的理論, ちくま学芸文庫, 2009.

[L3] A. V. Balakrishnan: *Introduction to Random Processes in Engineering*, John Wiley, Hoboken, New Jersey, 1995.

索　引

■**英数字**■

0次ホールド　38
1次分数変換　49
1次モーメント　20
2次形式　190
2次モーメント　21
ARE　97, 102
ARMAXモデル　107
Kalman　13, 31, 39, 71, 103, 104, 110, 111
LQG仮定　105
Shannon　173
z変換　197, 201

■**あ　行**■

安定マトリクス　56, 62
一般化逆マトリクス　17
伊藤確率積分　104
伊藤確率微分方程式　104
イノベーション過程　106
イノベーション系列　108, 129
イノベーション表現　107, 109
インパルス応答　199
インパルス応答列　207
インパルス列　205
ウィーナー過程　103
ウィーナー–ヒンチン公式　27, 182
ウィーナー–ホップ積分方程式　86
エイリアシング　177
エルゴード性　22
汚染負荷のモデル　128
オブザーバ　55–57, 61
　　──の極　58
　　──の次元　58

■**か　行**■

可安定　96
可観測　39
可観測性　39, 43, 47
可観測性マトリクス　40, 41, 125, 126

可観測標準形　47, 53
確定過程　18
確率過程　18
　　──の周波数表現　25
　　離散時間──　18
　　連続時間──　18
確率変数　18
確率変数列　23
確率モーメント　20
可検出　96
荷重関数　199
過剰決定系　16
河川の汚染負荷量とその流入地点の同定　6, 127
カーディナル・サイン　179
カルマンゲイン　78, 93, 105
カルマンフィルタ　3, 71, 90, 102, 104, 162
　　──の構造　105
　　拡張──　93, 96, 124, 154
　　擬似観測量を導入した──　123
　　状態量が拘束をうける──　159
　　定常──　96, 118
　　離散時間──　73, 78, 102
　　連続時間──　85
　　連続–離散時間──　91
観測データ　39
観測方程式　33
擬似観測アプローチ　123
擬似観測量　141, 143, 146, 148, 151, 157
擬似逆マトリクス　17, 186
期待値演算子　20
逆マトリクス補題　185
逆問題　3, 4, 43, 123
逆問題的思考　5
強定常過程　22
極指定　58, 60
極配置　58
極零点相殺　46
近似フィルタ　96
クロネッカー積　189
クロネッカーのデルタ　28, 74

計測システム
　　離散時間── 37
　　連続時間── 35
ゲインマトリクス　77
結合確率分布関数　19
結合確率密度関数　19
ケーリー－ハミルトン定理　42
建築構造物の同定　9
広義定常過程　22
拘束条件　160
拘束条件付き推定値　164, 166, 167
ゴピナス　59
ゴピナスの方法　60, 62, 64
コンパニオンマトリクス　47
コンボリューション　198, 203, 212

■さ 行■

最小次元オブザーバ　59
最小自乗解　15
最小自乗法　13, 15
最小分散推定値　105
最適推定値　73
サンプリング定理　173, 174
　　不規則信号に対する──　179
自己共分散マトリクス　21
自己相関マトリクス　21
自乗平均収束　23
システムの安定性　55
弱定常過程　22
柔軟構造物の物理パラメータの同定　8, 114
準正定　190
順問題　3, 4
条件付き確率分布　19
条件付き平均値　72
状態観測器　57
状態空間　33
状態空間表現　31
状態推定問題　2, 71, 72
状態遷移マトリクス　37
状態ベクトル　33
状態変数　33
状態方程式　33
シルヴェスターの判定法　101, 191
信号の復元　173
水質方程式　128
推定誤差　72
推定誤差共分散マトリクス　76
推定誤差ベクトル　62
推定値　73
推定問題　72

ストリーター－フェルプスモデル　6, 127
正規型白色雑音系列　28
正規性確率過程　25
正規性白色雑音過程　28
正規方程式　15
正則　185
正定　190
制約付き最適化問題　169
遷移確率密度関数　24
漸近安定　56
線形システム　11
　　時不変──　33
　　時変──　34
船舶のトラッキング　5, 134
相互共分散マトリクス　20
相互相関マトリクス　21
測定誤差　13
測定誤差ベクトル　15
ソフトセンサ　2, 5

■た 行■

帯域制限　178
互いに独立　19
多入力多出力システム　33
多変数システム　33
単位インパルス関数　216
単位階段関数　8, 128
超関数　28
直交射影　80
直交射影定理　79, 80, 121
直交射影マトリクス　164
低次元オブザーバ　59, 62
定常過程　21
ディラックのデルタ関数　7, 28, 103, 128, 176, 205, 206, 216
デルタ関数　130
伝達関数　199
同一次元オブザーバ　59
等式拘束条件　160
動的システム　1, 34
動的システムの逆問題　5
トレース　184
　　──の微分　193

■な 行■

ナイキスト周波数　178
内積　195
内積空間　195
ノルム　195
ノルム空間　195

ノルム最小解　17

■は　行■

白色雑音　27
白色雑音の生成　30
パーセヴァルの等式　214
ハミルトン・マトリクス　98
パラメータ推定問題　2
パラメータ同定　118, 151
パラメータ同定問題　2
パルス伝達関数　201
パルス伝達関数マトリクス　207
パワースペクトル密度　26, 214
非線形システム　11
　　離散時間——　93
　　連続時間——　95
非線形フィルタ　96
非負定　190
フィルタリング問題　73
複素フーリエ級数　209
不足決定系　16
不等式拘束条件　169
部分空間　194
部分空間システム同定　10
不偏推定値　105, 162
ブラウン運動過程　103
フーリエ逆変換　210
フーリエ級数　209
フーリエ積分公式　211
フーリエ変換　209, 210, 212
平滑値　73
平滑問題　73
平均値　20
平方根マトリクス　78, 192
ヘヴィサイド関数　8
ベキ等　161, 164
ベクトル　194
　　行——　184
　　列——　184
ベクトル空間　194
　　実——　194
ペンローズの条件　30, 185
補間関数　179

■ま　行■

マトリクス　183
　　逆——　185
　　実——　183

準正定——　190
正定——　190
正方——　184
対称——　184
単位——　184
転置——　184
非負定——　190
ブロック・——　188, 189
ブロック対角——　189
マトリクス指数関数　36
マルコフ過程　23, 24
マルコフ等価線形化法　96
マルコフパラメータ　207
未知の外生入力の同定　143, 147
未知パラメータ　123–126, 146, 151
未知ベクトル　145
見本過程　18
ムーア–ペンローズ（の一般化）逆マトリクス　17, 186
無限次元システム　117
メビウス変換　49

■や　行■

有限次元システム　117
ユークリッド空間　195
ユークリッド・ノルム　195
予測値　73
予測問題　73

■ら　行■

ラグランジュ関数　160
ラグランジュ乗数　16, 160
ラプラス変換　197
ランジュヴァン方程式　102
ランダウの記号　86
離散時間システム　47, 56, 61
離散時間モデル　34
リッカチ代数方程式　97, 98
　　離散時間——　101
リッカチ微分方程式　97
　　マトリクス型——　90
リッカチ方程式
　　離散時間型——　79
　　連続時間型——　102
ルドルフ・エミル・カルマン　111
連続時間システム　39, 55, 56
連続時間モデル　34
連続–離散時間モデル　34

著 者 略 歴

大住　晃（おおすみ・あきら / OHSUMI, Akira）
- 1943 年　京都市に生まれる
- 1969 年　京都工芸繊維大学大学院工芸科学研究科（生産機械工学専攻）修了
　　　　　同大学助手，助教授を経て，
- 1989 年　京都工芸繊維大学機械システム工学科および大学院工芸科学研究科 教授
- 2007 年　京都工芸繊維大学 定年退職．同大学名誉教授
- 2007 年　宮崎大学工学部情報システム工学科 教授
- 2009 年　宮崎大学 定年退職
　　　　　現在に至る

この間 1983 年文部省在外研究員（長期）として，米国ハーバード大学応用科学科（Division of Applied Sciences）客員研究員．

専門はシステム制御理論．とくに，確率システムの制御，推定，同定，信号処理などの研究に従事．計測自動制御学会フェロー，システム制御情報学会名誉会員．計測自動制御学会論文賞（1982, 2007），同学会著述賞（2005, 2018），システム制御情報学会論文賞および砂原賞（2001, 2009）各受賞．工学博士（京都大学）．著書に『確率システム入門』（朝倉書店，2002），『線形システム制御理論』（森北出版，2003；計測自動制御学会著述賞受賞），『構造物のシステム制御』（森北出版，2013）など．

亀山　建太郎（かめやま・けんたろう / KAMEYAMA, Kentaro）
- 1973 年　奈良県生駒市に生まれる
- 1998 年　京都工芸繊維大学大学院 前期課程 修了
- 1998 年　（株）日立建機 入社
- 2006 年　京都工芸繊維大学大学院工芸科学研究科（情報・生産科学専攻）修了
- 2006 年　福井工業高等専門学校機械工学科 講師
- 2009 年　同学校准教授
　　　　　現在に至る

専門はシステム制御理論とその応用．とくに，確率システムの同定・推定およびロボットへの応用に関する研究に従事．システム制御情報学会論文賞および砂原賞（2001），計測自動制御学会著述賞（2018）各受賞．博士（工学）（京都工芸繊維大学）．

松田　吉隆（まつだ・よしたか / MATSUDA, Yoshitaka）
- 1980 年　奈良市に生まれ大阪府南河内郡で育つ
- 2007 年　京都工芸繊維大学大学院工芸科学研究科（情報・生産科学専攻）修了
- 2007 年　独立行政法人造幣局 職員
- 2010 年　佐賀大学大学院工学系研究科先端融合工学専攻 助教
- 2021 年　佐賀大学海洋エネルギー研究センター 准教授
　　　　　現在に至る

専門はシステム制御理論とその応用．とくに，発電プラントやメカニカルシステムなどの制御に応用するための制御理論の研究に従事．博士（工学）（京都工芸繊維大学）．計測自動制御学会著述賞受賞（2018）．

編集担当	上村紗帆・村瀬健太（森北出版）
編集責任	富井　晃（森北出版）
組　版	アベリー／ブレイン
印　刷	ワコープラネット
製　本	ブックアート

カルマンフィルタとシステムの同定
　―動的逆問題へのアプローチ―
　　　　　　　　　　　　　　© 大住晃・亀山建太郎・松田吉隆　*2016*

2016 年 10 月 27 日　第 1 版第 1 刷発行	【本書の無断転載を禁ず】
2021 年　6 月 30 日　第 1 版第 2 刷発行	

著　者　大住晃・亀山建太郎・松田吉隆
発行者　森北博巳
発行所　森北出版株式会社
　　　　東京都千代田区富士見 1-4-11（〒102-0071）
　　　　電話 03-3265-8341／FAX 03-3264-8709
　　　　https://www.morikita.co.jp/
　　　　日本書籍出版協会・自然科学書協会　会員
　　　　JCOPY ＜（一社）出版者著作権管理機構　委託出版物＞

落丁・乱丁本はお取替えいたします．

Printed in Japan ／ ISBN978-4-627-92211-2

図書案内 森北出版

構造物のシステム制御

大住晃／著
菊判・272 頁
定価(本体 4500 円＋税)
ISBN978-4-627-92131-3

学びやすく理解しやすい，システム制御の入門書．理論の説明に重点を置き，「どうしてこうなるのか？」を順を追って解説．構造物を例にとって説明しており，建築構造でも一般の現代制御でも，中級向け入門書としてわかりやすい内容となっている．

目次

第1章 序論
第2章 構造物の数学モデル
第3章 システムの安定性と安定化
第4章 可制御性・可観測性と状態推定
第5章 連続体構造物の数学モデル
第6章 構造物の制御
第7章 不規則外乱をうけるシステムの状態推定と制御
第8章 構造物の同定および外乱入力のモデリング

ホームページからもご注文できます
http://www.morikita.co.jp/

図書案内　森北出版

線形システム制御理論

大住晃／著
菊判・256 頁
定価(本体 3200 円＋税)
ISBN978-4-627-91821-4

基礎から最適制御までを扱った現代制御理論への入門書．丁寧な解説と豊富な例題や補注（脚注）により自習書としても使えるように工夫した．

目次

- 第1章　序論
- 第2章　動的システムの数学モデル
- 第3章　ベクトルとマトリクスの演算
- 第4章　システム状態方程式の解
- 第5章　システムの安定性
- 第6章　可制御性と可観測性
- 第7章　レギュレータとオブザーバ
- 第8章　最適制御

ホームページからもご注文できます
http://www.morikita.co.jp/